厚朴保育生物学

杨志玲　杨　旭　谭梓峰　著

科学出版社

北　京

内 容 简 介

本书利用开花生物学、分子生物学及遗传学等领域的最新研究方法，对我国重要木本药材厚朴开展繁殖生物学、繁育系统等基础研究，从保护生物学、保护遗传学及片断化生境下厚朴繁育系统的特点等角度阐明了其濒危的机制，同时，还开展了厚朴种实变异特征、种子生理生态、苗木扩繁培育及林下幼苗自然更新等研究内容，以全国范围内野外残存厚朴种群为研究对象，率先研究和揭示出厚朴野生种群遗传多样性及遗传结构，提出通过人为控制授粉促进不同种群间基因交流、增强子代遗传多样性、子代回归培育等种群遗传多样性恢复策略及实践。

本书可供林业、药用植物研究领域广大科研工作者、高等院校师生及各层次管理人员等参考。

图书在版编目（CIP）数据

厚朴保育生物学/杨志玲，杨旭，谭梓峰著. —北京：科学出版社，2017.1
ISBN 978-7-03-051244-4

Ⅰ. ①厚…　Ⅱ. ①杨…　②杨…　③谭…　Ⅲ. ①厚朴-保护生物学
Ⅳ. ①Q949.747

中国版本图书馆 CIP 数据核字（2016）第 302481 号

责任编辑：张会格　白　雪/责任校对：张怡君
责任印制：张　伟/封面设计：北京图阅盛世文化传媒有限公司

科学出版社 出版
北京东黄城根北街16号
邮政编码：100717
http://www.sciencep.com

北京东华虎彩印刷有限公司 印刷

科学出版社发行　各地新华书店经销
*
2017 年 1 月第　一　版　　开本：720×1000　B5
2017 年 6 月第二次印刷　　印张：18
字数：360 000

定价：128.00 元

（如有印装质量问题，我社负责调换）

前　　言

厚朴分布在东经 102°84′~119°72′、北纬 25°41′~33°75′ 的浙江、安徽、福建、江西、湖南、湖北、广西、陕西、四川、云南、贵州、重庆、河南等省（自治区、直辖市），垂直分布在海拔 300~1200m 的山地。它是我国重要的三大木本药材之一，被列为国家第一批二级重点保护树种和二级保护中药材。据统计，厚朴纯中药饮片年需求量已达到 2772t，制药工业和其他工业年用量 3780t，年出口量 300t，合计年消耗厚朴药材 6852t。这样巨大的年需求量需要消耗大量的厚朴资源。

经历了 20 世纪几次大规模野生资源采集，如今仅在偏远高山地区才能发现零散分布的厚朴野生种群，野生资源量不断减少，野生种群典型破碎化，野生厚朴药材已难以满足不断增长的国内外市场需求。同时，厚朴野生种群典型破碎化导致种群间生殖隔离加剧，种群出现了严重的遗传衰退，种群资源随时面临灭绝的境地。这种现状既无法为厚朴优质资源选育提供丰富的遗传育种材料，又难以保证厚朴药材的稳定供应，严重地制约了厚朴资源可持续综合开发利用。

基于厚朴重要的药用价值、人们的卫生保健需求及厚朴野生资源濒危现状等问题，作者认为对厚朴野生资源开展科学调研，了解全分布区内种群遗传多样性特征，揭示濒危机制，提出科学保存策略和繁育关键技术，为其优良野生种质挖掘及后续开发利用提供科学依据，对保证其资源服务于国民卫生保健事业具有重要的社会实践意义。基于对以上问题的深刻理解，本课题组自 2007 年开始申报厚朴相关科研项目，在全分布区深入调研，积累了第一手研究资料和原始数据，取得了丰硕的科研成果，本专著试图将厚朴科研成果呈现给相关领域的专家及读者。

本课题组在 2011 年出版过《厚朴种质资源研究》学术专著，在构思本专著时感觉再编一本新书难度很大，特别需要考虑新书与原著侧重点的不同，如何才能将零散资料编辑成完整章节？新书中各章节又如何合理布局？为了解决这些难题，作者认真拜读了几本相关专著，如刘林德等主编的《刺五加繁殖生物学》，金则新主编的《夏蜡梅保护生物学》，谢宗强、吴金清、熊高明等主编的《三峡库区珍濒特有植物保护生态学研究》，吴金清、赵子恩、金义兴等主编的《三峡库区珍稀濒危保护植物彩色图谱》等，它们在内容编排、编写体例等方面给予作者极好的启发。

本专著结合开花生物学、分子生物学及遗传学等领域的最新研究方法，对我国重要木本药材厚朴开展繁殖生物学、繁育系统等基础研究，阐明了厚朴濒危的机制，具体开展了种实变异特征、种子生理生态、苗木扩繁培育及幼苗自然更新等研究工作，以全国范围内野外残存厚朴种群为研究对象，率先研究和揭示出厚朴野生种群遗传多样性及遗传结构，提出通过人为控制授粉促进不同种群间基因交流增强子代遗传多样性、子代回归培育等种群遗传多样性恢复策略及实践。全书由厚朴开花生物学、厚朴繁育系统、厚朴种实特征、厚朴种子发芽生理、厚朴幼苗生长、厚朴幼苗自然更新、厚朴种群遗传多样性和遗传结构、厚朴不同产区 ITS 序列及厚朴遗传多样性恢复策略等九章构成。本专著研究成果对于厚朴遗传育种资源的保护和提出科学的保育策略具有重要指导价值，同时本著作集成的研究方法、技术路线对于其他种群数量较少、生境片断化、遗传多样性较低且种群内遗传衰退的珍稀濒危物种保护研究具有一定的参考价值。本专著丰富了我国保育生物学的理论和技术，为其他濒危物种的保育研究提供了典型案例。

专著研究内容由国家自然基金面上项目“珍稀濒危木本药材厚朴繁育系统及其保育策略”（编号：31270585）、浙江省自然基金重点项目“濒危木本药材厚朴繁殖生物学特征及濒危机制研究”（编号：Z3100041）、国家林业局公益性行业专项“南方林源多用途药用植物种质保护和选育技术”（编号：200704022）、科技部农业科技成果转化资金项目“厚朴优良种源规范化培育关键技术示范”（编号：2013GB24320613）、中央级公益性科研院所基本科研业务费专项资金“厚朴繁育生物学特征研究”（编号：RISF612510）等资助。研究工作主体由中国林业科学研究院亚热带林业研究所药用植物资源组完成，参加研究的人员有：本所杨志玲、杨旭、谭梓峰、于华会、王洁、麦静、谭美、汪丽娜、刘若楠、檀国印、陈慧、程小燕等；云南农业大学与本所联合培养的硕士研究生舒枭、甘光标、雷虓等；中国林业科学研究院亚热带林业实验中心曾平生；湖南省安化县林业局刘道蛟；浙江省磐安县园塘林场何正松；福建省泰宁国有林场李树朝；中南林业科技大学与本所联合培养的硕士研究生左慧；南京林业大学与本所联合培养的硕士研究生周彬清等。在此一并感谢所有项目的资助、所有的参加研究单位、所有的参加研究人员、所有参与调研的基层单位、所有参考书目与文献的作者及科学出版社对本专著作者的帮助和支持。

课题组的研究工作还在进行中，专著内容还有待今后完善和补充。书中可能有不少缺点和疏漏，敬请读者批评指正。

作　者

2016 年 7 月

目　录

第一章　厚朴开花生物学

1.1　开花生物学

1.1.1　引言

1.1.1.1　花粉活力、柱头可授性研究进展

花粉活力和柱头可授性因植物而异，花粉与柱头同时处于高度活力状态，有利于植物顺利完成授粉、识别、受精过程。宋玉霞等（2008）对濒危植物肉苁蓉（*Cistanche deserticola*）的花粉活力、柱头可授性进行研究，结果显示花粉和柱头同时处于较高活力状态的时间大约是 18h，且花粉活力和柱头可授性受外界温度、湿度的影响较大；肉苁蓉花粉、柱头共同保持较高活力的时间短影响授粉，使其结实率不高，可能是其濒危的原因之一。顾垒和张奠湘（2008）用噻唑蓝（MTT）法检测四药门花（*Tetrathyrium subcordatum*）的花粉活力和柱头可授性，发现花粉在花药刚开裂时就有活力，花粉活力可以持续 26h 左右，柱头从花瓣展开直到花瓣脱落均有可授性，因此花粉活力和柱头可授性不是导致结实率低的因素。花粉活力受地域影响很大，钟国成等（2010）对不同省份的丹参（*Salvia miltiorrhiza*）进行花粉活力和柱头可授性测定，结果发现，河南丹参的平均花粉活力最高，云南丹参的平均花粉活力最低，不同地域对柱头可授性的影响不显著，因此限制其产量的主要因素是地域环境对花粉活力的影响。

此外，花粉量少是有些植物濒危的原因之一。Sawyer（2010）对花粉限制是 *Trillium recurvatum* 濒危的主要因素进行验证并发现，相同条件下与自然授粉的植株相比，人工授粉的植株结实率和种子数量明显升高，证明花粉量少确实对植物濒危有影响。云南蓝果树（*Nyssa yunnanensis*）是一种极度濒危植物，有的个体只开雄花，有的植株开两性花，对两性花的花粉进行检测发现，花粉没有萌发孔，不具有活力，自花授粉受限，并且其种群中开雄花的植株较开两性花的植物少，花粉总量相对较少可能也是其濒危的原因之一（Sun et al.，2009）。

1.1.1.2　花部综合特征与传粉媒介的相互作用

植物在进化过程中逐渐发展了影响传粉者种类、行为和运动的特征，它们与其传粉者之间相互作用，从而推动被子植物花的进化。花部综合特征可以影响到访花者行为和花粉传递机制，与此同时，被传粉者传送的花粉数量和质量又反作

用于植物，影响着亲本的生殖成功率（方海涛和斯琴巴特，2007；黄双全和郭友好，2000）。

花部构成包括单个花的结构、颜色、气味和蜜汁产量等（Jones and Little，1983）。在种群中若濒危植物的花冠直径小、颜色不鲜艳或者蜜汁气味淡等，使之与种群中其他物种相比对动物的吸引力弱，造成传粉者种类少、访花频率低，进而影响传粉，导致植物濒危。虽然有关濒危植物繁育系统花部综合特征的研究报道很多，但多数仍将花部特征作为判定繁育系统类型的一个指标，很少将其与传粉媒介联系起来详细阐述；而关于花部构成与传粉媒介相互适应的关系在兰科（Orchidaceae）植物及其他非濒危植物的研究较详细。Martins 和 Johnson（2007）研究发现，非洲的兰科植物中很多花的白色长花距限制了为其传粉的动物种类，长花距的兰花一般通过长舌天蛾传粉，短舌天蛾只能为花距相对较短的兰花传粉，传粉者种类范围狭窄是很多兰花濒危的原因之一。

植物花冠的形状、直径大小、花色等通过动物的视觉反应决定传粉者种类、访花频率。小丛红景天（*Rhodiola dumulosa*）的球面状花结构方便传粉者移动，使传粉者在同株异花间传粉，后代适合度较低，竞争能力弱，在种间竞争中处于弱势，限制了该物种的生长发育并造成其分布的局限性（牟勇等，2007）。王伟等（2008）研究表明，菊花（*Dendranthema morifolium*）的花冠直径与访花蜂数呈显著负相关，管状花花盘直径与访花蜂数呈极显著正相关，西方蜜蜂对黄色花表现出明显的趋向性，而大红蛱蝶对红色花表现出明显的趋向性。说明花的外部形态对传粉者种类的影响很大。

花的气味、花蜜和花粉的营养成分也会影响传粉者的种类和访花频率，气味是较古老的吸引机制，访花昆虫能精确地识别花中特定的气味组分。相关研究认为，比起花冠直径、形状、花色等花部外形特征，气味对传粉者的吸引更重要，因为花部释放出的挥发性气体向外扩散，可以吸引数千米以外的传粉者（Eevin and Wetzel，2000；Andersson and Dobson，2003）。Majetic 等（2009）研究了欧亚香花芥（*Hesperis matronalis*）的花部气味对传粉者的影响，结果表明，散发的气味越浓，其传粉者访问频率越高，种子数量也越多，气味是该植物传粉成功的保证。有些相近种之间因花散发的气味不同，吸引了不同的传粉者，降低了杂交的可能性和后代的适应性，导致物种数量下降。Waelti 等（2008）研究了蝇子草属（*Silene*）的两个相近种花部气味对传粉者的影响，发现花散发出的气味不同时，吸引的传粉者也不同，减少了种群间花粉的相互传递。花粉和花蜜富含营养，可以补偿传粉者访花付出的能量消耗，蜜量多少是影响传粉者访花的重要因素，蜜量较多可使觅食者访问少数花后离开植株，减少花粉折损（唐璐璐，2007）。

1.1.1.3　开花式样研究进展

开花式样是一定时期内一个植株上的开花数目、开花类型和花的排列方式。雌雄异熟和雌雄异位的物种雌雄器官分别在时间和空间上出现分离，是避免自交和雌雄干扰的方式（Barrett，2003；阮成江和姜国斌，2006），通过交配系统对传粉者的吸引影响植物的繁殖。牟勇等（2007）发现稀有植物小丛红景天的花部特征具有一定的特殊性，其外轮对萼雄蕊在花完全开放时散出花粉，待其枯萎时内轮对瓣的雄蕊才开始开裂，之后柱头充分发育，具有可授性，花药散粉初期雌蕊尚未成熟，因此雌雄器官在成熟时间上分离，避免了自交，可能是由于在仅限于异交的生殖方式上缺乏必要的传粉者，造成了小丛红景天的稀少；濒危植物 *Ptilimnium nodosum* 可以进行自交，但是开花时雌雄异熟，导致自交结实率很低，并且开花时缺乏传粉者，交配系统雌雄异熟与环境因素共同造成了该植物的濒危（Marcinko and Randall，2008）。在不同物种中雌雄空间异位的表现方式不尽相同，有些可能仅仅表现在花柱的不同变化上（柱高二态），有些则可能是在不同异位方式之间存在着性器官的交互对应关系（互补式雌雄异位）（Barrett et al.，2000）。钟智波等（2009）研究表明，绣球茜（*Dunnia sinensis*）是典型的二型花柱植物，其具有长花柱和短花柱两种花型，花柱与花药位置互补（互补式雌雄异位），这种两性器官的互补式位置关系促进了花粉在两种花型植物之间的有效传递，并且该植物花期集中，所以可以排除传粉媒介缺乏对其濒危的作用。

开花式样影响着植物对传粉者的吸引力、花粉输出和花粉散布，主导着开花植物的交配机遇，是研究植物生殖生态学繁育系统的基本单位（Sun et al.，2009）。在一定范围内，多花的开花式样对传粉者的吸引力较大，可以增加坐果率和花粉输出率（Makino et al.，2007）。Victor 和 Vargas（2007）对一种热带兰（*Myrmecophila christinae*）的开花式样进行了研究，结果发现开花数目多少与其对传粉者的吸引力和坐果率等呈正相关。相同条件下，当稀有植物 *Spiranthes romanzoffiana* 植株密度大时，开花物候期花序密度大，对传粉者的吸引力也大，花序密度小的种群中，该植物的传粉者少，结实率低（Duffy and Stout，2008）。但是传粉者在同一植株上的活动增多，会增加同株异花授粉的概率，导致较高的自交率。少花的开花式样对传粉者没有足够的吸引力和多花的开花式样引起过高的自交率都可能是导致植物濒危的原因（Karron et al.，2004）。花在植株上具有特定的空间结构，使开花式样具有一定的空间属性。花的不同排列方式对传粉者的吸引力不同，进而影响传粉者的觅食路径及能量消耗，决定了最终的交配结果（Jordan and Harder，2006）。国内外有关花排列方式研究较少，今后需要重点关注和研究。

1.1.1.4　开花物候研究进展

开花物候是植物生活史的一个重要组成部分。植物的开花时间和开花模式可以在个体（如过于幼小的植物体无法贮备足够的资源以保证果实成熟）、种群（如植物花期异步，导致雄花缺乏）及物种间（如植物在“不合适”的时间开花，导致没有传粉昆虫访问）等不同水平上影响生殖成功（Rathcke and Lacey，1985；肖宜安等，2004）。植物的个体开花物候（开花持续时间和开花强度格局）常在两个极端之间变化，即集中开花模式和持续开花模式。一般认为，集中开花模式有利于物种吸引更多昆虫，有助于传粉成功，但可能会增加个体和邻近个体间的花粉传递，导致广泛的自交和近交衰退；而持续开花模式不利于传粉成功，但可以获得适度的基因型组分（Buide et al.，2002；张文标和金则新，2008）。柴胜丰等（2009）研究表明，金花茶（*Camellia nitidissima*）的始花日期与坐果率呈负相关，即开花越早，坐果率越高；又由于金花茶是集中开花模式，开花早、数量大，能吸引较多的传粉者，坐果率高，因此可以推断开花物候不是其濒危的原因。李向前等（2009）研究发现，群落中不同物种的开花峰值时间与花期持续时间呈负相关，开花越早的植物其花期持续时间越长；有些濒危植物开花较晚，花期持续时间也不长，且与同时期的其他物种相比，对传粉者吸引力不足，种间竞争力弱，坐果率低，最终导致植物稀有。

目前，国外关于开花物候的研究主要集中在4个方面：物候模式的系统发生和生活型的综合分析，共存种的物候分化，单个种的种群沿海拔、纬度梯度或者在生态异质生境中的变化，以及种群内的物候变异。国内对植物的开花物候研究主要集中在开花物候与环境的关系，单个物种或群落的开花物候对濒危植物生殖成功影响的相关研究较少（肖宜安等，2004）。开花物候不仅与植物类群的系统发生（常为属内）及遗传特性有关，而且与环境条件有关；影响植物开花物候的主要环境因子有温度、光照、水分和海拔（Ollerton and Diaz，1999；李新蓉等，2006），各个环境因子共同对植物的开花物候起作用。

李小艳等（2009）研究表明，温度升高会影响林线交错带西川韭（*Allium xichuanense*）与草玉梅（*Anemone rivularis*）的开花物候，使两种植物的始花时间、最大开花日和抽茎时间均明显提前，延长了二者的花期，提高了开花率。关于光照对濒危植物开花物候影响的研究报道较少，Thomas（2006）以拟南芥（*Arabidopsis thaliana*）为研究对象，结果表明通过调节日照长短、光照强度、光质等因素，可以使植物提早开花或延迟开花。Prieto 等（2008）研究发现，降雨量大小和降雨时间的差异是密花欧石楠（*Erica multiflora*）在不同年份开花时间不同的一个重要原因。不同海拔地区的植物因所处的温度、光照等条件不同而影响植物的开花物候，张文标和金则新（2008）对夏蜡梅（*Sinocalycanthus chinensis*）

的开花物候进行研究，发现由于海拔升高、温度降低，夏蜡梅的始花日和开花中值日明显推迟，但花期持续时间延长。

1.1.2　试验材料与方法

1.1.2.1　试验材料

筛选厚朴（*Houpoëa officinalis*）野生种群Ⅰ、Ⅲ和人工栽培种群Ⅱ等为试验材料，它们的种群生态条件如表 1-1 所示。于 2010 年和 2011 年 4~5 月对 3 个种群中的厚朴进行观察。观察的厚朴树龄均在 20 年以上，能正常开花结果，生长状况良好。

表 1-1　厚朴 3 个种群主要地理因子

Tab.1-1　Geographical factors of *Houpoëa officinalis* from three populations

种群编号	地点	经度（E）	纬度（N）	海拔/m	植株数量/株
Ⅰ	富阳市庙山坞自然保护区	120°00′	30°06′	150	10
Ⅱ	磐安县园塘林场	120°34′	28°59′	864	＞50
Ⅲ	遂昌县神龙谷	119°08′	28°21′	1048	20~50

1.1.2.2　试验方法

1. 开花物候和开花同步性调查

观察单花开花动态和进程及种群开花动态和进程。单花开花动态和进程以种群Ⅰ中的厚朴为观察对象，花朵开放前每天观察一次直至开放，开放当日每 2~3h 观察一次，主要记录花朵开放、花瓣伸展、花丝伸长、花药开裂、花粉散出、柱头伸长、香气开始散发和持续的时间，以及单花花期持续时间；种群开花动态和进程以 3 个种群中的厚朴为调查对象，观测并计算 3 个种群的以下开花参数：始花时间及当日花数、终花时间及当日花数、总花期长度、平均开花数量、平均开花振幅[单位时间开花数，用朵/（株·d）表示]、相对开花强度和开花同步性。

用同步指数（synchrony index，S）检测开花同步性高低，计算方法具体如下：

$$S_i = \frac{1}{n-1}\left(\frac{1}{f_i}\right)\sum\nolimits_{j=i}^{n} e_{ij\neq i}$$

式中，e_{ij}表示个体 i 和 j 花期重叠时间（d），f_i表示个体 i 开花的总时间（d），n 表示样地个体总数。S_i的变异范围为 0~1。“0”表示种群内个体花期无重叠，“1”则表示完全重叠（肖宜安等，2004）。

始花时间的确定，以开花第 1 天（计为 1），开花第 2 天（计为 2），依次类推。

2. 开花动态进程调查

选择 3 个群体作为观察对象，每群体内选择 5 个单株，每单株观察 5 朵单花。分别记录群体的花蕾期，始花期，25%单株开 25%单花，50%单株开 50%单花，小于 25%单株尚未开花、其余谢花，开花末期、单株仅 20%单花开放，凋谢期。单花开花进程则观察花蕾期、花瓣初展期、散粉期、盛花期、散粉末期、凋谢初期、凋谢末期。

3. 花部综合特征和开花式样观察

选取种群中 10 株厚朴各 30 朵盛开花朵进行挂牌并对其进行观察和测量。主要记录花朵形状、颜色、大小、柱头和花药的相对位置等，测量其花柄长度、花被片长度、花口径、雌雄蕊等各部分的长度。

1.1.3 结果与分析

1.1.3.1 开花物候和开花同步性

3 个厚朴种群的开花物候观察结果见表 1-2。由表 1-2 可知，厚朴花期起始于 4 月初至中旬，大多终止于 5 月中旬，花期一般持续 1 个月左右。因生长地点不同和年份不同，种群间花期有 5~10d 的差异。

表 1-2 3 个厚朴种群开花物候

Tab.1-2 Flowering phonological phase of *Houpoëa officinalis* from three populations

种群编号	年份	始花日（月/日）	终花日（月/日）	花期长/d
Ⅰ	2010	4/6	5/10	34
	2011	4/9	5/7	28
Ⅱ	2010	4/11	5/3	22
	2011	4/13	5/10	27
Ⅲ	2010	4/15	5/18	33
	2011	4/17	5/18	31

以种群Ⅰ为例，2010 年种群Ⅰ中 10 个植株的平均开花数量是 188.8 朵/株，其平均开花振幅为 5.55 朵/（株·d）。厚朴的单株开花数量差异很大，单株开花数量最多的可达到 254 朵，最少的只有 96 朵，其平均开花振幅相差也较大，其变异范围为 2.82~7.47 朵/（株·d）；2011 年种群Ⅰ的平均开花数量为 171.4 朵/株，其

平均开花振幅为 6.12 朵/（株·d）。单株开花数量同样差异较大，单株开花数量最多的有 257 朵，开花数量最少的是 96 朵，平均开花振幅的变异范围是 3.43~9.18 朵/（株·d）。

2010 年开花数量最多的时候每株厚朴的平均日开花量为 11.8 朵，大约是单株开花总数的 6.25%，开花数量最少的时候每株厚朴的平均日开花量为 1.2 朵，只占单株开花总数的 0.64%。2011 年开花数量最多的时候每株厚朴的平均日开花量为 10.6 朵，约是单株开花总数的 6.18%，开花最少的时候每株厚朴平均日开花量为 0.8 朵，只占单株开花总数的 0.47%。厚朴开花物候期年度间略有差异，基本过程相似，这说明了不同物种开花物候的遗传稳定性及其略受生长环境的影响。

对 3 个种群连续两年研究，发现从始花日到终花日厚朴始终没有出现开花高峰，群体内个体基本上每天或几个星期产生少量新花，开花同步性表现为持续开花模式，开花同步指数为 0.839。

1.1.3.2　开花动态进程

厚朴的单花花期为 4~5d。晴天，花朵从 6:00 左右外轮 3 枚花被片逐步展开，14:00 后内轮花被依次开放，至当晚 20:00 以后，花被片渐合拢至纺锤状，于第二天早晨再次开放，至此，花被片完全展开不再闭合，直至凋零，即花被片存在二次开合现象。

单花开花进程分 4 个阶段，如图 1-1 所示。

A. 蕾期，花芽开始膨大，闭合的苞片开始松动，雄蕊群紧紧抱拢着雌蕊群的中下部，雄蕊未成熟，柱头乳突状的一面呈暗红色，其背面为草绿色，此时柱头张开并向外反卷且可授性极强。

B. 初开期，外轮的 3 枚花被片已经展开，内两轮花被片直立且上部紧紧镊合在一起，但下部开始慢慢分离。雄蕊群开始松开，外层部分花药开裂并散出少数花粉，柱头乳突状一面颜色变淡，柱头可授性仍然较高，且开始分泌大量的黏液，厚朴花在初开期散发出浓郁的香味。

C. 盛开期，花被片伸展程度最好，外轮 3 枚花被片向外反卷，内两轮花被片外倾且几乎平展，雄蕊群散开呈辐射状，所有的花药均开裂，花粉散落，柱头可授性明显下降，与初开期时相比厚朴花的香味迅速减淡。

D. 凋零期，花被片和雄蕊枯萎并脱落，单个柱头的末端枯萎，几乎无香味，单花花期结束。4 个阶段持续的时间长短与树木生长状况和天气状况有关。

1.1.3.3　花部综合特征和开花式样

厚朴花单生枝顶，花柄长，长 2.6~3.8cm，平均 3.17cm。厚朴花大，盛开时花朵直径 10.8~18.8cm，平均 14.8cm。花被片 9~12，厚肉质，长圆状倒卵形，外轮 3 片花被片淡绿色至淡紫色，长 8~10cm，平均 9.19cm，宽 3~5cm，平均 4.15cm，外轮花被片在蕾期时展开，在盛开期时向外部反卷。外层花被片内有两轮倒卵状匙形的白色花被片，有时基部带有淡淡的红晕，且外轮白色花被片比内轮白色花

图 1-1　厚朴花 4 个开放进程的形态描述（彩图请扫封底二维码）

Fig.1-1　Flower morphology of of *Houpoëa officinalis* during four developmental stages

A. 厚朴蕾期的形态；B. 厚朴初开期的形态；C. 厚朴盛开期的形态；D. 厚朴凋零期的形态

A. The bud swelling of *Houpoëa officinalis*; B. The flower opening of *Houpoëa officinalis*; C. The full blooming of *Houpoëa officinalis*; D. The flower withering of *Houpoëa officinalis*

被片大，盛开时外轮白色花被片长 8~9.5cm，平均 8.96cm，宽 3.5~4.5cm，平均 3.87cm；内轮白色花被片长 6~8.5cm，平均 7.5cm，宽 1.5~3.5cm，平均 2.7cm。厚朴的雄蕊 70~146 枚，多数在 90 枚以上，长 1.1~2.7cm，平均 1.82cm。合生雌蕊螺旋状排列在椭圆状卵圆形的花托上，柱头 66~172 枚不定，但多在 90 枚以上，单个柱头长 4~10mm，平均 7.3mm，总体来说，花托下部的柱头长于中部，中部柱头长度大于上部长度，柱头乳突状的一面可接受花粉。体视显微镜下观察到的雄蕊和雌蕊形态如图 1-1A、图 1-1B 所示。雌雄异位，柱头位置始终高于雄蕊。

开花式样是植物的花在群体上的特征体现，通过在开花日期、开花类型及花的排列上的变化，不同的开花式样对传粉者具有不同的吸引力，影响昆虫在植株上的活动，使花粉运动的方向发生相应变化，从而影响着植物最终的交配结果。此外开花式样随环境改变也会发生一些变化。通过观察发现厚朴花先叶开放，单生枝顶，合生雌蕊螺旋状排列于花托上，雌蕊先熟，雌蕊着生位置高于雄蕊。

1.2　花香气成分

1.2.1　野生种与栽培种花不同部位香气成分

1.2.1.1　引言

在厚朴主要药用有效成分中，学者们对其干枝皮、根皮、叶、花等不同部位中厚朴酚、和厚朴酚的研究较多（李宗等，1997；黄晓燕等，2005；杨红兵等，2008；曾建国等，2010），除厚朴总酚外，挥发油成分也是有效成分之一，目前对厚朴干皮、枝皮或根皮中的挥发油成分定性和定量的分析已有报道（李宗等，1999；杨红兵等，2007；张春霞等，2009；曾建国等，2010）。然而厚朴生长周期长，一般生长 15 年以上才能供药用，根皮和树皮中药用成分含量虽高，但挖根剥皮会造成植株死亡，资源逐年减少（曾建国等，2010），因此有必要研究厚朴其他部位入药价值。

厚朴花除入药之外，近年来开始应用于日化产业，但有关其挥发油成分方面的研究很少，仅见叶华等（2006）对其干燥花蕾挥发油进行的气相色谱-质谱联用（GC-MS）分析，厚朴花香气成分的研究尚未见报道。厚朴花在苞片刚裂开花瓣未展开时开始散发浓郁的香味，其野生种和栽培种在香气上存在很大差异，本节采用 GC/MS 技术对野生种和栽培种花苞不同部位的香气成分进行分析，探明两种厚朴香气成分的差异，以期为了解厚朴香气释放机制提供可靠的参考依据，为了解厚朴花的药理活性与香气成分的关系及其在日化领域等进一步研究和开发奠定基础。

1.2.1.2 材料与方法

1. 试验材料

试验于 2011 年 5 月进行，材料为厚朴野生种和栽培种苞片刚裂开、花瓣未展开的花苞。前者采自中国林业科学研究院亚热带林业研究所木兰园，后者采自浙江省磐安县园塘林场。

2. 试验方法

1）香气采集

晴天 9:00 左右在生长势一致的植株上采集野生厚朴和栽培厚朴花苞各 3 个，样品采回后将其分为雌雄蕊和花瓣两个部位，快速剪碎，分别称取雌雄蕊 3g、花瓣 5g 置于玻璃瓶中，采用固相微萃取法，在 25℃下，以 65μm 的聚二甲基硅氧烷/二乙烯基苯（PDMS/DVB）萃取头萃取 30min，解析 5min 进样。

2）GC/MS 分析

仪器：美国 Agilent6890N 气相色谱仪/5975B 质谱仪，色谱柱 30m×0.25mm×0.25μm HP-INNOWax 毛细管柱。

GC/MS 条件：载气为高纯 He（99.999%），流速为 1.0ml/min；升温程序为 50℃保持 5min，再以 3℃/min 保持 5min；进样口温度 250℃，离子源温度 230℃，接口温度 280℃，MS 四级杆温度 150℃；电离方式电子电离（EI），电子能量 70eV，扫描质量数范围 40~550a.m.u。

成分鉴定：经气相色谱分离，不同组分的香气形成其各自的色谱峰，根据质谱数据和 GC/MS 气质联用仪标准图谱数据库的检索结果定性，确认香味物质的各个化学成分；运用离子流峰面积归一化法计算各组分的相对含量。

1.2.1.3 结果与分析

两种厚朴花苞雌雄蕊和花瓣中香气成分的总离子流图如图 1-2~图 1-5 所示。

1. 厚朴野生种和栽培种香气成分分析

厚朴野生种和栽培种花朵不同部位至少有 1 个相对含量在 1.00%以上的主要香气化合物，参见表 1-3。从表 1-3 可知，从厚朴野生种花苞中共鉴定出 39 种香气成分，雌雄蕊中 26 种，花瓣中 22 种；从栽培种中共鉴定出 75 种香气成分，雌雄蕊中 49 种，花瓣中 54 种。两种厚朴的香气成分主要归类为萜烯类、醇类、芳香烃类、酯类、醛酮类、烷烃类、醚类和酸类 8 类化合物。

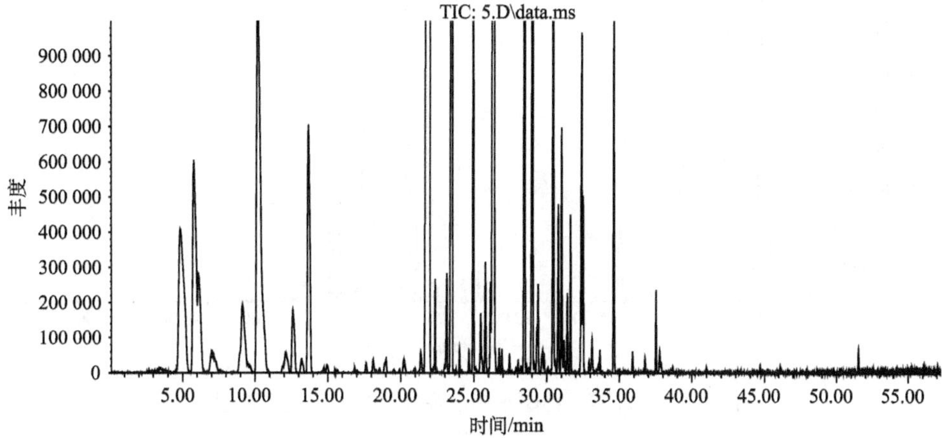

图 1-2　厚朴野生种雌雄蕊中香气成分的总离子流图

Fig.1-2　Total ionic chromatogram of aroma components in pistils and stamens of *Houpoëa officinalis* from wild species

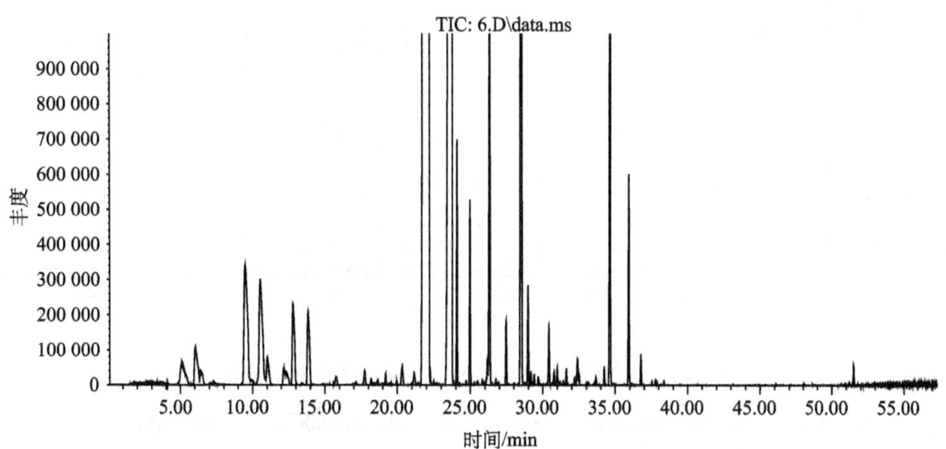

图 1-3　厚朴野生种花瓣中香气成分的总离子流图

Fig. 1-3　Total ionic chromatogram of aroma components in petals of *Houpoëa officinalis* from wild species

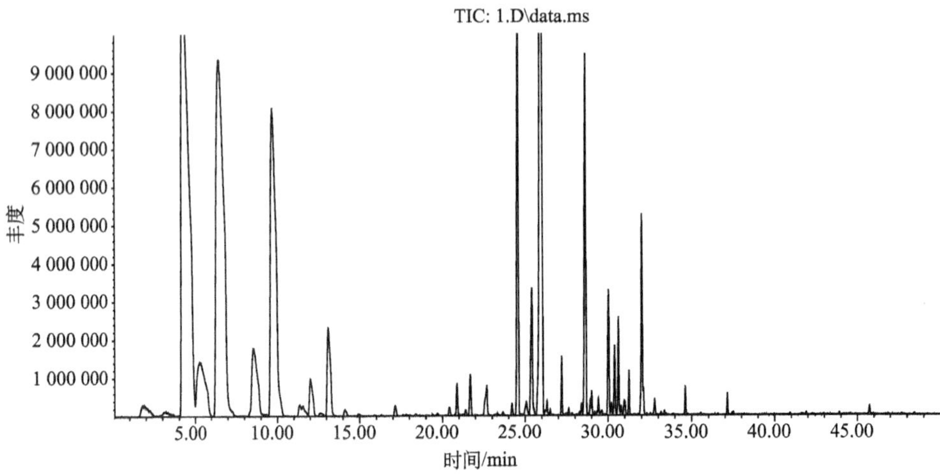

图 1-4　厚朴栽培种雌雄蕊中香气成分的总离子流图

Fig.1-4　Total ionic chromatogram of aroma components in pistils and stamens of *Houpoëa officinalis* from cultivated species

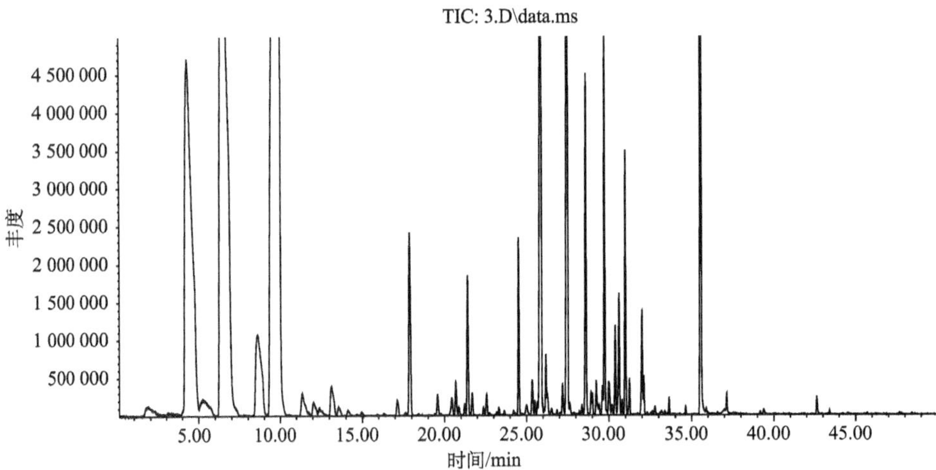

图 1-5　厚朴栽培种花瓣中香气成分的总离子流图

Fig.1-5　Total ionic chromatogram of aroma components in petals of *Houpoëa officinalis from* cultivated species

厚朴野生种和栽培种所含香气组分的种类存在明显差异，详见图 1-6。由图 1-6 可看出，与栽培种相比，野生种的主要香气组分种类更多，雌雄蕊的香气组分中，除萜烯类之外，芳香烃类、烷烃类和醇类都占较大的比例，其花瓣中，除萜烯类外，醚类对香气贡献较大，并且醚类化合物只出现在野生种花苞中。而栽培种的主要香气组分比较单一，雌雄蕊和花瓣的主要香气组分只有萜烯类，其相对含量接近 80%。

厚朴野生种和栽培种雌雄蕊与花瓣有部分香气成分种类相同，它们共有的香气组分有萜烯类、芳香烃类、醇类、酯类（图 1-6）。由图 1-6 可知，萜烯类在两种类型厚朴的雌雄蕊和花瓣所含的香气组分中所占比例较高，是最重要的香气组分。在两种类型厚朴的雌雄蕊和花瓣中同时被检测到的香气成分莰烯、柠檬烯、罗勒烯异构体混合物、石竹烯、芳樟醇 5 种，详见表 1-3。

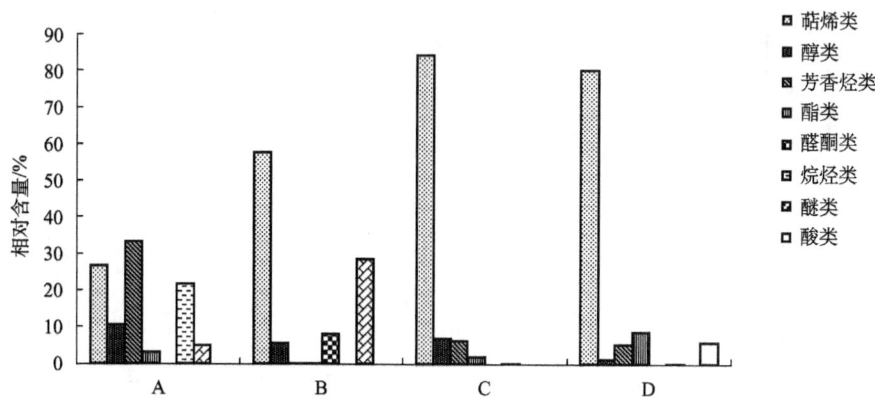

图 1-6　厚朴野生种和栽培种雌雄蕊和花瓣香气成分分类图

Fig.1-6　Classification of aroma components in pistils and stamens，petals of *Houpoëa officinalis* from wild species and cultivated species

A. 野生种雌雄蕊； B. 野生种花瓣；C. 栽培种雌雄蕊；D. 栽培种花瓣

A. Pistils and stamens of *Houpoëa officinalis* wild species; B. Petals of *Houpoëa officinalis* wild species; C. Pistils and stamens of *Houpoëa officinalis* cultivated species; D. Petals of *Houpoëa officinalis* cultivated species

2. 同类型厚朴雌雄蕊和花瓣香气成分及其差异

1）厚朴野生种雌雄蕊和花瓣中的香气成分种类和相对含量差异很大

由表 1-3 可知，经 GC/MS 分析，厚朴野生种雌雄蕊的香气组分以芳香烃类（32.99%）、萜烯类（26.61%）、烷烃类（21.46%）和醇类（10.35%）为主，未检测到醛酮类和酸类，其主要香气成分有 4-异丙基甲苯、正十五烷、十四烷、右旋柠檬烯，相对含量大于 1%的特有成分是桧烯、4-萜烯醇、4-异丙烯基甲苯、十四烷。花瓣中的主要香气组分有萜烯类（57.60%）和醚类（28.45%），未检测到烷烃类和酸类，其主要香气成分有 1-甲氧基-3,7-二甲基-2,6-辛二烯、1-香叶基乙醚、苯乙酮，相对含量大于 1%的特有香气成分是苯乙酮。

表 1-3　厚朴野生种和栽培种雌雄蕊和花瓣中主要香气成分及其相对含量

Tab.1-3　Aroma components and relative content in pistils and stamens，petals of *Houpoëa officinalis* from wild and cultivated specie

化合物名称	英文名称	相对含量/%			
		野生厚朴雌雄蕊	野生厚朴花瓣	栽培厚朴雌雄蕊	栽培厚朴花瓣
萜烯类					
α-蒎烯	1*S*-alpha-pinene	4.11	—	24.79	12.85
莰烯	camphene	3.79	0.48	3.67	0.69
β-蒎烯	beta-pinene	1.59	—	—	20.05
月桂烯	beta-myrcene	—	1.81	23.81	2.41
桧烯	bicyclo[3.1.0]hexane,4-methylene-1-(1-methylethyl)-	1.36	—	—	—
柠檬烯	D-limonene	8.4	1.57	12.37	30.86
罗勒烯异构体混合物	1,3,6-octatriene,3,7-dimethyl-,(*Z*)-	3.04	0.83	0.94	0.21
1-甲氧基-3,7-二甲基-2,6-辛二烯	2,6-octadiene,1-methoxy-3,7-dimethyl-	0.58	49.56	—	0.07
石竹烯	caryophyllene	0.63	2.06	11.49	5.76
(*Z,Z,Z*)-1,5,9,9-四甲基-1,4,7-环十一碳三烯	(*Z,Z,Z*)-1,4,7,-cycloundecatriene,1,5,9,9-tetramethyl-,	—	0.36	4.02	2.03
2,6-二甲基-6-(4-甲基-3-戊烯基)-二环[3.1.1]庚-2-烯	bicyclo[3.1.1]hept-2-ene,6-dimethyl-6-(4-methyl-3-pentenyl)-	1.17	—	0.29	0.35
醇类					
芳樟醇	1,6-octadien-3-ol,3,7-dimethyl-	3.01	0.62	4.71	0.93
橙花醇	2,6-octadien-1-ol,3,7-dimethyl-,(*Z*)-	4.21	0.77	—	—
2-莰醇	borneol	—	—	1.26	—
4-萜烯醇	3-cyclohexen-1-ol,-methyl-1-(1-methylethyl)-	1.65	—	—	—

续表

化合物名称	英文名称	相对含量/%			
		野生厚朴雌雄蕊	野生厚朴花瓣	栽培厚朴雌雄蕊	栽培厚朴花瓣
芳香烃类					
4-异丙基甲苯	cyclohexene,1-methyl-4-(1-methylethylidene)-	30.73	—	2.15	0.47
4-异丙烯基甲苯	benzene,1-methyl-4-(1-methylethenyl)-	2.26	—	—	—
[4aR-(4aα,7α,8aβ)]-4a-甲基-1-亚甲基-7-异丙烯基-十氢化萘	[4aR-(4a alpha,7alpha,8a beta)]-4a-methyl-1-methylene-7-(1-methylethenyl)-,decahydro- naphthalene	—	—	0.55	1.76
(1*S-cis*)-4,7 二甲基-1-异丙基-1,2,3,5,6,8a-六氢化萘	naphthalene,(1*S-cis*)-4,7-dimethyl-1-(1-methylethyl)-1,2,3,5,6,8a-hexahydro	—	0.1	1.84	1.78
酯类					
(*Z*)-4-辛烯酸甲酯	4-octenoic acid,methyl ester,(*Z*)-	—	—	—	1.65
L-乙酸冰片酯	bicyclo[2.2.1]heptan-2-ol,1,7,7-trimethyl-,acetate,(1S-endo)-	1.07	—	1.67	0.25
4-癸烯酸甲酯	4-decenoic acid,methyl ester	—	—	—	5.54
苯甲酸甲酯	benzoic acid,methyl ester	1.84	0.25	—	—
醛酮类					
苯乙酮	acetophenone	—	8.01	—	—
烷烃类					
十四烷	tetradecane	8.63	—	—	—
正十五烷	pentadecane	12.83	—	0.49	0.14
醚类					
1-香叶基乙醚	geranyl ethyl ether 1	4.96	28.45	—	—
酸类					
己酸	hexanoic acid	—	—	—	5.39

注：一，未检测到。下同

Note: 一, un detected. The same below

2）厚朴栽培种雌雄蕊和花瓣中香气成分的种类和相对含量也有很大差异

由表 1-3 可知，经 GC/MS 分析，栽培厚朴雌雄蕊的香气组分以萜烯类为主，相对含量高达 84.20%，在栽培厚朴的雌雄蕊中未检测到醛酮类、醚类和酸类化合物，主要香气成分有 α-蒎烯、月桂烯、右旋柠檬烯和石竹烯，2-莰醇是相对含量较高（大于 1%）的特有香气成分。栽培厚朴花瓣的香气组分以萜烯类（80.18%）为主，未检测到醛酮类和醚类，主要香气成分有右旋柠檬烯、β-蒎烯、左旋-α-蒎烯、石竹烯、4-癸烯酸甲酯、己酸，(Z)-4-辛烯酸甲酯、4-癸烯酸甲酯、己酸是相对含量较高（大于 1%）的特有成分。

1.2.1.4　讨论

本节通过对厚朴野生种和栽培种花苞中雌雄蕊和花瓣进行 GC/MS 分析，获知主要香气物质，即萜烯类物质在栽培种中的种类和相对含量均明显高于野生厚朴，证实实践中发现栽培种比野生种香气浓郁很多的感官特点，初步确定厚朴花的香气浓淡与挥发性的萜烯类化合物有密切关系。研究表明，萜烯类化合物具有多种生物活性，如 α-蒎烯可祛痰、镇咳、抗真菌，β-蒎烯具有抗炎作用，石竹烯有平喘的效果，柠檬烯具有明显的镇静作用，同时也是重要的防癌化合物等（Guyton and Kensler，2002；周欣等，2002；纳智，2006；高群英等，2011）。厚朴花能用于治疗胸脘痞闷胀满、纳谷不香等症可能与萜烯类有效成分有关，建议深入开展对厚朴花香气化合物在医药及日化等方面的开发利用的研究。

厚朴花的特殊花香与其特定香气成分有关，其香气成分对花香气的贡献依据其香气值（相对含量/嗅感阈值）划分（李瑞红和范燕萍，2007）。具有较高香气值的成分形成厚朴花的特征香气。厚朴栽培种的主要香气成分中，α-蒎烯、β-蒎烯、月桂烯、柠檬烯、芳樟醇香气阀值很低且相对含量较高（乔宇等，2008；张春雨等，2009），因此可以确定为栽培厚朴的特征香气。野生厚朴花朵花蕾期至盛花期香气浓郁，至盛花末期香味迅速变淡，1-甲氧基-3,7-二甲基-2,6-辛二烯（花蕾期、展瓣期、盛花期、盛花末期的相对含量分别是 49.56%、21.00%、18.41%、11.41%）、1-香叶基乙醚（花蕾期、展瓣期、盛花期、盛花末期的相对含量分别是 28.45%、19.90%、18.12%、8.27%）相对含量较高，且与其感官表象一致，可以初步确定这两种化合物与柠檬烯及其他相位化合物作用，共同构成野生厚朴花苞的芳香成分。两种厚朴花朵不同部位的主要香气成分种类和相对含量差异悬殊，其各自的主要香气成分对其芳香性的贡献尚需进一步研究。此外，两种类型厚朴花朵不同部位又分别有各自特有的香气成分，这些特有成分可能也是导致花香不同的重要原因。

厚朴野生种和栽培种香气成分种类和其相对含量差异很大，这在其他植物研究中也得以证实，如徐玉婷（2009）研究野菊花和 6 个引种栽培的菊花品种挥发油成分时，也发现野菊花与其他 6 个菊花品种的挥发油成分差异十分显著。冯涛等（2010）将 4 种野生海棠与苹果品种“红星”、“富士”作比较，发现野生种与栽培种的芳香成分和相对含量差异较大。无论是野生厚朴还是栽培厚朴，雌雄蕊与花瓣的香气成分种类和相对含量差异都较大，这与赵印泉等（2010）对梅花不同部位释放的香气成分差异显著的结果相似，对药用植物花朵不同部位释放香气成分差异的研究较少，其对香气的贡献和各自的药理作用尚需进一步研究，以利于药用取样时更有针对性。

1.2.2 不同花期雌雄蕊和花瓣香气组成成分

1.2.2.1 引言

近年来，已有研究者对芍药（*Paeonia lactiflora*）、蜡梅（*Chimonanthus praecox*）、玫瑰（*Rosa rugosa*）、山茶（*Camellia japonica*）等观赏植物花部的香气成分进行了研究（冯立国等，2008；黄雪等，2010；周继荣和倪德江，2010），也有研究者对药用植物的花部香气成分进行了分析（楼之岑等，1994；范正琪等，2006；叶华等，2006；刘艳清，2008；卢金清，2009；张莹等，2010），但有关厚朴不同花期香气成分的研究几乎没有报道，实际上在花蕾期至盛花期，厚朴花散发浓郁的芳香气味，具有理气化湿的功能，可能具有较高的医疗价值（李瑞红和范燕萍，2007）。叶华等（2006）曾采用 GC/MS 法对厚朴花的挥发油成分进行了分析，但研究对象为干燥花蕾，对其新鲜花朵香气的组成成分未见报道。明确不同花期厚朴花不同部位的香气成分及其含量变化，对于研究厚朴花期次生代谢物质的代谢过程及明确厚朴花芳香成分的释放部位有重要意义。

1.2.2.2 材料和方法

1. 材料

试验材料为不同花期的厚朴花，取自中国林业科学研究院亚热带林业研究所木兰园。根据厚朴开花过程将其花期分为 4 个时期：花蕾期（苞片裂开，花瓣啮合处松动，花瓣顶部出现小孔，花药紧贴，柱头外卷）；展瓣期（外轮花瓣展开，内轮花瓣上部啮合、下部分离，雄蕊群开始松开，少数花药开裂，雌蕊柱头开始伸直）；盛花期（花瓣全部张开，外轮花瓣平展、内轮花瓣外倾，雄蕊群辐射状散开，柱头向雌蕊群中轴内贴合）；盛花末期（花被片开始脱落，花药已散，柱头末端开始枯萎）。

2. 方法

1）香气成分的提取方法

厚朴花朵的花蕾期、展瓣期、盛花期和盛花末期的出现时间依次在晴天的

9:00、15:00、17:00 和次日 9:00 左右，根据这一规律，选择这 4 个时间段采集处于同种环境条件下的厚朴花朵，每个时间段采集 3 个样品花朵。

花采回后分成雌雄蕊和花瓣两部分，将同一时间段采集的 3 朵花的雌雄蕊和花瓣混合后迅速剪碎、充分混匀；称取雌雄蕊 3g、花瓣 5g，采用固相微萃取法（钟瑞敏等，2006；刘艳清，2008）分别提取雌雄蕊及花瓣中的香气成分。在 25℃条件下，采用直径 65μm 的 PDMS/DVB 萃取头萃取 30min，然后将固相微萃取头插入气相色谱-质谱联用仪，解吸 5min 后进行 GC/MS 分析。

2）GC/MS 分析方法

采用 Agilent6890N 气相色谱仪/5975B 质谱仪进行 GC/MS 分析，色谱柱为 HP-INNOWax 毛细管柱（30m×0.25mm×0.25μm）。

GC/MS 条件：载气为高纯度 99.999%氦气，流速 1.0ml/min；升温程序，50℃保持 5min，再按 3℃/min 的速率升至 210℃并保持 5min；进样口温度 250℃，离子源温度 230℃，接口温度 280℃，MS 四级杆温度 150℃；电离方式 EI，电子能量 70eV，相对分子质量扫描质量数范围 40~550amu①。

3）数据分析

根据质谱数据和 GC/MS 标准图谱数据库的检索结果对各成分进行鉴定；运用离子流峰面积归一化法计算各成分的相对含量。

1.2.2.3　结果和分析

1. 不同花期厚朴雌雄蕊和花瓣香气组成成分分析

根据质谱数据和 GC/MS 标准图谱数据库的检索结果，最终确定厚朴的雌雄蕊和花瓣中分别含有香气成分 52 种和 37 种，共计 67 种香气成分。不同花期厚朴雌雄蕊和花瓣中各成分的相对含量见表 1-4。

1）雌雄蕊香气的组成成分

由表 1-4 可见：花蕾期从厚朴雌雄蕊中共检测出 26 种成分，主要为芳香烃类、萜烯类、烷烃类和醇类化合物，相对含量均大于 10%，其中，对伞花烃（4-异丙基甲苯）、十五烷、十四烷、苎烯的相对含量较高，均在 8%以上。展瓣期从雌雄蕊中也检测出 26 种成分，以萜烯类和芳香烃类化合物为主，其中石竹烯、莰烯、苎烯、苯乙酮、2,6-二甲基-6-(4-甲基-3-戊烯基)-二环[3. 1. 1]庚-2-烯的相对含量较高，均在 8%以上；而 α-蒎烯和(*Z,Z,Z*)-1,5,9,9-四甲基-1,4,7-环十一碳三烯的相对含量也较高，分别达到 6.27% 和 4.77%。盛花期从雌雄蕊中共检测出 27 种成分，主要为萜烯类化合物，相对含量达到 80.29%；其中，石竹烯、苎烯和

① $1amu=1.66\times10^{-27}kg$，下同

表 1-4　不同花期厚朴雌雄蕊和花瓣香气的组成成分及其相对含量

Tab.1-4　Constituents and relative contents in pistil，stamen and petal of *Houpoëa officinalis* during different flowering stages

成分		分子式	保留时间/min	在不同花期雌雄蕊中的相对含量/%				在不同花期花瓣中的相对含量/%			
				I	P	F	E	I	P	F	E
(−)-α-蒎烯	(1*S*)-(−)-α-pinene	$C_{10}H_{16}$	4.85	4.11	6.27	—	—	—	—	—	—
(1*R*)-(+)-α-蒎烯	(1*R*)-(+)-α-pinene	$C_{10}H_{16}$	5.01	—	—	3.80	—	—	5.45		9.44
α-蒎烯	α-pinene	$C_{10}H_{16}$	5.09	—	—	—	0.93	0.22	—	4.80	—
莰烯	camphene	$C_{10}H_{16}$	5.78	3.79	10.56	2.36	—	0.48	5.73	4.03	—
(−)-莰烯	(−)-camphene	$C_{10}H_{16}$	6.02	—	—	1.37	—	—	—	—	3.38
β-蒎烯	β-pinene	$C_{10}H_{16}$	6.10	1.59	—	1.68	—	—	—	—	—
香烩烯	sabinine	$C_{10}H_{16}$	9.14	1.36	—	—	—	—	—	—	1.73
月桂烯	myrcene	$C_{10}H_{16}$	9.48	—	—	—	—	1.81	16.20	6.57	—
苎烯	D-limonene	$C_{10}H_{16}$	10.23	8.40	9.48	14.95	6.10	1.57	7.78	13.35	11.21
侧柏烯	4-methyl-1- (1-methylethyl)-bicyclo[3.1.0] hex-2-ene	$C_{10}H_{16}O$	10.81	—	—	2.96	—	—	—	—	—
β-水芹烯	β-phellandrene	$C_{10}H_{16}$	10.94	—	3.17	—	8.47	—	—	—	4.19
(+/−)-2-甲基-1-丁醇	(+/−)-2-methyl-1-butanol	$C_5H_{12}O$	11.01	—	—	—	—	—	—	—	9.16
2-甲基-1-丁醇	2-methyl-1-butanol	$C_5H_{12}O$	11.03	—	—	—	—	0.29	3.70	8.72	—
苯乙烯	styrene	C_8H_8	12.89	—	—	—	—	—	—	—	8.65
邻伞花烃	*O*-cymene	$C_{10}H_{14}$	13.37	—	1.79	1.55	—	—	—	—	2.91
1-甲基-4-(1-甲基乙基)-丙苯	1-methyl-4-(1-methylethyl)- benzene	$C_{10}H_{12}$	13.40	2.26	—	0.45	5.10	—	—	—	—
松油烯	terpinene	$C_{10}H_{16}$	13.69	0.88	—	—	—	—	—	—	—

续表

成分		分子式	保留时间/min	在不同花期雌雄蕊中的相对含量/%				在不同花期花瓣中的相对含量/%			
				I	P	F	E	I	P	F	E
罗勒烯	(Z)-3,7- dimethyl-1,3,6-octatriene	$C_{10}H_{16}$	13.79	3.04	—	—	0.80	0.83	3.28	3.09	—
4-蒈烯	(+)-4-carene	$C_{10}H_{16}$	13.84	—	—	—	—	0.71	—	—	—
1-庚醇	1-heptanol	$C_7H_{16}O$	16.92	—	—	—	0.86	—	—	—	—
对伞花烃	*p*-cymene	$C_{10}H_{14}$	21.97	30.73	—	—	—	—	—	—	—
1-甲氧基-3,7-二甲基-2,6-辛二烯	1-methoxy-3,7-dimethyl- 2,6-octadiene	$C_{11}H_{20}O$	22.18	0.58	4.17	10.08	1.10	49.56	21.00	18.41	11.41
可巴烯	copaene	$C_{15}H_{24}$	22.20	—	1.56	—	—	—	—	—	—
α-荜澄茄烯	α-cubebene	$C_{15}H_{24}$	22.34	0.39	0.32	1.29	2.04	—	—	—	—
异松油烯	1-methyl-4-(1-methylethylidene)- cyclohexene	$C_{10}H_{16}$	22.45	0.34	0.07	2.91	—	—	3.54	3.44	1.96
3-己烯-1-醇	(Z)-3-hexen-1-ol	$C_6H_{12}O$	23.14	0.55	—	—	—	—	—	—	—
十四烷	tetradecane	$C_{14}H_{30}$	23.51	8.63	—	—	—	—	—	—	—
(1α,2β,5α) -2-甲基-5-异丙基-二环[3.1.0]乙烷-2 醇	(1α,2β,5α)-2-methyl-5-(1-methylethyl)- bicyclo[3.1.0] hexan-2-ol	$C_{10}H_{18}O$	25.47	0.93	—	—	—	—	—	—	—
乙酸乙酸熏衣草酯	acetic acid lavandulyl ester	$C_{12}H_{20}O_2$	26.17	—	—	—	—	0.10	—	—	—
十五烷	pentadecane	$C_{15}H_{32}$	26.40	12.83	—	—	—	—	—	—	0.64
[1*S*-(1*R**,9*S**)]-10,10-二甲基-2,6-双亚甲基-二环[7.2.0]十一烷	[1*S*-(1*R**,9*S**)]-10,10-dimethyl-2,6-bis(methylene)- bicyclo[7.2.0] undecane	$C_{15}H_{24}$	26.92	—	0.29	—	—	—	—	—	—
乙酰苯	acetophenone	C_8H_8O	28.45	—	7.99	0.55	2.48	8.01	1.69	6.96	3.04
1-香叶基乙醚	1-geranyl ethyl ether	$C_{12}H_{22}O$	28.58	4.96	—	—	—	28.45	19.90	18.12	8.27

续表

成分		分子式	保留时间/min	在不同花期雌雄蕊中的相对含量/%				在不同花期花瓣中的相对含量/%			
				I	P	F	E	I	P	F	E
α-水芹烯	α-phellandrene	$C_{10}H_{16}$	28.78	—	—	—	1.75	—	—	—	—
(*E*)-β-法尼烯	(*E*)-β-farnesene	$C_{15}H_{24}$	28.99	—	1.65	—	2.03	—	—	—	—
橙花醇	nerol	$C_{10}H_{18}O$	29.03	4.21	—	2.62	—	0.77	0.45	—	—
(*Z,Z,Z*)-1,5,9,9-四甲基-1,4,7-环十一碳三烯	(*Z,Z,Z*)- 1,5,9,9- tetramethyl-1,4,7-cycloundecatriene	$C_{15}H_{24}$	29.24	—	4.77	8.74	11.31	0.36	1.20	1.55	3.92
4a,8-二甲基-2-甲氧基丙烯-1,2,3,4,4a,5,6,7-八氢萘	4a,8-dimethyl-2-isopropenyl-1,2,3,4,4a,5,6,7-octahydronaphthalene	$C_{15}H_{18}$	29.34	—	0.59	—	—	—	—	—	—
顺-罗勒烯	(*E*)- 3,7-dimethyl-1,3,6- octatriene	$C_{10}H_{16}$	29.40	—	1.72	0.94	2.45	—	—	—	—
反-金合欢烯	(*Z*)-7,11- dimethyl-3-methylene-1,6,10-dodecatriene	$C_{15}H_{24}$	29.61	—	—	1.26	—	—	—	—	—
冰片	borneol	$C_{10}H_{18}O$	30.43	—	0.84	1.73	1.60	0.24	—	0.70	—
沉香醇	linalool	$C_{10}H_{18}O$	30.55	3.01	—	1.42	—	0.62	0.54	0.83	—
β-瑟林烯	[4a*R*-(4aa,7α,8ab)]-decahydro-4a-methyl -1-methylene-7-(1- methylethenyl)-naphthalene	$C_{15}H_{24}$	30.78	—	2.18	1.74	1.59	—	—	—	—
2,6-二甲基-6-(4-甲基-3-戊烯基)-二环[3.1.1]庚-2-烯	2,6-dimethyl-6-(4-methyl-3-pentenyl)-bicyclo[3.1.1]hept-2-ene	$C_{15}H_{24}$	30.90	1.17	7.81	1.76	5.33	—	—	—	—
[2*R*-(2A,4A,8A)]-1,2,3,4,4a,5,6,8a-八氢-4a,8-二甲基-2-异丙基-萘	[2*R*-(2a alpha,4a alpha,8a beta)]-1,2,3,4,4a,5,6,8a-octahydro-4a,8-dimethyl-2-(1-methylethenyl)- naphthalene	$C_{15}H_{24}$	31.00	—	2.78	2.23	1.89	—	—	—	—
L-乙酸冰片酯	L-bornyl acetate	$C_{12}H_{20}O_2$	31.23	1.07	1.11	—	—	—	—	—	—

续表

成分		分子式	保留时间/min	在不同花期雌雄蕊中的相对含量/%				在不同花期花瓣中的相对含量/%			
				I	P	F	E	I	P	F	E
β-防风根烯	(*S*)-1-methyl- 4-(5-methyl-1- methylene-4- hexenyl)-cyclohexene	$C_{15}H_{24}$	31.42	—	1.32	0.59	2.14	—	—	—	—
反-柠檬醛	(*E*)-3,7-dimethyl-2,6-octadienal	$C_{10}H_{16}O$	31.62	—	—	—	—	—	0.39	—	—
反,顺-法尼烯	(*Z*,E)- 3,7,11- trimethyl-1,3,6,10-dodecatetraene	$C_{15}H_{24}$	31.83	—	—	—	—	—	—	—	0.56
α-石竹烯	α-caryophyllene	$C_{15}H_{24}$	31.93	—	—	—	—	—	0.48	—	—
石竹烯	caryophyllene	$C_{15}H_{24}$	31.95	0.63	27.49	28.06	33.96	2.06	4.39	6.52	12.33
1,2,3,5,6,8a-六氢-4,7-二甲基-1-(1-甲基乙基)萘	(1*S*-*cis*)- 4,7-dimethyl-1-(1-methylethyl)-1,2,3,5,6,8a-hexahydro-naphthalene	$C_{15}H_{24}$	32.49	—	3.88	3.21	4.99	0.10	—	—	—
4-萜烯醇	terpinen-4-ol	$C_{10}H_{18}O$	32.56	1.65	—	—	—	—	—	—	—
3-甲腈-4-乙氧基-三环[5.2.1.0(2,6)]3,8 二烯	3-carbonitrile-4-ethoxy-tricyclo[5.2.1.0(2,6)]deca-3,8-diene	$C_{13}H_{15}NO$	32.59	—	—	—	—	—	—	—	1.08
2-叔丁基吡啶	2-tert-butylpyridine	$C_9H_{13}N$	33.22	0.72	—	—	—	—	—	—	—
姜黄烯	curcumene	$C_{15}H_{22}$	33.54	—	1.01	0.37	1.49	—	—	—	—
对甲基苄醇	*p*-methyl-benzenemethanol	$C_8H_{10}O$	34.61	—	—	—	—	2.64	—	—	1.28
甲基苄醇	methyl benzyl alcohol	$C_8H_8O_2$	34.69	1.84	—	—	—	0.25	—	1.50	2.34
苏合香醇	methylphenyl carbinol	$C_8H_{10}O$	34.83	—	—	0.88	—	—	0.71	1.41	—

续表

成分		分子式	保留时间/min	在不同花期雌雄蕊中的相对含量/%				在不同花期花瓣中的相对含量/%			
				I	P	F	E	I	P	F	E
1,6-二甲基-4-异丙基四氢萘	(1*S*-*cis*)- 1,6-dimethyl-4-(1-methylethyl)-1,2,3,4-tetrahydro-naphthalene	$C_{15}H_{22}$	35.01	—	0.92	—	0.53	—	—	—	—
香叶醇	geraniol	$C_{10}H_{18}O$	35.93	—	—	—	—	0.74	2.46	—	—
苯甲醇	benzyl alcohol	C_7H_8O	36.76	—	—	—	—	0.12	1.11	—	1.80
(+)-香橙烯	(+)-aromadendrene	$C_{15}H_{24}$	37.52	0.33	—	—	—	—	—	—	—
1,4-二乙基-1,4-二甲基-2,5-环己二烯	1,4-dimethyl-1,4-diethyl-2,5- cyclohexadiene	$C_{12}H_{20}$	37.73	—	2.26	0.50	0.72	—	—	—	—
4-苯甲基苯基乙腈	4-benzyl phenylacetonitrile	$C_{15}H_{13}N$	38.40	—	—	—	0.34	—	—	—	—
对烯丙基苯酚	*p*-allylphenol	$C_9H_{10}O$	51.51	—	—	—	—	0.07	—	—	—

注：I，花蕾期；P，展瓣期；F，盛花期；E，盛花末期。下同

Note: I, initial flowering stage; P, petal expansion stage; F, full flowering stage; E, full flowering end stage. The same below

1-甲氧基-3,7-二甲基-2,6-辛二烯、(*Z,Z,Z*)-1,5,9,9-四甲基-1,4,7-环十一碳三烯的相对含量较高，分别为 28.06%、4.95%、10.08%和 8.74%。盛花末期从雌雄蕊中共检测出 24 种成分，以萜烯类和芳香烃类化合物为主，相对含量占成分总量的 94.32%；其中，石竹烯、(*Z,Z,Z*)-1,5,9,9-四甲基-1,4,7-环十一碳三烯、β-水芹烯、D-柠檬烯、2,6-二甲基-6-(4-甲基-3-戊烯基)-二环[3. 1. 1]庚-2-烯和 4-异丙烯基甲苯的相对含量较高，均在 5%以上。厚朴雌雄蕊中香气的组成成分随花的发育变化较大。例如，花蕾期雌雄蕊中石竹烯的相对含量很低，随着花的不断发育，其相对含量呈不断升高的趋势，且在展瓣期至盛花末期均成为相对含量最高的成分；花蕾期雌雄蕊中未检测出(*Z,Z,Z*)-1,5,9,9-四甲基-1,4,7-环十一碳三烯，但在展瓣期至盛花末期其相对含量不断提高，在盛花末期成为相对含量仅次于石竹烯的主要成分；而 4-异丙基甲苯和十五烷却只存在于花蕾期的雌雄蕊中，相对含量分别高达 30.73%和 12.83%。

2）花瓣香气的组成成分

由表 1-4 还可见，花蕾期从厚朴花的花瓣中共检测出 22 种成分，主要为萜烯类和醚类化合物，以 1-甲氧基-3,7-二甲基-2,6-辛二烯、1-香叶基乙醚和乙酰苯的相对含量较高，分别为 49.56%、28.45%和 8.01%。展瓣期从花瓣中共检测 19 种成分，以萜烯类和醚类化合物为主，其中，相对含量 16%以上的成分有 1-甲氧基-3,7-二甲基-2,6-辛二烯、香叶基乙醚和月桂烯；苎烯、莰烯和(1*R*)-(+)-α-蒎烯的相对含量也较高，均在 5%以上。盛花期从花瓣中共检测出 16 种成分，以萜烯类、醚类和醇类化合物为主，主要有 1-甲氧基-3,7-二甲基-2,6-辛二烯、1-香叶基乙醚、苎烯、2-甲基-1-丁醇、月桂烯和石竹烯，相对含量均在 6%以上。盛花末期从花瓣中共检测出 21 种成分，以萜烯类、芳香烃类和醇类化合物为主，其中，相对含量较高的成分为石竹烯、1-甲氧基-3,7-二甲基-2,6-辛二烯、D-柠檬烯、(1*R*)-(+)-α-蒎烯、(+/–)-2-甲基-1-丁醇、苯乙烯和 1-香叶基乙醚，相对含量均在 8%以上。

花瓣香气的组成成分也随花的发育不断变化。例如，在开花的各时期花瓣中的 1-甲氧基-3,7-二甲基-2,6-辛二烯和 1-香叶基乙醚的相对含量均较高，它们是构成花瓣香气的重要成分，随着花的发育进程，相对含量均呈逐渐下降的趋势；在展瓣期相对含量达到 16.20%的月桂烯，在花蕾期和盛花期相对含量仅为 1.81%和 6.57%，而在盛花末期则未能检测到；(+/–)-2-甲基-1-丁醇和苯乙烯仅存在于盛花末期的花瓣，相对含量均 8%以上，在其他 3 个时期的花瓣均未检测出来。

2. 不同花期厚朴雌雄蕊和花瓣香气组成成分的类型分析

组成厚朴雌雄蕊和花瓣香气的 67 种成分可以分为萜烯类、醇类、芳香烃类、醚类、醛酮类、酯类、烷烃类和含氮类 8 类化合物，不同花期雌雄蕊和花瓣中这 8 类成分的相对含量见表 1-5。

由表 1-5 可见，萜烯类化合物是雌雄蕊香气中的最主要成分，其相对含量随开花进程呈先增加后降低的趋势，花蕾期的相对含量只有 26.61%，展瓣期迅速增加至 76.62%，盛花期时达到最高（80.29%），盛花末期又降至 79.13%。芳香烃类化合物是雌雄蕊中另一类主要的芳香成分，其相对含量随开花进程呈先减少后增加的趋势，花蕾期相对含量最高（32.99%），展瓣期减少至 13.15%，盛花期降至最低（9.55%），盛花末期增加到 15.59%。烷烃类和醇类化合物只在花蕾期相对含量较高；而在 4 个花期，醚类、醛酮类、酯类和含氮类化合物的相对含量较低，均小于 10%。

表 1-5　不同花期厚朴雌雄蕊和花瓣香气组成成分的类型分析

Tab.1-5　Analysis of aroma component types in pistil，stamen and petal of *Houpoëa officinalis* at different flowering stages

部位	花期	不同类型的相对含量/ %							
		萜烯类	醇类	芳香烃类	醚类	醛酮类	酯类	烷烃类	含氮类
雌雄蕊	I	26.61	10.35	32.99	4.96	—	2.91	21.46	0.72
	P	76.62	0.84	13.15	—	7.99	1.11	0.29	—
	F	80.29	6.65	9.55	—	3.51	—	—	—
	E	79.13	2.46	15.59	—	2.48	—	—	0.34
花瓣	I	57.60	5.49	0.10	28.45	8.01	0.35	—	—
	P	69.05	8.97	—	19.90	2.08	—	—	—
	F	61.76	11.66	—	18.12	6.96	1.50	—	—
	E	61.21	12.24	12.26	8.27	3.04	2.34	0.64	—

由表 1-5 还可见，不同花期花瓣香气中均以萜烯类化合物的相对含量最高；随花发育的进程，其相对含量也呈先增加后降低的趋势，与雌雄蕊中萜烯类相对含量的变化趋势相似，所不同的是花瓣中该类化合物相对含量的变化幅度较小，其中，花蕾期相对含量为 57.60%，展瓣期达到最高（69.05%），盛花末期降至 61.21%。在花瓣香气中相对含量位列第二的是醚类化合物，由花蕾期的 28.45%逐渐下降至盛花末期的 8.27%。在花瓣香气中相对含量位列第三的是醇类化合物，随开花进程其相对含量不断增加，盛花末期达到最高（12.24%）。花瓣中的芳香烃类化合物仅在盛花末期相对含量较高（12.26%）；而醛酮类、酯类及烷烃类化合物的含量最少，相对含量均小于 10%。

厚朴雌雄蕊和花瓣香气的组成成分及其相对含量差异很大。在花发育的 4 个阶段，萜烯类和醇类成分是雌雄蕊和花瓣香气中的共同芳香化合物类型。其中相对含量较高的萜烯类的变化趋势均为先升高后降低，但在各花期的相对含量却差异很大，花蕾期雌雄蕊的萜烯类相对含量低于花瓣，而其余三个时期均高于花瓣。花发育 4 个阶段中，雌雄蕊香气中的芳香烃类化合物的相对含量较高，而花瓣香气中则含较多的醚类化合物。

1.2.2.4 小结与讨论

植物花的特殊香气通常与其主要的香气成分有关。在花蕾期，厚朴花的香味浓郁，且这种浓郁的香味可一直持续至盛花期，并在盛花末期迅速变淡。根据感官表象和他人的研究结果（范正琪等，2006；高华娟，2009），并结合不同花期香气组成成分的含量变化，可确定与花香密切相关的主要香气成分种类。在厚朴不同花期的雌雄蕊或者花瓣中，1-甲氧基-3,7-二甲基-2,6-辛二烯、1-香叶基乙醚、苎烯、莰烯、月桂烯和石竹烯的相对含量均较高，特别是苎烯、1-甲氧基-3,7-二甲基-2,6-辛二烯和石竹烯还是 4 个花期雌雄蕊和花瓣中的共有成分。因而，可初步推断这些成分是厚朴花香气的主要组成成分。但有关这些成分的相互作用及其绝对含量与花香的相关性尚需进一步研究。

本次研究还发现厚朴花蕾期香气成分有 39 种，而叶华等研究结果认为，厚朴干燥花蕾中有 22 种挥发油成分，尽管此两者的研究结果相差较大，但是经分析发现，花蕾期花朵和干燥花蕾中石竹烯和 1-甲氧基-3,7-二甲基-2,6-辛二烯相对含量均较高（张莹等，2010），厚朴花的主体香气成分以萜烯类为主，这与钟瑞敏等（2006）对华南 5 种木兰科（Magnoliaceae）植物的研究结果类似；与花瓣相比，厚朴雌雄蕊释放的香气成分种类多，但几种主体香气成分在花瓣中的相对含量高很多，据此推断，花瓣是香气释放的主要部位，雌雄蕊在释香过程中起辅助作用，这与高华娟（2009）对白兰、含笑、黄兰的研究结果相似；厚朴雌雄蕊主要释放萜烯类和芳香烃类化合物，花瓣主要释放萜烯类和醚类化合物，这与梅花不同部位释放的香气种类有很大差异（赵印泉等，2010）。

植物释放的各种香气成分来自于自身的次生代谢产物，主要是萜烯类、芳香类、脂肪酸衍生物等相对分子质量较低（30~300）、易挥发的化合物（赵印泉等，2010）。厚朴开花过程中鉴定出的 69 种化学成分以萜烯类为主，其合成途径主要有甲羟戊酸途径、质体途径和糖苷类前体转化途径（Moon et al.，1994；Newman and Chappdll，1999）。萜烯类化合物是存在于自然界的具有多种生物活性的一类化合物，如石竹烯有平喘的效果，α-蒎烯可祛痰、镇咳、抗真菌，β-蒎烯具有抗炎作用，芳樟醇具有抗细菌、抗真菌和抗病毒作用等（周欣等，2002；纳智，2006）。厚朴花的药效可能与含萜烯类有效成分有关，因此，继续深入研究厚朴花的香气化合物中对药用价值贡献较大的种类，有助于对厚朴花在医药方面和日化产业上的开发和利用，充分挖掘其药用潜力。

参 考 文 献

柴胜丰, 韦霄, 蒋运生, 等. 2009. 濒危植物金花茶开花物候和生殖构件特征. 热带亚热带植物学报, 17(1): 5-11

党海山, 张燕君, 江明喜, 等. 2005. 濒危植物毛柄小勾儿茶种子休眠与萌发生理的初步研究. 武汉植物学研究, 23(4): 327-331

范正琪, 李纪元, 田敏, 等. 2006. 三个山茶花种(品种)香气成分初探. 园艺学报, 33(3): 592-596

方海涛, 斯琴巴特. 2007. 蒙古扁桃的花部综合特征与虫媒传粉. 生态学杂志, 26(2): 177-181

冯立国, 生利霞, 赵兰勇, 等. 2008. 玫瑰花发育过程中芳香成分及含量的变化. 中国农业科学, 41(12): 4341-4351

冯涛, 陈学森, 张艳敏, 等, 2010. 4 个苹果属野生种果实香气成分 HS-GC-MS 分析. 中国农学通报, 26(9): 250-254

高华娟. 2009. 含笑属 3 个种花香形成和释放及化学成分的研究. 福建农林大学硕士学位论文

高群英, 高岩, 张汝民, 等, 2011. 3 种菊科植物香气成分的热脱附气质联用分析. 浙江农林大学学报, 28(2): 326-332

顾垒, 张奠湘. 2008. 濒危植物四药门花的自花授粉. 植物分类学报, 46(5): 651-657

黄双全, 郭友好. 2000. 传粉生物学的研究进展. 科学通报, 45(3): 225-237

黄晓燕, 卫莹芳, 张盈娇, 等, 2005. 高效液相色谱法测定厚朴叶不同采收期中厚朴酚、和厚朴酚的含量. 中国中药杂志, 30(9): 717-718

黄雪, 王超, 王晓菡, 等. 2010. 芍药‘杨妃出浴’和‘大富贵’花香成分初探. 园艺学报, 37(5): 817-822

李瑞红, 范燕萍. 2007. 白姜花不同开花时期的香味组分及其变化. 植物生理学通讯, 43(1): 176-180

李向前, 贾鹏, 章志龙, 等. 2009. 青藏高原东缘高寒草甸植物群落的开花物候. 生态学杂志, 28(11): 2202-2207

李小艳, 张远彬, 潘开文, 等. 2009. 温度升高对林线交错带西川韭与草玉梅生殖物候与生长的影响. 生态学杂志, 28(1): 12-18

李新蓉, 谭敦炎, 郭江. 2006. 迁地保护条件下两种沙冬青的开花物候比较研究. 生物多样性, 14(3): 241-249

李宗, 张明, 林晓. 1999. 凹叶厚朴挥发油成分的研究. 中草药, 30(7): 493

李宗, 周继斌, 陈在敏, 等. 1997. 厚朴花的质量研究. 中国药学杂志, 32(12): 769-771

刘艳清. 2008. 蒲桃茎、叶和花挥发油化学成分的气相色谱-质谱分析. 精细化工, 25(3): 243-245, 255

楼之岑, 肖培根, 徐国钧, 等. 1994. 中药志. 北京: 人民卫生出版社: 277

卢金清. 2009. 同生境地引种栽培菊花挥发油化学成分研究. 湖北中医学院硕士学位论文

牟勇, 张云红, 娄安如. 2007. 稀有植物小丛红景天花部综合特征与繁育系统. 植物生态学报,

31(3): 528-535
纳智. 2006. 小叶臭黄皮叶挥发油化学成分的研究. 西北植物学报, 26(1): 193-196
乔宇, 谢笔钧, 张妍, 等, 2008. 三种温州蜜柑果实香气成分的研究. 中国农业科学, 41(5): 1452-1458
阮成江, 姜国斌. 2006. 雌雄异位和花部行为适应意义的研究进展. 植物生态学报, 30(2): 210-220
宋玉霞, 郭生虎, 牛东玲, 等. 2008. 濒危植物肉苁蓉(*Cistanche deserticola*)繁育系统研究. 植物研究, 28(3): 278-287
唐璐璐. 2007. 开花式样对传粉者行为及花粉散布的影响. 生物多样性, 15(6): 680-686
王伟, 戴华国, 陈发棣, 等. 2008. 菊花花部特征及花冠精油组分与访花昆虫的相关性. 植物生态学报, 32(4): 776-785
吴树彪, 屠丽珠. 1990. 四合木胚胎学研究. 内蒙古大学学报(自然科学版), 21(2): 277-283
肖宜安, 何平, 李晓红. 2004. 濒危植物长柄双花木开花物候与生殖特性. 生态学报, 24(1): 14-21
肖宜安, 曾建军, 李晓红, 等. 2006. 濒危植物长柄双花木自然种群结实的花粉和资源限制. 生态学报, 26(2): 496-502
徐玉婷. 2009. 同生境地引种栽培菊花挥发油化学成分研究. 湖北中医学院硕士学位论文
杨红兵, 石磊, 詹亚华, 等, 2007. 湖北恩施州产厚朴的挥发油分析. 中国中药杂志, 32(1): 42-48
杨红兵, 詹亚华, 石磊, 等, 2008. 湖北恩施产厚朴苗干枝皮酚类成分研究. 中药材, 31(2): 181-183
叶华, 张文清, 年燕. 2006. 厚朴花挥发油的 GC-MS 联用分析. 福建中医药, 37(6): 53-54
曾建国, 常新亮, 贺晓华, 等, 2010. 幼朴与传统厚朴的等效性研究. 中草药, 41(5): 673-680
张春霞, 杨立新, 余星, 等, 2009. 种源、产地及采收树龄对厚朴药材质量的影响. 中国中药杂志, 34(19): 2431-2437
张春雨, 李亚东, 陈学森, 等, 2009. 高丛越橘果实香气成分的 GC/MS 分析. 园艺学报, 36(2): 187-194
张文标, 金则新. 2008. 濒危植物夏蜡梅(*Sinocalycanthus chinensis*)的开花物候与传粉成功. 生态学报, 28(8): 4037-4046
张文辉, 祖元刚, 刘国彬. 2002. 十种濒危植物的种群生态学特征及致危因素分析. 生态学报, 22(9): 1512-1520
张莹, 李辛雷, 田敏, 等. 2010. 大花蕙兰鲜花香气成分的研究. 武汉植物学研究, 28(3): 381-384
赵印泉, 潘会堂, 张启翔, 等. 2010. 梅花花朵香气成分时空动态变化的研究. 北京林业大学学报, 32(4): 201-206
钟国成, 张利, 杨瑞武, 等. 2010. 丹参及其近缘种花粉活力与柱头可授性研究. 中国中药杂志, 35(6): 686-689

钟瑞敏, 张振明, 肖仔君, 等. 2006. 华南五种木兰科植物精油成分和抗氧化活性. 云南植物研究, 28(2): 208-214

钟智波, 罗世孝, 李爱民, 等. 2009. 绣球茜的二型花柱及其传粉生物学初步研究. 热带亚热带植物学报, 17(3): 267-274

周继荣, 倪德江. 2010. 蜡梅不同品种和花期香气变化及其花茶适制性. 园艺学报, 37(10): 1621-1628

周欣, 梁光义, 王道平. 2002. 追风伞挥发油的化学成分研究. 色谱, 20(3): 286-288

Andersson S, Dobson HE. 2003. Behavioral foraging responses by the butterfly *Heliconius melpomene* to *Lanatana camara* floral scent. Journal of Chemical Ecology, 29(10): 2303-2318

Barrett SCH. 2003. Mating strategies in flowering plants: the outcrossing-selfing paradigm and beyond. Biologcal Sciences, 358: 991-1004

Barrett SCH, Jesson LK, Baker AM. 2000. The evolution and function of stylar polymorphisms in flowering plants. Annal Botany, 85(1): 253-265

Bell G. 1985. On the function of flowers. Proceeding of the royal society of London (Series B), 223: 224-265

Buide ML, Diaz-Peiomingo JA, Guitian J. 2002. Flowering phenology and female reproductive success in *Silene acutifolia* Link ex Rohrb. Plant Ecology, 163(1): 93-103

Duffy KJ, Stout JC. 2008. The effects of plant density and nectar reward on bee visitation to the endangered orchid *Spiranthes romanzoffiana*. Acta Oecological, 34(2): 131-138

Eevin GN, Wetzel RG. 2000. Allelochemical autotoxicity in the emergent wetland macrophyte *Juncus effusus* (Juncaceae). American Journal of Botany, 87: 853-860

Guyton K, Kensler T. 2002. Prevention of liver cancer. Curr Oncol Rep, 4: 464-470

Jones CE, Little RJ. 1983. Handbook of experimental pollination biology. New York: Van Nostrand Reinhold

Jordan CY, Harder LD. 2006. Manipulation of bee behavior by inflorescence architecture and its consequences of plant mating. The American Naturalist, 167(4): 496-509

Karron JD, Mitchell RJ, Holmquist KG, et al. 2004. The influence of floral display size on selfing rates in *Mimulus ringens*(Scrophulariaceae). Heredity, 92: 242-248

Majetic CJ, Raguso RA, Ashman TL. 2009. The sweet smell of success: floral scent affects pollinator attraction and seed fitness in *Hesperis matronalis*. Functional Ecology, 23(3): 480-487

Makino TT, Ohashi K, Sakai S. 2007. How do floral display size and the density of surrounding flowers influence the likelihood of bumble bee revisitation to a plant. Functional Ecology, 21(1): 87-95

Marcinko SE, Randall JL. 2008. Protandry, mating systems, and sex expression in the federally endangered *Ptilimnium nodosum* (Apiaceae). The Journal of Torrey Botanical Society, 135(2):

178-188

Martins DJ, Johnson SD. 2007. Hawkmoth pollination of aerangoid orchids in Kenya, with special reference to nectar sugar concentration gradients in the floral spurs. American Journal of Botany, 94: 650-659

Moon JH, Watanabe N, Sakata K, et al. 1994. Linalyl β-D-glucopyranoside and its 6′-*O*-malonate as aroma precursors from *Jasminum sambac*. Phytochemistry, 36(6): 1435-1437

Newman JD, Chappdll J. 1999. Isoprenoid biosynthesis in plants: carbon partitioning within the cytoplasmic pathway. Crit Rev Biochem Mol, 34: 95-106

Ollerton J, Diaz A. 1999. Evidence for stabilizing selection acting on flowering time in *Arum maculatum*(Araceae): the influence of phylogeny on adaptation. Oecologia, 119(3): 340-348

Prieto P, Penuelas J, Ogaya R. 2008. Precipitation-dependent flowering of *Globularia alypum* and *Erica multiflora* in mediterranean shrubland under experimental drought and warming, and its inter-annual variability. Annals of Botany, 102(2): 275-285

Rathcke B, Lacey EP. 1985. Phenological patterns of terrestrial plants. Ann Rev Ecol Syst, 16: 179-214

Sawyer NW. 2010. Reproductive Ecology of *Trillium recurvatum* (Trilliaceae) in Wisconsin. The American Midland Naturalist, 163(1): 146-160

Sun BL, Zhang CQ, Porter P, et al. 2009. Cryptic dioecy in *Nyssa yunnanensis* (Nyssaceae): A critically endangered species from tropical Eastern Asia. Annals of the Missouri Botanical Garden, 96(4): 672-684

Thomas B. 2006. Light signals and flowering. Journal of Experimental Botany, 57(13): 3378-3393

Victor PT, Vargas CF. 2007. Flowering synchrony and floral display size affect pollination success in a deceit-pollinated tropical orchid. Acta Oecological, 32(1): 26-35

Waelti MO, Muhlemann JK, Widmer A, et al. 2008. Floral odour and reproductive isolation in two species of Silene. Journal of Evolutionary Biology, 21(1): 111-121

第二章　厚朴繁育系统

2.1　引　　言

2.1.1　繁育系统

繁育系统指代表直接影响后代遗传组成的所有有性特征，主要包括花部综合特征、花各性器官的寿命、花开放式样、自交亲和程度和交配系统，它们与传粉者和传粉行为共同组成影响生殖后代遗传组成和适合度的主要因素，其中交配系统是核心。繁育系统中诸如花的开放式样、花的形态特征及花各性器官的寿命等因素严重影响着植物的交配系统（王洁等，2011）。

杂交指数（OCI）和花粉-胚珠比（P/O）是判断濒危植物繁育系统类型常用的两个指标，其中由 Dafni（1992）提出的杂交指数（OCI）是近几年濒危植物繁育系统研究的常用指标之一，在检测显花植物的繁育系统中被国内外学者广泛采用。宋玉霞等（2008）根据 Dafni 的估算标准得出肉苁蓉的杂交指数（OCI）为 3，繁育系统自交亲和，属于雌雄同株植物中自交亲和且以自交为主的种，造成种内遗传一致性增强，对可变环境的适应能力低下。Li 等（2004）研究华南云实（*Caesalpinia crista*）繁育系统时，对其进行杂交指数（OCI）估算，发现其繁育系统自交不亲和，雌蕊先熟，异株异花授粉；这个结果与用套袋试验和以花粉-胚珠比（P/O）为判断指标得出的结论一致。

虽然将花粉-胚珠比（P/O）作为植物繁育系统的指示参数受到质疑，但仍有许多研究者认为花粉-胚珠比（P/O）是判断某些两性植物繁育系统类型的很好指标（Li et al.，2004）。Linares 和 Koptur（2010）研究发现，*Amorpha herbacea* var. *crenulata* 有较高的花粉-胚珠比（P/O）和双核花粉粒，表明其繁育系统主要是杂交，异型杂交时结实率高，种子数量较多，但是这种植物分布区域狭窄，异型杂交受限是其濒危的原因之一；张文标和金则新（2009）测定了濒危植物蜡梅花粉-胚珠比（P/O），认为该植物专性异交；但 Li 和 Jin（2006）研究表明，不同夏蜡梅居群间遗传分化显著，基因流很低，可能存在一定程度近交，对这种无香味和分泌物、以花粉作为吸引传粉者重要组分的植物，判断繁育系统时需要结合其他指标或方法，如杂交指数（OCI）、人工授粉试验等；Michalski 和 Durka（2009）统计了 107 种被子植物花粉-胚珠比（P/O）和杂交率，发现多数植物的花粉-胚珠比（P/O）越高，杂交率越高；且与虫媒植物相比，风媒植物花粉-胚珠比（P/O）

与杂交率的相关性要高得多。

2.1.2 繁育系统与植物濒危的关系

以繁育系统为核心的生殖生物学研究作为保护生物学研究的重要内容之一越来越受到人们的重视，近年来，濒危植物生殖生物学研究主要集中在生殖物候学、生殖特性、传粉生态学等方面（张志毅和于雪松，2000）。国内外学者已围绕繁育系统在生殖生物学及保护遗传学等领域进行了探索，并针对濒危植物提出了多种保护策略（赵宏波等，2011）。国外学者对生殖生物学的研究侧重于植物固有生殖器官特征的功能分析。例如，对植物开花过程中表现出来的生热效应进行研究，分析该现象对生物进化的意义（王若涵，2010）；资源充足条件下缺乏有效花粉或花粉发育受阻、萌发不正常在植物生殖障碍中起的作用（Bell，1985）；对植物雌雄异位、雌雄异熟、生殖隔离及不同繁育方式作用的研究(王若涵,2010)。另外，传粉昆虫与花的相互进化研究也是生殖生物学的研究重点之一，如以毛茛科（Ranunculaceae）植物为研究对象，通过研究其传粉昆虫与繁育成功的相关性，探讨了传粉对其遗传多样性和系统进化的重要作用（Sanchez-Lafuentel et al.，2005；Lavergne et al.，2005）；以木兰科几种濒危植物为研究对象，分析了授粉昆虫种类、访花频率与结实率的相关性，进而分析其对植物濒危的影响（Dieringer and Espinosa，1994；Allain et al.，1999）。而国内以繁育系统为核心，对濒危植物生殖生态学的研究主要集中于繁育系统类型的测定、繁育器官形态观察与划分、花发育及胚胎发育过程中的相关环节与生殖不成功的相关性、生殖隔离引起的生殖障碍等方面（王若涵，2010）。

破碎化生境中濒危植物的繁育系统对生殖障碍的影响研究尤其受到重视。在破碎化生境中，一些物种因生殖障碍不能繁衍，最终灭绝。破碎化的生境可能会阻断处于其中的异交类型的物种与其授粉昆虫之间的互惠共生关系，进而引起花粉限制，以致影响基因交流和交配格局，使生殖成功和种群扩张受到阻碍（Anderson et al.，2001）。针对破碎化生境中的濒危植物繁育系统问题，一些专家已经开展了部分相关研究，如对小丛红景天、黄梅秤锤树（*Sinojackia huangmeiensis*）、大果木莲（*Manglietia grandis*）等植物的繁育系统研究发现，该生境中植物濒危除了与花粉活力低有关外，还与传粉者的限制、资源限制、专性异交的繁育方式等导致结实率低、种子数量少有关。另外，种间竞争和种内竞争强烈也是破碎化生境的植物容易濒危的原因之一（牟勇等，2007；张金菊等，2008；付玉嫔等，2010）。对四合木（*Tetraena mongolica*）等濒危植物进行研究发现，胚胎败育、近交衰退和遗传随机性等因素，使植物在进化过程中形成一定比例的自交，为适应破碎化提供一定的生殖保障（吴树彪和屠丽珠，1990）；Harder等（2004）认为，破碎化生境中植物的花部特征，如花的构件及开花式样影响了它对传粉者的吸引、花粉散布和输出，从而影响了开花植物的交配模式，如对长柄双花木（*Disanthus cercidifolius* var. *longipes*）、蒙古沙冬青（*Ammopiptanthus mongolicus*）等植物的研究，证实"大量、集中开花模式"植物在其开花高峰期可以吸引更多传粉者；而"持续开花植物"种群花期长且开花同步性低，能降低在花期时恶劣的自然环境对其生殖成功的不良影响，但是该类型植物无开花高峰期，对传粉者吸引力不够，可能影响其正常传粉，影响生殖成功，造成植物濒危，对瑶山苣苔（*Dayaoshania cotinifolia*）、*Silene acutifolia* 等研究证实类似的结果（Buide，2002；肖宜安等，2004；李新蓉等，2006；王玉兵等，2011）。

近年来，我国以繁育系统为核心的濒危植物生殖生物学研究取得了大量科研成果，但因起步较晚，仍有许多不足之处。国内的主要研究大多停留在对表观的观察阶段，以跟踪研究工作为主，在理论和研究方法上创新贡献较少。随着分子技术在各个学科中的成功应用，濒危植物以繁育系统为核心的生殖生物研究正逐渐向细胞水平、分子水平及定量化方向发展。

2.1.3　研究厚朴繁育系统意义

当前厚朴野生种群呈现典型的破碎化分布，处于破碎化生境中的厚朴野生种群内个体数目较少，对传粉者的吸引力度远远不够，并且破碎化生境也可能影响到厚朴传粉者的生存，阻断厚朴与传粉者的相互作用，导致厚朴花粉的传粉过程受到限制，还可能导致繁育系统渐渐变化，使其生殖成功进一步受到影响（Moody-Weis and Heywood，2001），继而影响种群必要的更新与扩大，导致处于破碎化生境的濒危植物的繁殖面临更大的风险（Frankham et al.，2002）。

2.2　试验材料与方法

2.2.1　试验材料

试验材料为自然种群和近自然种群中的厚朴，两个厚朴种群生态状况见表2-1。其中种群Ⅰ为自然种群，种群Ⅱ为近自然种群。分别于 2010 年和 2011 年 4~5 月在这两个种群中采集厚朴样品并进行观察。采样及观察的植株树龄均在 20 年以上，生长状况良好，每年能正常开花结果。

表 2-1　厚朴种群主要地理因子

Tab.2-1　Geographical factors of *Houpoëa officinalis* from two populations

种群编号	地点	经度（E）	纬度（N）	海拔/m	植株数量
Ⅰ	富阳市庙山坞自然保护区	120°00′	30°06′	150	10 株
Ⅱ	磐安县园塘林场	120°34′	28°59′	864	＞50 株

2.2.2 试验方法

2.2.2.1 杂交指数（OCI）的估算

杂交指数 OCI 按照 Dafni 的标准测量并进行繁育系统评估（Dafni，1992），具体如下。

a. 选择 10 朵厚朴花并测量其直径，求平均值（d），$d \leqslant 1\text{mm}$ 时记为 0，$1\text{mm} < d \leqslant 2\text{mm}$ 时记为 1，$2\text{mm} < d \leqslant 6\text{mm}$ 时记为 2，$d > 6\text{mm}$ 时记为 3。

b. 观察花药开裂时间与柱头可授期的时间间隔，同时或雌蕊先熟记为 0，雄蕊先熟记为 1。

c. 观察柱头与花药的空间位置，若在同一高度记为 0，空间分离记为 1，OCI 为三者之和。如 OCI=0，则厚朴的繁育系统为闭花受精（cleistogamy）；如 OCI=1，则厚朴的繁育系统为专性自交（obligate autogamy）；如 OCI=2，则其繁育系统为兼性自交（facultative autogamy），如 OCI=3，其繁育系统为自交亲和，有时需要传粉者；如 OCI=4 时，繁育系统为部分自交亲和，异交，需要传粉者。

2.2.2.2 花粉量与花粉-胚珠比（P/O）的测定

随机取刚开花而花药尚未开裂的花 10 朵，用甲醛-乙酸-乙醇（FAA）固定带回实验室，花粉量的测定用悬浮液法，即取单花的全部花药，将其用 HCl 水解药壁法去药壁，配制成 50ml 花粉粒悬浮液，用移液枪吸取 5μl 悬浮液在显微镜下统计花粉量，重复 10 次，计算出单花花粉量和平均单花花粉量。用体视解剖镜解剖心皮，统计单个心皮中的胚珠数量，再乘以心皮数，即得总胚珠数，用单花花粉量除以单花总胚珠数计数 P/O。

2.2.2.3 花粉活力检测

花粉活力用离体萌发法，将花粉撒在装有基本培养基（8%蔗糖，50μg/ml 硼酸，165μg/ml 氯化钙，55μg/ml 硝酸钾和 110μg/ml 硫酸镁）的双凹载玻片上，并将载玻片置于装有少量自来水的培养皿中，加盖并在 25℃条件下培养，6h 后在显微镜下观察花粉管伸长情况并拍照。花粉管突出萌发孔的长度与花粉直径相当时，作为萌发。每个材料观察 10 个装片，每片任选 5 个视野，统计全部花粉花粉管伸长率的比例，即花粉的活力。在花蕾开放的前 1d 开始测定，每天 9:00 和 14:00 各测定一次，直至花瓣脱落。

2.2.2.4 柱头可授性检测

采用联苯胺-过氧化氢法检测凹叶厚朴柱头的可授性，采集不同花期的花朵

（从蕾期到凋零），即从蕾期开始到第 6 天的凹叶厚朴花各 10 朵，将其柱头分别浸入装有联苯胺-过氧化氢反应液的凹面载玻片上，1%联苯胺、3%过氧化氢、水的体积比为 4∶11∶22，若柱头周围的反应液呈现蓝色并伴随有大量气泡出现，说明柱头所具可授性强。

2.2.2.5 不同发育时期离生心皮雌蕊的败育

2011 年 4 月在种群 I 中的厚朴开花期时，选取 10 株厚朴的 240 朵未开放的花蕾并对其挂牌，待其开放后每隔 10d 观察未败育的离生心皮雌蕊或幼果并统计其数目，计算离生心皮雌蕊在不同发育时期的败育百分率。

2.2.2.6 人工控制授粉试验

2011 年 4 月在种群 II 中的凹叶厚朴进入开花期时，随机选取 20 株开花凹叶厚朴，每株均进行以下 5 个处理试验。

（1）对照

自然条件下不套袋，不去雄，自由授粉，用于检测自然条件下的传粉情况。

（2）开花前套袋

不去雄，检测凹叶厚朴是否有自花授粉现象。

（3）同株异花授粉

去雄后套袋，并用同株凹叶厚朴上处于盛花期的不同花对其进行人工授粉，检测自交后结实情况。

（4）异株异花授粉

去雄后套袋，用不同株处于盛花期的不同花进行人工授粉，检测结实率。

（5）去雄后套袋

不授粉，检测是否存在无融合生殖。其中，每个处理用 200 朵花。统计每个处理的结实率和每个果实内的平均种子数。

2.3 结果与分析

2.3.1 杂交指数

表 2-2 为厚朴花杂交指数的测量结果。厚朴的花比较大，两个种群的厚朴花直径 d 为 138~200mm，均大于 6mm，因此记为 3；厚朴雌蕊成熟时花药尚无活力，属于雌蕊先熟，记为 0；厚朴花属于两性花，但开花时柱头位置高于花药，记为 1。因此，厚朴的杂交指数（OCI）值为 4，按照 Dafni 的标准，属于异交，需要传粉者。

表 2-2　厚朴杂交指数观测结果

Tab.2-2　Out-crossing index of *Houpoëa officinalis*

观测项目	花朵直径	花药散粉与柱头可授期时间间隔	柱头与花药位置	OCI 值	繁育系统类型
结果	＞6mm	雌蕊先熟	雄蕊低于花柱	4	异交，需要传粉者

2.3.2　花粉-胚珠比

厚朴单花的雄蕊数目为 68~126，每朵花平均雄蕊数目 129.43 个，多数在 90 个以上，单花总花粉数目平均为 1.37×10^6 粒。单花的雌蕊数目为 66~172，平均单花雌蕊数为 119.57 个，每室内有两个胚珠，因此单花的平均胚珠数目为 239.14 个。根据 Cruden（1977）的标准，P/O 为 5728.86，属于专性异交的系统。

2.3.3　花粉活力检测结果

花粉的离体萌发观察发现，培养的厚朴花粉在散粉前 1d 未成熟，仅极少量花粉具有活力，在散粉当天的上午花粉活力较高（74.86%），散粉当天的下午花药开裂，平均花粉活力达到最大值 94%，从散粉当天至散粉后的第 4 天，花粉一直具有较高的活力，第 4 天以后花粉活力缓慢下降，仍有部分花粉可以萌发，开花的第 6 天花瓣凋零，但有 1.7%的花粉能萌发。图 2-1 为在不同贮藏条件下的厚朴花粉活力时间变化曲线。

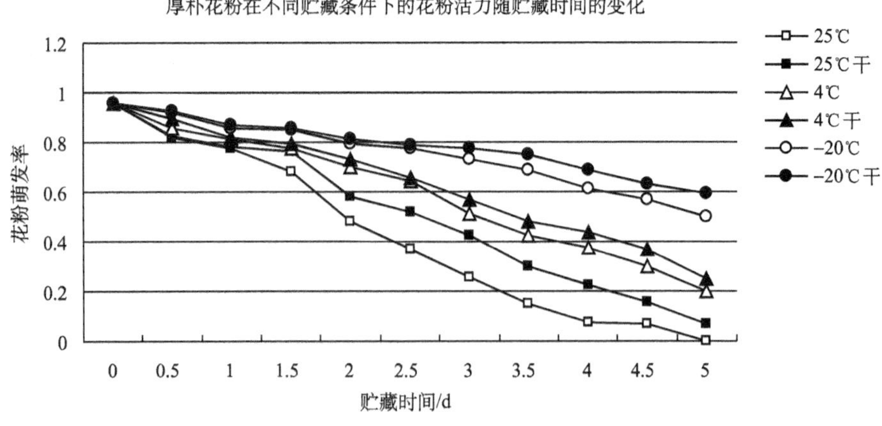

图 2-1　在不同贮藏条件下的厚朴花粉活力时间变化曲线

Fig.2-1　Variation of pollen germination rate of *Houpoëa officinalis* in different observation time and different preservation condition

用联苯胺-过氧化氢法检测厚朴柱头可授性结果见表 2-3。厚朴在蕾期时（散粉前）1d，凹面载玻片中反应液呈现明显的蓝色，并伴随有大量的气泡出现，柱头可授性极强；初开期（散粉初期）时反应液呈现明显的蓝色但气泡数量较蕾期时少，柱头可授性较强；盛开期（散粉盛期）部分柱头可以使反应液变蓝色，但气泡数量少，说明部分柱头具有可授性，但可授性很弱；开花后 1d（散粉末期），雌蕊柱头颜色变褐，黏液消失，接受花粉的一面向内贴合，大部分柱头已经不能使反应液变蓝色，说明柱头失去了接收花粉的能力；开花后 2d，花柱上的所有柱头完全没有可授性。

表 2-3 厚朴柱头可授性检测结果

Tab.2-3 Result of stigma receptivity of *Houpoëa officinalis*

检测时间	蕾期	初开期	盛开期	开花后 1d	开花后 2d
可授性结果	++	+	+/–	+/– –	–

注：++指柱头可授性极强；+指柱头可授性较强；+/–指部分柱头具有可授性，部分柱头不具有可授性；+/– –指大部分柱头不具有可授性；–指所有柱头都不具有可授性

Note: ++ represents the best stigma receptivity; + represents better stigma receptivity; +/– represents some stigmas being strong receptivity and many stigmas being no receptivity; +/– – represents most stigmas being no receptivity; – represents all stigmas being no receptivity

2.3.4 不同时期离生心皮雌蕊的败育

2011 年种群 I 10 株厚朴共结 46 个果实，结实率为 2.44%。厚朴与其他木兰科植物类似，开花量大，但结实率低甚至不结实的现象严重。观察厚朴从花芽到果实的不同发育时期可知，约有 97.5%的花芽能正常发育并开花，但 10d 后离生心皮雌蕊败育率高达 79.63%，20d 后约有 88.46%的离生心皮雌蕊败育，30d 后约有 3.85%的离生心皮雌蕊正常发育成幼果，最终统计可发育成成熟果实的雌蕊占总雌蕊数的 2.56%。由图 2-2 可以看出，厚朴离生心皮雌蕊的败育率极高，主要败育时期发生在花后的 20d 内。

2.3.5 授粉试验

由表 2-4 可知，自然对照状态下厚朴的结实率为 2.5%，开花前套袋处理的结实率为 0，说明厚朴结实需要授粉昆虫；同株异花授粉的结实率与自然对照的结实率差异不显著，但其单果的平均出种率低于自然状态下的出种率；异株异花授粉处理的厚朴结实率和单果出种率与其他 4 种处理相比差异显著，其结实率比对照提高了 13 个百分点，单果出种率比对照提高了 43.66 个百分点；去雄套袋处理后的结实率为 0，因此也不存在无融合生殖。

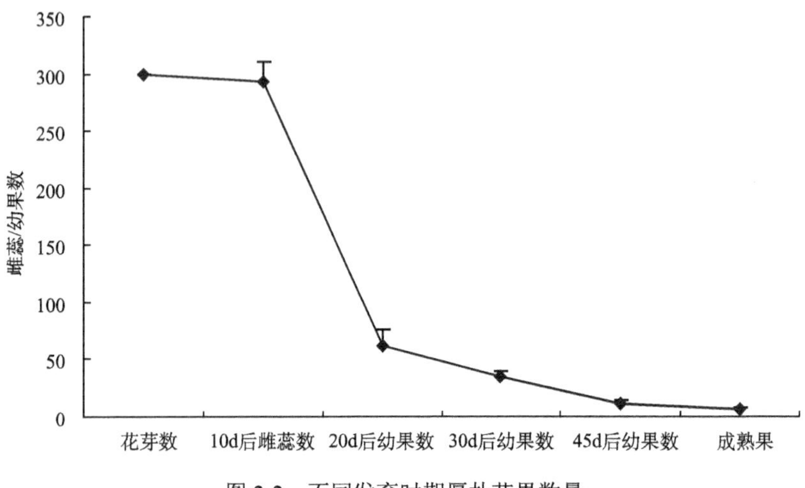

图 2-2　不同发育时期厚朴花果数量

Fig.2-2　Flower and fruit numbers of *Houpoëa officinalis* in different development stages

表 2-4　厚朴不同授粉方式处理结果

Tab.2-4　Results of different pollination experiment of *Houpoëa officinalis*

处理号	处理花数	结果数	结实率/%	单果平均出种率/%
自然对照	200	5	2.5	33.12
去雄套袋	200	0	0	0
同株异花授粉	200	7	3.5	26.17
异株异花授粉	200	31	15.5	76.78
不处理套袋	200	0	0	0

2.4　小　　结

厚朴杂交指数（OCI）值为 4，根据 Dafni 的标准判定其繁育系统为异交，需要传粉者。厚朴的平均花粉-胚珠比（P/O）为 5728.86，属于专性异交。两者的检测结果相一致。套袋和人工授粉等试验结果表明：厚朴不存在无融合生殖，自花授粉结实率为 0，同株异花授粉与自然状况下结实率相近，但单果出种率低，与自然状况相比，异株异花授粉可大幅提高结实率和单果出种率，说明厚朴的繁育系统为异交。OCI 指数、P/O 值及套袋 3 种方法试验结果基本一致，厚朴的繁育系统可以断定为异交，需要传粉者类型。同时也说明花粉-胚珠比（P/O）和杂交指数（OCI）可以简便检测显花植物的繁育系统。

厚朴的花粉活力在 1~4d 内均保持在较高水平，最高可达 94%，说明其花粉质量不存在严重缺陷，不是导致厚朴濒危的原因。但厚朴的柱头始终高于花药，自花花粉在竞争中无优势，且散粉时柱头可授性明显降低，花粉和柱头保持高活力的时间短，这可能是厚朴濒危的原因之一。厚朴离生心皮雌蕊具有极高的败育率，20d 后的败育率可达 88.46%，其较高的败育率可能是厚朴濒危的原因之一。

厚朴的异柱异花授粉结实率和单果出种率较高，而自然状态下自然授粉的结实率和单果出种率较低，说明厚朴在自然状态下传粉过程过程受到某些因素的限制，厚朴属于持续开花模式，平均每株每天开花的数量少，对传粉者的吸引力不够，种间竞争力弱，且木兰属的专属昆虫甲虫的传粉效率低，可能是导致其濒危的重要原因。

参 考 文 献

付玉嫔, 陈少瑜, 吴涛. 2010. 濒危植物大果木莲与中缅木莲的花部特征及繁育系统比较. 东北林业大学学报, 38(2): 6-10

李新蓉, 谭敦炎, 郭江. 2006. 迁地保护条件下两种沙冬青的开花物候比较研究. 生物多样性, 14(3): 241-249

牟勇, 张云红, 娄安如. 2007. 稀有植物小丛红景天花部综合特征与繁育系统. 植物生态学报, 31(3): 528-535

宋玉霞, 郭生虎, 牛东玲, 等. 2008. 濒危植物肉苁蓉(*Cistanche deserticola*)繁育系统研究. 植物研究, 28(3): 278-287

王洁, 杨志玲, 杨旭. 2011. 濒危植物繁育系统研究进展. 西北农林科技大学学报, 39(9): 207-213

王若涵. 2010. 木兰属生殖生物学研究及系统演化表征探讨. 北京林业大学博士学位论文

王玉兵, 梁宏伟, 莫耐波, 等. 2011. 珍稀濒危植物瑶山苣苔开花生物学及繁育系统研究. 西北植物学报, 31(5): 861-867

吴树彪, 屠丽珠. 1990. 四合木胚胎学研究. 内蒙古大学学报(自然科学版), 21(2): 277-283

肖宜安, 何平, 李晓红. 2004. 濒危植物长柄双花木开花物候与生殖特性. 生态学报, 24(1): 14-21

张金菊, 叶其刚, 姚小洪, 等. 2008. 片段化生境中濒危植物黄梅秤锤树的开花生物学、繁育系统与生殖成功的因素. 植物生态学报, 32(4): 743-750

张文标, 金则新. 2009. 濒危植物夏蜡梅花部综合特征与繁育系统. 浙江大学学报(理学版), 36(2): 204-210

张志毅, 于雪松. 2000. 杨树生殖生物学研究进展. 北京林业大学学报, 22(6): 69-74

赵宏波, 周莉花, 郝日明, 等. 2011. 中国特有濒危植物夏蜡梅的交配系统. 生态学报, 31(3): 602-610

Allain LK, Zavada MS, Mattews DG. 1999. The reproductive biology of *Magnolia grandiflora*. Rhodora, 101: 143-162

Anderson GJ, Bernardello G, Stuessy TF, et al. 2001. Breeding systems and pollination of selected plants endemic to the Juan Fernandez Islands. American Journal of Botany, 88: 220-233

Bell G. 1985. On the function of flowers. Proceeding of the royal society of London (Series B), 223: 224-265

Buide ML, Diaz-Peiomingo JA, Guitian J. 2002. Flowering phenology and female reproductive success in *Silene acutifolia* Link ex Rohrb. Plant Ecology, 163(1): 93-103

Cruden RW. 1997. Pollen-ovule ratio: A conservative indicator of breeding systems in flowering plants. Evolution, 35(1): 1-6

Dafni A. 1992. Pollination Ecology: A Practical Approach. Oxford: Oxford University Press

Dieringer G, Espinosa S. 1994. Reproductive ecology of *Magnolia schiedeana* (Magnoliaceae), a threatened cloud forest tree species in Veracruz, Mexico. Bull Torrey Bot Club, 121: 154-159

Frankham R, Ballou JD, Briscoe DA. 2002. Introduction to Conservation Genetics. Cambridge: Cambridge University Press

Harder LD, Jordan CY, Gross WE, et al. 2004. Beyond floricentrism: The pollination function of inflorescences. Plant Species Biology, 19(3) : 137-148

Lavergne S, Debussehe M, Thompson JD. 2005. Limitations on reproductive success in endemic *Aquilegia viscose* (Ranunculaceae) relative to its wide spread congener Aquilegia vulgaris: the interplay of herbivory and pollination. Oecologia, (2) : 212-220

Li JM, Jin ZX. 2006. High genetic differentiation revealed by RAPD analysis of narrowly endemic *Sinocalycanthus chinensis* Cheng et S. Y. Chang, an endangered species of China. Biochemical Systematics and Ecology, 34(10): 725-735

Li SJ, Zhang DX, Li L. 2004. Pollination ecology of *Caesalpinia crista* (Leguminosae: Caesalpinioideae). Acta Botanic Sinica, 46(3): 271-278

Linares L, Koptur S. 2010. Floral biology and breeding system of the crenulate leadplant, *Amorpha herbacea* var. *crenulata*, an endangered south florida pine rockland endemic. Natural Areas Journal, 30(2): 138-147

Michalski SG, Durka W. 2009. Pollination mode and life form strongly affect the relation between mating system and pollen to ovule ratios. New Phytologist, 183(2): 470-479

Moody-Weis JM, Heywood JS. 2001. Pollination limitation to reproductive success in the Missouri evening primrose, *Oenothera macrocarpa* (Onagraceae). American Journal of Botany, 88: 1615-1622

Sanchez-Lafuentel AM, Guitian J, Medrano M, et al. 2005. Plant traits, environmental factors, and pollinator visitation in winter-flowering *Helleborus foetidus* (Ranunculaceae). Annals of Botany, 96(5) : 845-852

第三章　厚朴种实特征

3.1　厚朴果实特征

3.1.1　引言

结实是植物生活史的重要组成部分，对物种自身及种群动态产生重要的影响（邹莉等，2008）。果实和种子是植物繁殖系统的重要特征，是受遗传控制较强的特征，具有区分和比较的意义，同时，由于受到气候、环境等特征的选择压力而表现出很大的分化（孙玉玲等，2005；柴胜丰等，2006）。这种存在于种内的变异大小和分布将决定物种的生存概率及进化潜力。因此，对种实特性表型变异的研究，有助于从繁殖生态学角度解释物种濒危原因，为有效保护濒危物种，防止种群衰退提供理论依据（唐润琴等，2001；李珊等，2004；徐亮等，2005；邹莉等，2008）。

厚朴为我国珍贵的木本药材，以干皮和根皮入药，具有燥湿消痰，下气除满之功效（国家药典委员会，2010）。长期以来，对该资源的破坏达到了空前的严重程度，残存的野生种群和个体不断减少，被列为我国二级保护植物（傅立国，1991）。研究厚朴的生殖规律及其与环境因子间的关系，对于了解其濒危机制具有重要的意义。众多学者对全国范围内栽培厚朴的种子性状、萌发特性及种源试验进行过深入研究，为优种选育奠定了基础（杨志玲等，2009；舒枭等，2010a），但对其天然群体种实性状的研究还未见报道。本节研究了不同生长环境下厚朴果实性状的变异，有助于了解环境对果实和种子性状的影响，为种群的生存、繁育及保护提供理论依据。

3.1.2　研究方法

3.1.2.1　自然概况

厚朴果实属于球状蓇葖聚合果，在果实刚刚成熟，种鳞尚未开裂前，及时采集果实，采集地自然环境条件的情况见表 3-1。

3.1.2.2　样品采集

采集种群植株年龄为 20~40 年，植株生长状况较一致。于每个种群中分别选择 15 个单株进行采种，保证样本个体间距＞50m，以最大限度排除亲缘性。每树采集果实 10 个，不足 10 个的则全部采集。

表 3-1　厚朴果实采集样地生态因子

Tab.3-1　Geographical factors of *Houpoëa officinalis* from different populations

种群	采集地点	经度（E）	纬度（N）	海拔/m	坡向	坡度/（°）	郁闭度/%	林型
Ⅰ	遂昌桂洋林场	119°08′	28°21′	1048	北	22	20	竹林
Ⅱ	遂昌桂洋林场	119°08′	28°21′	1102	南	55	80	针阔叶混交林
Ⅲ	遂昌桂洋林场	119°08′	28°21′	1074	西南	64	90	针叶林
Ⅳ	临安天目山	119°25′	30°19′	1080	南	34	80	针阔叶混交林
Ⅴ	临安天目山	119°25′	30°19′	904	北	41	90	阔叶林
Ⅵ	临安天目山	119°25′	30°19′	560	南	28	50	村落边
Ⅶ	云和水竹垟	119°33′	28°02′	812	东	36	10	田边
Ⅷ	云和水竹垟	119°33′	28°02′	963	北	19	60	针叶林
Ⅸ	富阳庙山坞	120°00′	30°06′	304	西南	33	80	阔叶林
Ⅹ	富阳亚林所	120°00′	30°06′	51	东北	42	40	游步道边

厚朴在主要分布于以杉木（*Cunninghamia lanceolata*）、枫香（*Liquidambar formosana*）为优势种的针阔叶混交林或杉木、黄山松（*Pinus taiwanensis*）为优势种的针叶林中，在这两类群落中，若厚朴分布在林缘、林窗或乔木层的上层，可正常开花结果；若分布在乔木层林冠内，则一般不结果；也有厚朴散生于村落中、田边或竹林内，则一般均能正常开花结果。

3.1.2.3　土壤营养元素测定

采用对角线取样法，在各地 5 个不同位置刨开腐殖质层取土（0~20cm），装于保鲜袋中，带回实验室，风干过 100 目筛，参照《土壤农业化学分析方法》（鲁如坤，2000）对土壤样品的 pH、有机质、全氮、全磷、全钾、速效氮、速效磷、速效钾含量，结果见表 3-2。

表 3-2　不同种群厚朴土壤养分状况

Tab.3-2　Soil nutrients of *Houpoëa officinalis* from different populations

种群编号	有机质/（mg/kg）	pH	全氮/（g/kg）	速效氮/（mg/kg）	全磷/（g/kg）	有效磷/（mg/kg）	全钾/（g/kg）	速效钾/（mg/kg）
Ⅰ	89.7	5.72	2.85	463	0.77	7.36	7.38	210
Ⅱ	89.2	4.76	2.42	372	0.33	0.79	6.93	92.6
Ⅲ	86.2	4.85	2.05	365	0.35	0.76	9.06	83.8

续表

种群编号	有机质/(mg/kg)	pH	全氮/(g/kg)	速效氮/(mg/kg)	全磷/(g/kg)	有效磷/(mg/kg)	全钾/(g/kg)	速效钾/(mg/kg)
Ⅳ	158	4.96	2.08	548	0.54	1.17	5.14	108.15
Ⅴ	163	4.07	2.04	559	0.47	1.02	4.71	136
Ⅵ	139	7.03	2.58	595	0.84	2.16	11.1	209
Ⅶ	68.14	4.85	2.06	413	0.48	1.18	7.7	108.17
Ⅷ	99.17	5.76	2.16	396	0.44	0.95	6.4	85.96
Ⅸ	78.69	4.08	2.13	384	0.38	0.79	8.0	86.47
Ⅹ	32.6	3.92	1.07	178	0.35	0.58	7.68	50.5

3.1.2.4　果实特征和出种量测定

将采集的果实于开裂前，用游标卡尺测量其最大长度（fruit most length, FL）和宽度（fruit diameter, FD）（精度为 0.01cm）。室内风干后用电子天平称量每果的质量（fruit weight, FW）（精度为 0.01g）。待种鳞开裂后，统计每果内包含的种子数（number of seeds, SN），并计算其结实率（seed setting rate, SSRa）。

3.1.2.5　数据分析

运用 SPSS 11.5 统计软件进行不同种群厚朴果实性状数据的单因素方差分析，以及厚朴果实和种子性状与环境因子的相关分析；利用 SAS 统计软件中 GLM 程序对不同厚朴种群果实性状数据进行非平衡式 3 水平巢式方差分析，数据采用 3 年测定的平均结果。

3.1.3　果实特征

3.1.3.1　结实特性

厚朴自然状态下繁殖力极低，存在着花大量开放而甚少结实的现象。对遂昌桂洋林场 3 个天然种群连续 3 年的统计显示，厚朴天然种群中近 1/2 的单株无挂果现象，结实母树单株平均结实率为 3.19 个，其中果实数量为 1~5 个的单株占 66.85%，果实数量为 5~10 个的单株占 24.24%，而果实数量为 10 个以上的单株仅为 8.91%，其中果实数量在 15 个以上的仅为 2.86%，果实数量超过 20 个的在桂洋林场未发现。但在富阳庙山坞种群发现一单株，2010 年结果数量达到 108 个。厚朴结果存在显著大小年现象，2011 年庙山坞该单株结果数量仅为 36 个。此外，气候条件也严重影响厚朴结果，2010 年初由于存在倒春寒现象，严重影响了当年的挂果，致使大部分高海拔处种群果实大幅度减产，而对低海拔的富阳种群则影响不大。

厚朴结实量不仅在单株和年份间存在显著差异，在空间上也有较大差别。对桂洋林场种群 100 株结果母树统计显示，厚朴果实多集中分布于枝条顶端，树冠上部和中部果实占总果实数的 80%以上（表 3-3）。此外，坡向和枝条朝向也影响厚朴的结果比例，向阳坡果实数量显著高于其他方向，阴坡和林冠内果实数量最低。可见，光照是影响厚朴结实的主要环境因子。

表 3-3　冠层方向与层次对厚朴结实量的影响（%）

Tab.3-3　Interactions of canopy directions and layers on the fruit numbers of *Houpoëa officinalis*（%）

坡向	树冠方位					冠层层次		
	东	南	西	北	树冠内	上部	中部	下部
东	36.45	20.23	8.14	22.31	12.87	40.17	48.12	11.71
南	17.63	33.68	23.42	7.37	17.89	36.09	53.04	10.87
西	12.77	16.96	38.96	15.97	15.34	26.17	60.14	13.69
北	17.96	14.01	23.13	31.36	12.54	33.96	50.53	18.51

3.1.3.2　果实性状

由表 3-4 可知，果实长、果实宽、果实重 3 个性状在 7 个种群间存在极显著的差异（$P<0.01$），果实宽、单果种子数、平均出种率等 3 个性状的差异不显著（$P>0.05$）。果实各性状变异系数极大，其中每果种子数和结实率的变异系数（CV）分别达到 85.10%和 63.63%，果实各性状种群内的变异程度大于种群间。

由表 3-5 可知，果实中变异主要来源于单株间及单株内，种群间的方差分量为 22.58%~28.88%，表明厚朴果实和种子性状的变异主要由遗传因素控制。

3.1.3.3　环境因子对果实性状影响

由表 3-6 可知，果实性状中，果实长度与郁闭度呈极显著负相关，与土壤全磷含量呈显著正相关；果实宽度与郁闭度呈极显著负相关；果实质量与土壤 pH、土壤全磷含量呈极显著正相关，与土壤全钾和速效钾含量呈显著正相关；每果种子数与土壤 pH、全氮和速效氮含量呈显著正相关，与土壤全磷和速效钾含量呈极显著正相关；结实率与土壤速效氮和速效磷含量呈显著正相关，与土壤全磷和速效钾含量呈极显著正相关。

表 3-4　厚朴不同种群果实特征

Tab.3-4　Fruit and seed characters of *Houpoëa officinalis* from different populations

种群编号	FL		FD		FW		SN		SSRa	
	Mean±SD/cm	CV/%	Mean±SD/cm	CV/%	Mean±SD/g	CV/%	Mean±SD	CV/%	Mean±SD	CV/%
Ⅰ	140.50±26.76a	19.05	52.05±6.29	12.08	99.39±49.95b	50.26	54.96±42.24	76.86	0.44±0.25	56.82
Ⅱ	112.19±18.37c	16.37	44.41±3.48	7.83	61.91±25.89de	41.82	40.38±40.21	99.58	0.25±0.22	88.13
Ⅲ	110.18±21.54	19.55	45.28±5.47	12.08	68.47±35.13d	51.31	37.58±43.69	89.65	0.24±0.21	87.54
Ⅳ	125.52±15.59b	16.4	44.78±4.69	10.47	81.78±18.34c	22.42	44.67±42.21	94.49	0.41±0.22	53.66
Ⅴ	112.2±15.14c	13.49	38.89±5.14	13.22	54.36±17.54e	32.27	45.11±38.14	84.55	0.34±0.28	82.35
Ⅵ	132.37±7.98ab	6.03	49.75±5.15	10.35	132.38±20.13a	15.21	63.5±60.12	94.68	0.44±0.29	65.91
Ⅶ	144.06±34.11a	23.68	53.33±9.11	17.08	86.94±40.04bc	46.05	48.25±32.16	66.65	0.29±0.20	68.96
Ⅷ	114.42±20.04c	17.51	48.98±6.06	13.37	68.35±15.13d	22.14	33.67±30.47	90.49	0.29±0.23	79.31
Ⅸ	115.92±9.01c	7.77	44.95±5.03	10.10	62.71±24.32de	38.79	40.04±38.91	97.18	0.24±0.09	37.51
Ⅹ	118.03±14.34c	12.15	47.37±4.55	9.61	74.15±9.58cd	12.92	33.71±26.08	77.37	0.29±0.15	51.72
总计	122.54±18.97	15.7	46.98±5.18	10.92	79.04±35.29ab	10.9	44.18±42.31	85.1	0.32±0.21	63.63

注：同列不同小写字母表示 5%水平差异显著

Note: the different small letters in the same column stand for 5% significant

表 3-5　厚朴种实特征变异分析

Tab.3-5　Variance analysis of fruit and seed traits of *Houpoëa officinalis*

方差分量	FL	FD	FW	SN	SSRa
种群间	22.58	28.88	23.56	15.21	13.56
母树间	43.68	55.71	46.52	66.16	66.24
误差项	33.71	15.41	29.92	18.63	20.20

表 3-6　厚朴果实相关性状与经纬度及海拔因子的相关分析

Tab.3-6　Correlation coefficients of fruit and seed characters and elevation of *Houpoëa officinalis*

项目	FL	FD	FW	SN	SSRa
经度	−0.07	0.04	−0.16	−0.36	−0.29
纬度	−0.16	−0.50	0.11	0.19	0.32
海拔	0.02	−0.07	−0.10	0.11	0.16
坡度	−0.51	−0.47	−0.44	−0.36	−0.57
郁闭度	-0.85^{**}	-0.89^{**}	−0.55	−0.38	−0.33
有机质	−0.05	−0.46	0.15	0.44	0.56
pH	0.45	0.54	0.82^{**}	0.67^{*}	0.62
全氮	0.37	0.24	0.43	0.66^{*}	0.46
速效氮	0.29	−0.13	0.42	0.72^{*}	0.67^{*}
全磷	0.69^{*}	0.46	0.88^{**}	0.91^{**}	0.91^{**}
有效磷	0.61	0.48	0.49	0.58	0.65^{*}
全钾	0.25	0.49	0.66^{*}	0.41	0.04
速效钾	0.60	0.31	0.74^{*}	0.93^{**}	0.83^{**}

* $P<0.05$，显著水平；** $P<0.01$，极显著水平。下同

*stands for $P<0.05$ significant level; **stands for $P<0.01$ highly significant level. The same below

3.1.4　结论与讨论

厚朴单株天然种群中近 1/2 的单株无挂果现象，结实母树单株平均结实率为 3.19 个，且单果结实率仅为 20%~40%。由于厚朴在结构上存在雌雄异数和雌雄异位，自花的花粉在竞争中难以起到重要的作用，以花部器官大、开花数量多来吸引昆虫访花，易造成同株异花授粉这种广义的自花授粉形式，从而造成离生心皮雌蕊的大量败育。厚朴以甲虫为主要的传粉昆虫，传粉效率低下，授粉不足，均

造成其自然状态下繁殖率低下的现象。小种群导致的生殖隔离（覃凤飞等，2003）和春季严寒阻碍配子体发育（秦慧贞和李碧媛，1996），造成结实在种群和年份间的差异。

物种的变异主要受遗传控制，而环境因素是次要的（鲁如坤，2000），Maley 和 Parker（1993）对 *Pinus banksiana* 天然种群的遗传分析表明，只有 1.6%~18.9%的变异存在于种群间；Beaulieu 和 Simon（1995）对 *Pinus strobus* 球果和种子指标分析显示，至少 85%的变异存在于种群内的母树间和树内。厚朴种群间的遗传变异达到 6.76%~28.88%，表明厚朴天然群体间和群体内存在较大的遗传差异，这些变异受生境因素影响的同时，也反映出种质的遗传多样性（李斌等，2002）。

植物的种实性状除了受内部遗传特征决定外，同时还受气候、生境特征等外部因素的影响（王孝安等，2005；郑健等，2009）。对厚朴种子特性的前期研究表明，种子大小及质量基本呈现以南—北为主的变异模式，产地均温和热量因子是制约种子地理变异的主导生态因子（陈波，2003；舒枭等，2010b）。本研究中，种子性状未与经纬度呈现显著的相关性，是由于采种地的范围局限所造成的；而种子宽度、种子质量与海拔呈显著负相关，种子厚度与海拔呈现极显著的负相关，是由于海拔梯度的变化造成热量因子的差异，低海拔处日照时间和无霜期均长于高海拔处，种子有较多的时间发育造成的。而果实性状更多的是与母株所处的立地环境中光照、土壤的养分状况、水分等因素有关（陈波，2003）。在资源有限的情况下，植株将获得的资源更多投入到营养生长以增加生存的竞争能力，而在生存条件相对缓和的条件下，植株将更大比例的资源用以繁殖，以提高种群扩散能力（任华东和姚小华，2000）。其中光照因子在厚朴母树结实率、结实数量及果实大小中均起到重要的作用。

厚朴越来越严重的濒危状况引起了众多学者的关注，如何采取有效措施对其进行保护和开发是当前面临的首要问题。在野生状态下厚朴结果母树少，单个果实出种率低，种子质量较小，是其濒危的重要原因之一。此外，种子在野生状态萌发状况不佳，成树附近幼苗不易成熟，直接降低了厚朴个体更新换代的实际效率（舒枭等，2010a）。因此，在野生状态下排除各种因素的干扰，进行人为抚育和管理，对于缓解厚朴的濒危状况具有重要的意义。

3.2　厚朴种子特征

3.2.1　产地间种子形态变异

3.2.1.1　引言

种子形态指标是一种较稳定的性状，是树木分类及遗传研究的重要指标（任华东和姚小华，2000；兰彦平和顾万春，2006）。同时，种子形态是物种遗传变异的重要特征之一，种子形态和大小不仅决定其扩散能力，也影响到其萌发和幼苗定植，进而影响到种群的分布格局（柯文山等，2000；徐亮等，2005）。

研究表明，生物系统学方法对一个种地理变异规律与种源试验结果基本一致（徐化成和郭广荣，1982；徐化成和孙肇风，1984）。利用种子性状差异性，许多学者已开展了香樟（*Cinnamomum camphora*）、枫香（*Liquidambar formosana*）、木荷（*Schima superba*）、乌药（*Lindera aggregata*）、黄柏（*Phellodendron chinense*）、桃儿七（*Sinopodophullum hexandrum*）、川鄂连蕊茶（*Camellia rosthorniana*）、大叶栎（*Quercus griffithii*）、麻疯树（*Jatropha curcas*）等优良种源选育工作（傅大立和张明东，1996；任华东和姚小华，2000；马绍宾等，2001；操国兴等，2003；孟现东和陈益泰，2003；张萍等，2004；陈丽华等，2005；唐庆兰等，2006；万泉等，2006），并选育一批优良种源，在生产实践中获得应用。

徐亮等（2005）研究认为，种子大小是种子的重要生物学特性之一，在同一物种内部种子大小常常被认为是相对稳定的；其他研究认为，在种群内、种群间，甚至个体间，种子大小有很大差异（柯文山等，2000；曹冰和高捍东，2002）。同一物种不同地理种群，种子质量的差异与种源间所处地理位置、生境条件、群落特性、演替阶段、更新方式及气候特征均有重要相关性，有关这一结论，在开展油松（*Pinus tabulaeformis*）、岷江柏（*Cupressus chengiana*）、四川大头茶（*Gordonia acuminata*）、缙云山川鄂连蕊茶（*Camellia rosthorniana*）、马尾松（*Pinus massoniana*）、小檗科（Berberidaceae）鬼臼亚科植物和西蒙得木（*Simmondsia chinensis*）等研究时得到验证（徐化成和孙肇风，1984；马绍宾和姜汉桥，1999；马绍宾等，2001；曹冰和高捍东，2002；操国兴等，2003；钟章成，2003；徐亮等，2005）。种源内单株间种子大小除与本身遗传特性有关外，还与结实部位有关，树冠中上部、阳面比较饱满，种子较重，树冠下部光照较弱，种子较轻，母树年龄也是引起种子质量差异的因素，单株间局部生态因子差异性导致树体生长发育和营养状况变化明显，其生产的种子大小会有差异（徐化成和孙肇风，1984；马绍宾等，2001；孟现东和陈益泰，2003；张萍等，2004；徐亮等，2005；程诗明和顾万春，2006；魏胜利等，2008）。

3.2.1.2　研究方法

1. 采种地自然条件

本试验种子来源于厚朴分布区的 7 个省（区、市）15 个产地，采种点地理位置、气候因子及采种种源分布见表 3-7。表 3-7 所列数据显示：采样种源来自 26°05′N~33°19′N，102°35′E~119°38′E，试验种源分布范围较为广阔，分布位置较为分散，但基本可以代表厚朴整个分布区的状况。在种子完全成熟期采种，每点采集 15 年以上的壮龄母株，每点采集 12~15 株，球果处理后，将种子均匀混合，作为试验材料。

表 3-7　厚朴采种点自然概况

Tab.3-7　Natural conditions of *Houpoëa officinalis* from different provenances

省（区、市）名	种源	经度（E）	纬度（N）	海拔/m	年均温/℃	年均日照/h	年降雨量/mm	无霜期/d
浙江	景宁	119°38′	27°58′	653	17.6	1774.4	1542.7	241
浙江	庆元	119°15′	27°45′	1266	17.4	2169	1760	245
浙江	遂昌	119°12′	28°21′	1038	16.8	1755	1510	251
福建	政和	119°10′	27°24′	851	17.5	2800	1600	320
福建	浦城	118°37′	28°03′	336	17.2	1893.5	1782.2	255
福建	武夷山	118°01′	27°47′	1123	17.7	1884	1881	273
广西	龙胜	110°04′	26°05′	1050	18.1	1408	1932	314
重庆	开县	106°17′	29°28′	635	13.5	1695	1153	237
陕西	西乡	107°25′	32°54′	610	14.4	1623.8	923.5	253
陕西	城固	107°26′	33°03′	1136	14.1	1657.2	857	245
陕西	宁强	106°17′	32°49′	776	12.9	1569.7	1121	247
陕西	洋县	107°30′	33°19′	1387	14.7	1543.8	935.3	201
陕西	略阳	106°19′	33°16′	1372	13.2	1522.3	860	203
甘肃	康县	105°41′	33°03′	740	12.6	1433.7	742	207
四川	宝兴	102°35′	30°34′	751	16.3	1125	1652	291

2. 试验方法

（1）种子长宽厚测定

不同种源种子全部收齐后，确定观测种子性状合理样本数。每个种源的种子混合后，随机选取 50 粒，用电子游标卡尺分别测定种子长、种子宽、种子厚，以种子纵轴为其长，以腹面横向最大宽度为其宽，以腹面与背面的最大距离为其厚，测量单位为 mm，精确到小数点后两位，计算种子长/宽值（颜启传，2001；杨旭等，2008）。

（2）种子百粒重测定

种子百粒重称取前，将种子从冰箱中取出，筛去湿沙，保持种子表面干净，所有种子置于工作台面上，用尺子将种子摊平，运用八分法取样，重复数出 3 个

100粒，用1/100电子天平称量，记录数据（颜启传，2001；杨旭等，2008）。

（3）种子含水量的测定

根据《林木种子检验规程》（GB 2772—1999），将称量好的不同种源种子样品放入105℃烘箱中烘17h后，取出，在干燥器里冷却30~45min后称重，用前后质量差与样品鲜重的比值求得种子含水量。重复3次。计算公式如下：

每组种子相对含水量（%）=（样品鲜重–样品干重）×100/样品鲜重

3.2.1.3　种子产地形态变异模式

在自然界生物种群中，组成每个物种的个体、群体之间都存在各种程度不同的形态差异。这些性状上的变异，有的来源于基因重组或突变，有的则是因为个体或群体间生态环境不同而发育的结果有所差异。所看到的某种植物个体的表型，是由其生活的特定环境与其特定遗传物质基础互相作用的结果。如果同一种植物长期在不同生态环境下生活，由于所承受的选择压力不同，该群体的基因频率就会发生改变，形成不同的遗传结构，这也正是地理变异产生的重要原因。

地理变异有两种表现形式：一种是连续变异，另一种是非连续变异。对于后一种变异，人们将它们称为生态型分化。生态型分化从形成机制上来说又可分两种：一种是气候生态型，即由于气候因子的差异形成的生态型，另一种是土壤生态型，是由土壤条件的不同形成的生态型。

地理变异从遗传性的关系来说，可分为遗传变异和表型变异。前者体现的是遗传结构的自身变化，后者是遗传结构的变化加上环境的表饰作用的综合结果。从亲代和子代的关系来说，还可以分为亲代变异和子代变异，亲代变异就是我们于野生种群中直接观察到的表型变异，后代变异是指通过种源试验观察到的遗传变异。

1. 种子形态变异

掌握种子的地理变异规律是进行种子鉴别、种子区划、种子检验和播种育苗等工作的基础和前提，作为一种早期的测定手段，种子的地理变异可以在相对较短时间内取得该树种地理变异的格局、大小和趋势的一般性规律，可为种源试验采样和试验设计等进一步的种源研究工作提供重要依据。因此，种子特征常作为地理变异研究中的重点研究指标。本部分从种子形态特征方面对野生厚朴种子地理变异进行了系统研究。

对厚朴种子形态性状的种源间方差分析（表3-8）表明：厚朴种子的形态指标长、宽、厚、长/宽及百粒重均差异极显著（$P<0.01$），说明厚朴种源间种子性状存在丰富的遗传变异。15个种源的种子形态和百粒重的统计结果表明，厚朴平均种子长9.58mm，种子宽7.62mm，种子厚4.36mm，百粒重15.77g。

表 3-8　厚朴种子产地间形态性状方差分析

Tab.3-8　Variance analysis of seed traits of *Houpoëa officinalis* from different provenances

性状	均值	极差	变异系数/%	种源间自由度	F值
种子长	9.58mm	1.94	5.85	14	26.92**
种子宽	7.62mm	1.43	5.74	14	11.95**
种子厚	4.36mm	0.99	7.22	14	28.28**
长/宽	1.22	0.26	6.58	14	8.63**
百粒重	15.77g	8.82	17.54	14	65.00**

从各产地的表现看（表 3-9），产于宝兴的种子最长（10.78mm），最短的为洋县（8.84mm）；种子最宽的是庆元（8.68mm），最窄的为城固和康县（7.25mm）；种子最厚的是浦城（4.76mm），最薄的是略阳（3.77mm）；种子长/宽最大的是宝兴（1.35），最小的是遂昌（1.09），即遂昌的种子趋向圆形变异。种源间变异系数最大的种子性状指标是种子百粒重 17.54%，这说明其种源间的遗传分化显著，优良种子选择的潜力很大。百粒重最大的为龙胜，均值为 20.37g，其次是宝兴（18.62g）和武夷山（17.75g），百粒重最小的是洋县（11.55g）。种子长、宽、厚、长/宽及百粒重最大值分别是最小值的 1.22 倍、1.20 倍、1.26 倍、1.24 倍和 1.76 倍。为了比较种源间种子形态性状及质量，对 15 个厚朴种源进行 LSD 多重比较，结果见表 3-9。

表 3-9　种子形态产地变异及多重比较（$\overline{X}$ ±SD）

Tab.3-9　Variation and multiple comparisons of seed characteristics of *Houpoëa officinalis* from different provenances

种源	种子长/mm	种子宽/mm	种子厚/mm	种子长/宽	百粒重/g
景宁	9.73±0.63bc	8.11±0.82cd	4.66±0.49abc	1.21±0.15cde	17.57±0.43c
庆元	9.53±0.63cd	8.68±0.83a	4.25±0.32hi	1.11±0.13f	16.10±0.34d
遂昌	9.16±0.54e	8.56±1.06ab	4.35±0.35fgh	1.09±0.19f	16.80±0.64cd
政和	9.28±0.86de	8.26±0.90bc	4.42±0.30efg	1.14±0.18ef	16.94±0.63cd
浦城	9.95±1.13b	8.00±1.11cde	4.76±0.40a	1.28±0.30abcd	17.40±1.06c
武夷山	9.29±0.68de	7.85±0.97def	4.73±0.41ab	1.20±0.19de	17.75±0.87bc
龙胜	10.70±0.70a	8.33±0.83abc	4.60±0.32abcd	1.30±0.17ab	20.37±0.37a
开县	9.96±0.92b	8.36±1.03abc	4.59±0.60bcd	1.21±0.16cde	16.95±0.81cd
西乡	9.22±0.65e	8.01±0.78cde	4.30±0.35ghi	1.16±0.17ef	16.21±0.33d

续表

种源	种子长/mm	种子宽/mm	种子厚/mm	种子长/宽	百粒重/g
城固	9.19±0.69e	7.25±0.70g	3.90±0.31j	1.28±0.17abc	12.12±0.50f
宁强	9.41±0.66de	7.54±0.92fg	4.16±0.25i	1.27±0.19bcd	14.47±0.14e
洋县	8.84±0.87f	7.74±0.92ef	4.55±0.51cde	1.15±0.15ef	11.55±0.23f
略阳	9.46±0.89cde	7.37±1.18g	3.77±0.62j	1.33±0.29ab	11.57±0.64f
康县	9.17±0.66e	7.25±0.70g	3.90±0.31j	1.28±0.17abcd	12.11±0.46f
宝兴	10.78±0.72a	8.13±1.09cd	4.49±0.48def	1.35±0.21a	18.62±0.66b
平均	9.578	7.962 667	4.055 333	1.224	14.527 33

注：同列不同小写字母表示 5%水平差异显著

Note: the different small letters in the same column stand for 5% significant

2. 种源间种子含水量差异性

对种源间种子含水量的方差分析结果详见图 3-1。图 3-1 显示，种子含水量种源间存在极显著差异（P<0.01），变异系数为 8.13%，供试种源的种子含水率平均值 11.09%。由图 3-1 可知，略阳种源的种子含水率最高，为 12.37%；其次为遂昌，12.36%；洋县最低，为 9.42%。种子含水率高低影响其呼吸，种子含水率高，特别是游离水的增多，是种子新陈代谢强度急剧增加的决定因素。种子含水率低时，水分处于结合水状态，几乎不参与体内新陈代谢活动，种子呼吸作用微弱。如果种子含水率太低，会给种子细胞中的大分子造成伤害，导致种子劣变加速（徐化成和孙肇凤，1984）。因而含水率与种子的贮藏和运输安全有密切关系。种子贮藏时既要使种子含水率达到最低程度，又不能低于种子的安全含水率。

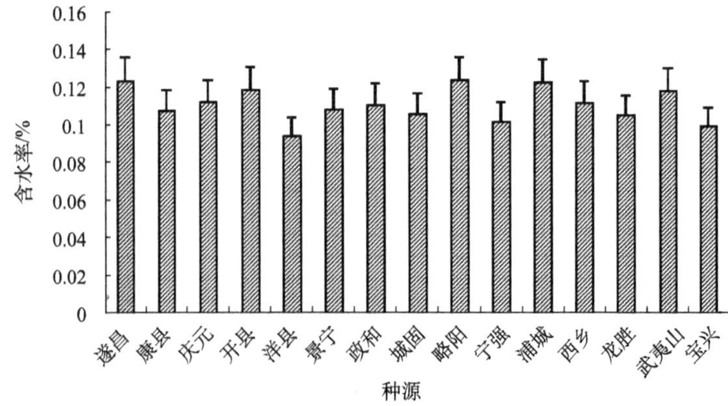

图 3-1　厚朴不同种源种子含水率

Fig.3-1　Water contents of seeds of *Houpoëa officinalis* from different provenances

相同小写字母表示两种源没有显著差异，否则表示 P<0.05 的显著差异

The sample letter shows no significant difference, the different letters show P<0.05 significant difference

3.2.2 方位和冠层间种子形态变异

3.2.2.1 引言

种子形态是物种遗传变异的重要特征之一，由于自然选择压力的作用，果实和种子形态变异普遍存在于物种间和物种内。在植物生长发育过程中，果实和种子的形态变化既受遗传的控制，又受环境的影响，这种存在于种内的变异大小和分布将决定物种的生存概率及进化潜力。

近年来，有关果实和种子变异的研究很多，主要集中在以下几个方面：果实和种子形态变异与植物体大小、生活型、种子散播模式、土壤类型、交配系统、开花时间和空间的差异等的相关性研究，不同生境、不同居群间果实和种子的形态变异程度研究及林木种内地理变异研究。目前，国内学者对厚朴果实和种子开展了一些研究，如不同产地厚朴种子形态特征变异的研究，课题组前期已对不同种群、不同生境中凹叶厚朴果实和种子的变异及海拔和经纬度对果实种子变异的影响进行研究，但尚未有学者从方位及冠层角度研究光照对厚朴果实和种子变异的影响。作者主要从方位和冠层两个方面，结合课题组的前期工作，研究光照对厚朴果实和种子变异的影响，探讨种子性状变异规律，为进一步科研和生产提供基础资料。

3.2.2.2 研究方法

1. 采种地自然地理环境

本研究样地位于浙江省遂昌县桂洋林场，采种地自然地理情况见表 3-10。在厚朴果实刚成熟，种鳞尚未开裂前，及时从树龄 20~40 年、生长状况较一致的厚朴植株上采集果实。每个种群中分别选择 15 个单株采种，保证样本个体间距大于 50m，以最大限度排除亲缘性。每树采集 10 个果实，不足 10 个全部采集。

表 3-10　厚朴果实采集样地生态因子

Tab.3-10　Ecological factors of *Houpoëa officinalis* from different populations

种群编号	采集地点	海拔/m	群落状况
I	遂昌桂洋林场	1048	开阔地生长
II	遂昌桂洋林场	1069	天然林内
III	遂昌桂洋林场	1074	人工林内

2. 种子特征的测定

厚朴种子外有鲜红的种皮，用温水浸泡24h后，搓去外种皮，晾干。对每果实的种子用四分法随机选取50粒种子，不足50粒则全部测量。用游标卡尺测量每个种子的种子长、宽、厚等指标（以种子纵轴为长，以腹面横向最大宽度为宽，以腹面与背面的最大距离为厚，精确到0.01cm），计算种子的长、宽比值，并用分析天平测量种子重（精确到0.0001g）。

3. 实验数据的分析

运用SPSS18统计软件作不同种群厚朴果实和种子性状数据的两因素方差分析，以上数据采用两年测定的平均结果。

3.2.2.3　方位和冠层间种子形态变异

1. 不同方位种子形态变异

东、西、南、北4个方位的厚朴种子5项形态指标均值见表3-11。由表3-11可知，厚朴种子的5项指标中，种子长、种子重、种子长宽比3项指标的最大值出现在东方位，其他2项指标的最大值均出现在南方位，种子指标的最低值均出现在北方位（种子长宽比除外）。种子宽、种子重两个指标在北方位与东、西、南三个方位之间差异显著，东、西、南3个方位之间无显著差异；种子长、种子长宽比两个指标4个方位之间不存在显著差异。总的来说，种子形态在4个不同方位间呈现出较一致的变化，即南方位和东方位＞西方位＞北方位。可见，种子性状南方位和东方位优于西方位，三者均优于北方位。结果表明，厚朴在南方位和东方位的生长状态最好，其次是西方位，以北方位最差。

用变异系数（欧式距离相对值）可用来表示性状离散特征，比较同一性状在不同方位的变异系数（表3-11）发现，同一方位不同性状的变异系数差异很大。如在东方位，表型性状变异系数范围是2.31%~10.38%；西方位变异系数范围是4.28%~11.84%；南方位变异系数范围是5.99%~12.23%；北方位变异系数范围是2.22%~7.70%。比较各个方位间果实和种子各个性状的变异系数发现，果实性状的变异系数普遍较种子的大，说明厚朴种子形态比果实的形态稳定。

2. 不同冠层种子形态变异

就变异系数而言（表3-12），不同冠层种子不同性状变异系数差异很大。在上冠层种子性状变异系数范围是3.40%~11.28%；中冠层种子性状变异系数范围是4.99%~7.41%；下冠层种子性状变异系数范围是4.37%~8.39%。比较3个冠层的果实性状的变异系数发现，果实性状的变异系数普遍较种子的大，说明厚朴种子形态比果实的形态稳定。

表 3-11 不同方位的厚朴种子大小指标均值及其变异系数

Tab.3-11 Mean value and variation coefficient of fruit and seed characters of *Houpoëa officinalis* from different orientation

	东		西		南		北	
	Means±SD	CV	Means±SD	CV	Means±SD	CV	Means±SD	CV
SL/mm	9.57±0.22Aa	2.31%	9.36±0.40Aa	4.28%	9.56±0.67Aa	7.00%	9.20±0.22Aa	2.36%
SD/mm	8.06±0.35Aab	4.30%	8.03±0.35Aab	4.38%	8.43±0.51Aa	5.99%	7.84±0.51Ab	6.55%
ST/mm	4.53±0.27ABab	5.89%	4.63±0.28ABa	5.98%	4.68±0.30Aa	6.49%	4.33±0.10Bb	2.22%
SW/g	0.1936±0.0201Aa	10.38%	0.1825±0.0216Aab	11.84%	0.1922±0.0235Aa	12.23%	0.1712±0.0111Ab	6.48%
SL/SD	1.19±0.04Aa	3.57%	1.17±0.08Aa	6.84%	1.14±0.11Aa	10.00%	1.18±0.09Aa	7.70%

注：SL，种子长；SD，种子宽；ST，种子厚；SW，种子重；SL/ SD，种子长/种子宽。同行不同小写字母表示差异显著（P<0.05），同行不同大写字母表示差异极显著（P<0.01）。下同

Note: SL, seed length; SD, seed diameter; ST, seed thick; SW, seed weight; SL/SD, seed length/seed diameter. The different small or capital letters in the same row stand for significant difference (P<0.05 or P<0.01). The same below

表 3-12 不同冠层的厚朴种子大小均值及变异系数

Tab.3-12 Mean value and variation coefficient of fruit and seed mean value of *Houpoëa officinalis* from different canopy

	上		中		下	
	Means±SD	CV	Means±SD	CV	Means±SD	CV
SL/mm	9.32±0.32Aab	3.40%	9.66±0.48Aa	4.99%	9.29±0.41Ab	4.37%
SD/mm	8.11±0.59Aa	7.22%	8.21±0.43Aa	5.23%	7.95±0.38Aa	4.75%
ST/mm	4.52±0.26Aab	5.77%	4.67±0.30Aa	6.34%	4.44±0.24Ab	5.30%
SW/g	0.1808±0.0204Ab	11.28%	0.1970±0.0146Aa	7.41%	0.1836±0.0154Ab	8.39%
SL/SD	1.15±0.10Aa	8.84%	1.18±0.08Aa	6.84%	1.17±0.07Aa	6.24%

3. 方位和冠层对种子形态变异的协同作用

表 3-13 为方位和冠层因子对厚朴种子 10 项形态指标影响的方差分析结果。由表 3-13 可发现，方位和冠层对厚朴种子的各项形态指标都有显著性影响，表明方位和冠层是厚朴种子的发育的影响因素之一。在不同方位和冠层条件下，种子的各项形态指标有显著差异，但是方位和冠层对各项指标的协同作用并不显著。

表 3-13　方位和冠层对种子形态变异的协同作用

Tab.3-13　Synergistic effect of orientation and canopy on variation of fruit and seed characters of *Houpoëa officinalis*

		SS	df	MS	*F* 值	*P* 值
SL	冠层	0.994	2	0.497	2.974	0.070
	方向×冠层	0.622	6	0.104	0.620	0.712
SD	方向	1.683	3	0.561	2.489	0.085
	冠层	0.409	2	0.204	0.907	0.417
	方向×冠层	0.275	6	0.046	0.203	0.972
ST	方向	0.669	3	0.223	3.923	0.021
	冠层	0.344	2	0.172	3.022	0.068
	方向×冠层	0.290	6	0.048	0.851	0.544
SW	方向	0.003	3	0.001	2.640	0.073
	冠层	0.003	2	0.001	3.715	0.039
	方向×冠层	0.001	6	0.000	0.386	0.881
SL/SD	方向	0.014	3	0.005	0.502	0.684
	冠层	0.004	2	0.002	0.211	0.811
	方向×冠层	0.015	6	0.003	0.285	0.939

注：SS，平方和；df，自由度；MS，均方。下同

Note: SS, sum of square; df, degree of freedom; MS, mean square. The same below

4. 厚朴种子性状与经纬度及海拔的相关性

由表 3-14 可知，经纬度与厚朴种子不同性状相关性均不显著，这可能是由于采种地范围过小造成的。但种子宽度和种子厚度与海拔呈显著负相关，种子厚与海拔呈极显著负相关。种子各性状与生境及土壤养分的相关性均不显著。

表 3-14　厚朴种子相关性状与经纬度及海拔因子的相关分析

Tab.3-14　Correlation coefficients of seed characters and elevation of *Houpoëa officinalis*

	SL	SD	ST	SW	SL/SD
经度	0.32	0.58	0.56	0.51	−0.43
纬度	−0.32	0.46	0.53	0.32	−0.60
海拔	−0.32	−0.68*	−0.83**	−0.65*	0.41
坡度	0.22	−0.63	−0.30	−0.27	0.56
郁闭度	−0.07	−0.22	−0.12	−0.07	0.04
有机质	−0.53	0.01	−0.21	−0.14	−0.44

续表

	SL	SD	ST	SW	SL/SD
pH	–0.01	0.27	0.05	0.26	–0.39
全氮	–0.18	–0.02	–0.13	0.08	–0.06
速效氮	–0.46	0.15	–0.07	0.02	–0.49
全磷	–0.43	0.36	0.17	0.17	–0.57
有效磷	–0.54	–0.04	–0.14	–0.21	–0.04
全钾	0.44	0.40	0.55	0.62	–0.19
速效钾	–0.43	0.21	0.07	0.10	–0.37

3.2.3 单株间种子形态变异

3.2.3.1 引言

随着采集厚朴野生资源入药，其野生资源遭到极大的破坏，原来广泛分布于亚热带山区的厚朴种群结构、分布格局和种群密度等均不同程度地受到了影响。同时，结合种源采集要求同一种源内单株隔离 30m 的距离，这样导致采种的厚朴不同单株所处的坡向、坡度显著不同，相应单株处理的土壤条件、水分条件、光照条件等亦发生极大变化，微环境变化导致植株生长性状发生变化，包括植株生物量、生长量、材积及种子产量。本部分侧重研究湖南洪江厚朴种源内单株种子形态变异。

3.2.3.2 研究方法

1. 采种地自然条件

采种地为湖南洪江市，地理坐标为 109°32′E~110°31′E，26°91′N~27°29′N，位于云贵高原东部边缘的雪峰山区，地势受雪峰山脉影响，东南高，西北低；山地夹丘陵与河谷平原相连。东南部多山地，海拔在 400m 以上，最高峰苏宝顶，海拔 1934m；中部盆地，地势低凹，且较平坦，海拔为 300~400m。区域内气候温和，四季分明，日照充足，雨量充沛，年平均气温 17℃，年降雨量 1246.7mm，年日照时数 1415h。

具体采种点的环境条件见表 3-15。

表 3-15　厚朴洪江种源的单株采样点地理、生态因子

Tab.3-15　Geographical and ecological factors of different individual plants from Hongjiang *Houpoëa officinalis* provenance

种源	纬度（N）	经度（E）	海拔/m	年温度/℃	年降水/mm	年日照/h	无霜期/d
洪江	27°71′	109°96′	1085	17.6	1485	1354	304

2. 测定方法

每单株随机抽取 150 粒种子，每 30 粒为一组，5 次重复，用读数游标卡尺分别测定种子长、种子宽、种子厚，以种子纵轴为其长，以腹面横向最大宽度为其宽，以腹面与背面的最大距离为其厚，测量单位为精确到小数点后 3 位，计算种子长宽比值。种子百粒重称取前，将种子从冰箱中取出，筛去湿沙，保持种子表面干净，所有种子置于工作台面上，用尺子将种子摊平，运用八分法取样，重复数出三个 100 粒，用 1/100 电子天平称量，记录数据。用 Excel 建立厚朴种子性状原始数据文档，运用 DPS 软件进行方差分析。

3.2.3.3　单株间种子性状变异

1. 单株间种子长、宽、厚及长/宽的变异

表 3-16 显示，种子长度最大的是 HJ15 家系（1.046cm），最小的是 HJ2（0.870cm）；种子宽度最大的是 HJ15 （0.846cm），最小的是 HJ2（0.722cm），前者比后者高出 14.05%；种子厚度最大是 HJ15（0.466cm），最小是 HJ19（0.390cm），前者比后者高出 16.31%；种子长/宽最大是 HJ20（1.352cm），最小是 HJ3（1.178cm），前者比后者高出 12.87%。HJ15 种子长度、宽度和厚度均是所有家系中最大值，表现出特别的优势。HJ2 种子长度和宽度均值最小，表现最弱优势。

单株间种子厚度的变异系数变化最大，其值为 2.04%（HJ20）~12.14%（HJ12）；种子长度、宽度、长/宽变异系数的变化幅度分别为 1.86%（HJ15）~10.55%（HJ20）、1.43%（HJ14）~6.81%（HJ18）、2.26%（HJ9）~8.13%（HJ20）。

单株种子长/宽极差变化最大，最大值为 HJ3（0.700~2.000cm），最小值为 HJ17（1.000~1.071cm）；种子长度极差最大有 HJ11、HJ3、HJ17、HJ16、HJ6 和 HJ2 家系（0.700~1.200cm），最小有 HJ15、HJ1、HJ12、HJ8 和 HJ4 家系（均为 0.300cm）；种子宽度极差最大有 HJ7、HJ19（0.500~1.000cm）家系，最小的是 HJ4 家系（0.300~0.500cm）；种子厚度极差最大是 HJ12 家系（0.100~ 0.500cm），最小有 HJ15、HJ1、HJ20、HJ7、HJ14、HJ13、HJ17 和 HJ2 家系（0.400~0.500cm）。

对单株间种子性状进行方差分析（表 3-17）。从表 3-17 可知：单株间种子长、种子宽、种子厚等性状差异均达到极显著水平，仅种子长/宽性状没有达到显著水平，区组间所有种子性状差异都不显著，就某些性状开展单株选择具有科学道理。

表 3-16　厚朴洪江种源的单株间种子性状变异

Tab.3-16　Variation of seed characters of different individual plants from Hongjiang *Houpoëa officinalis* provenance

地点	长			宽			厚			长/宽		
	均值±标准差/cm	变异系数/%	极差/cm	均值±标准差/cm	变异系数/%	极差/cm	均值±标准差/cm	变异系数/%	极差/cm	均值±标准差/cm	变异系数/%	极差/cm
HJ15	1.046±0.012	1.86	0.900~1.200	0.846±0.0288	4.40	0.700~1.00	0.466±0.015	3.26	0.400~0.500	1.248±0.062	4.98	0.830~1.710
HJ1	1.026±0.026	2.54	0.900~1.200	0.802±0.0356	3.59	0.600~0.90	0.424±0.018	4.29	0.400~0.500	1.298±0.064	4.92	1.000~1.500
HJ12	1.014±0.025	2.48	0.900~1.200	0.822±0.0295	3.49	0.700~1.00	0.420±0.051	12.14	0.100~0.500	1.244±0.074	5.95	1.100~1.710
HJ20	0.994±0.010	10.55	0.800~1.200	0.742±0.259	2.29	0.600~1.00	0.436±0.009	2.04	0.400~0.500	1.352±0.101	8.13	1.000~1.710
HJ8	0.988±0.019	1.94	0.900~1.200	0.796±0.0182	5.19	0.600~1.00	0.426±0.013	3.15	0.400~0.600	1.258±0.048	3.78	1.000~1.710
HJ7	0.986±0.020	2.10	0.800~1.200	0.770±0.0400	3.78	0.500~1.00	0.422±0.019	4.55	0.400~0.500	1.304±0.052	3.97	1.000~1.830
HJ11	0.954±0.021	2.17	0.700~1.200	0.786±0.0297	6.17	0.600~1.00	0.428±0.016	3.83	0.300~0.500	1.230±0.066	5.33	0.890~1.670
HJ14	0.954±0.081	8.47	0.800~1.200	0.822±0.0507	1.43	0.600~1.00	0.440±0.019	4.25	0.400~0.500	1.186±0.093	7.88	1.000~1.500
HJ13	0.946±0.042	4.40	0.800~1.200	0.796±0.0114	4.65	0.600~1.00	0.456±0.011	2.50	0.400~0.500	1.194±0.070	5.85	0.880~1.570
HJ3	0.942±0.024	2.54	0.700~1.200	0.820±0.0381	3.49	0.600~1.00	0.438±0.016	3.74	0.400~0.700	1.178±0.065	5.52	0.700~2.000
HJ17	0.936±0.063	6.70	0.700~1.200	0.730±0.0255	2.75	0.600~0.90	0.422±0.015	3.51	0.400~0.500	1.294±0.063	4.85	1.000~1.071
HJ5	0.934±0.026	2.79	0.600~1.000	0.788±0.0217	4.45	0.600~1.00	0.424±0.018	4.29	0.300~0.600	1.200±0.042	3.53	0.800~1.670
HJ16	0.934±0.056	5.94	0.700~1.200	0.768±0.0342	4.50	0.600~1.00	0.406±0.023	5.67	0.300~0.500	1.238±0.079	6.37	0.780~1.830
HJ6	0.930±0.032	3.40	0.700~1.200	0.764±0.0344	2.35	0.600~1.10	0.428±0.018	4.18	0.300~0.600	1.234±0.076	6.19	0.890~1.570
HJ19	0.924±0.034	3.72	0.700~1.100	0.748±0.0550	6.35	0.500~1.00	0.390±0.016	4.05	0.200~0.500	1.270±0.097	7.65	0.890~1.830
HJ10	0.920±0.046	5.04	0.700~1.100	0.784±0.0498	2.28	0.600~1.00	0.412±0.018	4.34	0.300~0.500	1.194±0.049	4.13	0.800~1.670
HJ4	0.918±0.026	2.82	0.600~0.900	0.744±0.0207	6.52	0.300~0.50	0.412±0.022	5.27	0.300~0.500	1.242±0.030	2.44	1.000~1.570
HJ9	0.916±0.054	5.86	0.700~1.100	0.756±0.0493	5.43	0.600~1.00	0.418±0.026	6.20	0.300~0.500	1.228±0.028	2.26	0.890~1.670
HJ18	0.902±0.022	2.41	0.700~1.100	0.744±0.0404	6.81	0.600~1.00	0.392±0.033	8.34	0.300~0.500	1.236±0.044	3.55	0.890~1.670
HJ2	0.870±0.046	5.73	0.700~1.200	0.722±0.0114	4.40	0.500~1.00	0.432±0.015	3.43	0.400~0.500	1.228±0.076	6.16	1.000~1.800

表 3-17　厚朴洪江种源的单株间种子性状方差分析

Tab.3-17　Variance analysis of seed characters of different individual plants from Hongjiang *Houpoëa officinalis* provenance

性状	变异来源	自由度	均方	*F* 值	显著性水平
种子长	区组间	4	0.0022	1.105	0.3605
	处理间	19	0.0098	4.955	0.0000
	误差	76	0.0020		
	总误差	99			
种子宽	区组间	4	0.0024	1.931	0.1139
	处理间	19	0.0059	4.674	0.0000
	误差	76	0.0013		
	总误差	99			
种子厚	区组间	4	0.0003	0.614	0.6536
	处理间	19	0.0017	3.547	0.0000
	误差	76	0.0005		
	总误差	99			
种子长/宽	区组间	4	0.0040	0.870	0.4860
	处理间	19	0.0098	2.119	0.0114
	误差	76	0.0046		
	总误差	99			

2. 单株间种子质量变异

种子百粒重家系间差异远远低于产地间差异（表 3-18），均值最重的是 HJ1 单株（17.357g），最轻是 HJ9（15.003g），单株间差异仅 2.354g。种子百粒重大于 16.500g 的 6 个单株分别是 HJ15、HJ1、HJ20、HJ8、HJ3 和 HJ17。种子百粒重极差变异幅度最大的是 HJ17 单株（15.510~19.100g）；变化幅度最小是 HJ18 单株(16.070~16.270g)。单株系间种子百粒重变异系数范围为 0.70%(HJ18）~10.62%（HJ17），HJ17、HJ13、HJ7 和 HJ4 等单株的变异系数高于 5%，其他 16 个单株变异系数低于 5%。

3.2.4　结论与讨论

种子性状变异研究是遗传多样性研究的先导和基础。种子形态是物种遗传变异的重要特征之一，种子形态和大小不仅决定扩散能力，也影响萌发和幼苗定植，进而影响到种群分布格局（张萍等，2004；魏胜利等，2008）。作为早期测定手

表 3-18 厚朴洪江种源的单株间种子百粒重变异参数

Tab.3-18 Variation parameter of 100-seeds-weight of different individual plants from Hongjiang *Houpoëa officinalis* provenance

家系	均值±标准差/g	变异系数/%	极差/g	家系	均值±标准差/g	变异系数/%	极差/g
HJ15	16.700±0.632	3.78	15.990~17.200	HJ17	17.137±1.819	10.62	15.510~19.100
HJ1	17.357±0.855	4.93	16.370~17.830	HJ5	15.633±0.225	1.44	15.470~15.890
HJ2	16.113±0.499	3.10	15.550~16.500	HJ16	16.450±0.217	1.32	16.210~6.590
HJ20	17.083±0.820	4.81	16.250~17.890	HJ6	16.067±0.325	2.02	15.750~16.400
HJ8	16.580±0.374	2.26	16.240~16.980	HJ19	16.303±0.686	4.21	15.570~16.930
HJ7	16.320±0.922	5.65	15.280~17.040	HJ10	16.167±0.246	1.52	15.910~16.400
HJ11	16.083±0.675	4.20	16.130~17.480	HJ4	15.396±0.786	5.11	14.720~16.250
HJ14	15.567±0.230	1.48	15.340~15.800	HJ9	15.003±0.618	4.12	14.450~15.670
HJ13	15.830±1.002	6.33	14.710~16.640	HJ18	16.140±0.113	0.70	16.070~16.270
HJ3	16.860±0.500	2.97	16.300~17.260	HJ2	15.723±0.676	4.30	14.950~16.200

段，了解种子性状变异规律，不仅可以在较早时间内取得该树种变异趋势的一般性规律，而且为种源试验采样、播种育苗和造林试验设计提供信息和指导（程诗明和顾万春，2006；魏胜利等，2008）。本研究通过对来自 7 个省 15 个原生分布区厚朴种源种子性状变异进行分析，探讨种子性状变异规律及其影响因素，为进一步科研和生产提供基础资料。

厚朴种子形态特征在种源间差异极显著，种源效应较为明显，产于厚朴分布区南部（如龙胜、武夷山等）的种子往往大于北部（如洋县、略阳等）的种子，这与我国厚朴产区的气候条件有关，从厚朴种子形态与种源的气候因子相关分析结果看，产地的纬度、年均温、年降雨和无霜期是产生厚朴种子大小及质量差异的主要地理气候因子，此 4 因子中纬度与种子大小及质量呈极显著负相关，年均温、年降雨及无霜期与种子大小及质量分别呈极显著或显著正相关，这与研究木荷种子质量的主导因素是年降水量（张萍等，2004）一致；而经度与种子大小及质量呈正相关，但未达到显著水平，这一结论与苦楝种子质量存在明显的经向变异（程诗明和顾万春，2006）不一样；而与甘草种子的经向变异一致（魏胜利等，2008）。海拔与种子大小及质量负相关不显著。总体上看，各种源种子大小、质量的这种以南—北地理变异为主是经纬度的改变伴随着环境条件改变的结果，是由于经度的变化（主要反映在降水量）从东到西相对湿度逐渐减少，由于纬度的变化（主要反映在年均温等）从北到南热量因子逐渐增加，相对湿度逐渐增大所致。

百粒重反映了种子的大小和饱满程度，百粒重越大种子越饱满，其内含的营养物质越丰富，可以提供促发芽的物质越多，使发芽迅速整齐。百粒重对幼苗的生长和生物量也有较大影响。种子越重，幼苗越高大，生物量越高（马绍宾等，2001）。所以可以根据种子的质量来选择厚朴不同种源的种子，对早期的厚朴育苗具有重要的意义。研究发现，百粒重最大的为龙胜种子，均值为 20.37g，百粒重最小的是洋县种子，均值为 11.55g。

厚朴越来越严重的濒危状况引起了众多学者的关注，如何采取有效措施来进行保护和开发是当前面临的首要问题。厚朴在野生状态下结果母树少，单个果实出种率低，种子质量较小，是其濒危的重要原因之一。此外，种子在野生状态萌发状况不佳，成树附近幼苗不易成熟，直接降低了厚朴个体更新换代的实际效率（舒枭等，2010a）。因此，在野生状态下排除各种因素的干扰，进行人为抚育和管理，对于缓解厚朴的濒危状况具有重要的意义。

参 考 文 献

操国兴，钟章成，谢德体，等. 2003. 缙云山川鄂连蕊茶种子形态变异的初步研究. 西南农业大学学报，25(2): 105

曹冰，高捍东. 2002. 希蒙得木种子生物学特性研究. 种子，5: 41-42

柴胜丰，韦霄，蒋运生，等. 2006. 濒危植物金花茶果实、种子形态分化. 生态学杂志，27(11): 15-21

陈波. 2003. 不同生境中常绿阔叶树种栲树果实性状的研究. 浙江林学院学报，20(2): 128-133

陈丽华，姜景民，栾启福，等. 2005. 乌药种子性状产地表型变异研究. 浙江林业科技，25(1): 9-12

程诗明，顾万春. 2006. 苦楝表型性状梯度变异的研究. 林业科学, 42(5): 29-35

傅大立，张明东. 1996. 湖南黄柏种子性状的地理变异. 经济林研究，4(4): 27-29

傅立国. 1991. 中国植物红皮书: 稀有濒危植物，第一册. 北京: 科学出版社

国家药典委员会. 2010. 中国药典，第一部. 北京: 化学工业出版社: 235

柯文山，钟章成，席红安，等. 2000. 四川大头茶地理种群种子大小变异及对萌发、幼苗特征的影响. 生态学报，20(4): 697-701

兰彦平，顾万春. 2006. 北方地区皂荚种子及荚果形态特征的地理变异. 林业科学，42(7): 47-51

李斌，顾万春，卢宝明. 2002. 白皮松天然群体种实性状表型多样性研究. 生物多样性，10(2): 181-188

李珊，蔡宇良，徐莉，等. 2004. 云南金钱槭果实、种子形态分化研究. 云南植物研究，25(5): 589-595

鲁如坤. 2000. 土壤农业化学分析方法. 北京: 中国农业科技出版社

马绍宾，姜汉桥. 1999. 小檗科鬼臼亚科种子大小变异式样及其生物学意义. 西北植物学报，19(4): 715-724

马绍宾，姜汉侨，黄衡宇，等. 2001. 药物植物桃儿七不同种群种子产量初步研究. 应用生态学报，12(3): 363-368

孟现东，陈益泰. 2003. 枫香与美国枫香种子性状的地理变异比较研究. 林业实用技术，5: 3-5

秦慧贞，李碧媛. 1996. 鹅掌楸雌配子体败育对生殖的影响. 植物资源与环境，5(3): 1-5
任华东，姚小华. 2000. 樟树种子性状产地表型变异研究. 江西农业大学学报，22(3): 370-375
舒枭，杨志玲，段红平，等. 2010a. 濒危种源厚朴种子萌发特性研究. 中国中药杂志，35(4): 419-423
舒枭，杨志玲，杨旭，等. 2010b. 不同产地厚朴种子性状的变异分析. 林业科学研究，23(3): 457-461
孙玉玲，李庆梅，谢宗强，等. 2005. 濒危植物秦岭冷杉结实特性的研究. 植物生态学报，29(2): 251-257
覃凤飞，安树青，卓元午，等. 2003. 景观破碎化对植物种群的影响. 生态学杂志，22(3): 43-48
唐庆兰，黎海利，黄寿先，等. 2006. 大叶栎优树种子性状变异研究. 广西林业科学，35(3): 12-13，33
唐润琴，李先琨，欧祖兰，等. 2001. 濒危植物元宝山冷杉结实特性与种子繁殖力初探. 植物研究，21(3): 404-408
万泉，黄勇，肖祥希，等. 2006. 麻疯树不同地理种源种子性状及苗期生长初报. 福建林业科技，33(4): 13-16，30
王孝安，王志高，肖娅萍，等. 2005. 太白红杉种实数量特征. 应用生态学报，16(1): 29-32
魏胜利，王文全，秦淑英，等. 2008. 甘草种源种子形态与萌发特性的地理变异研究. 中国中药杂志，33(8): 869-872
徐化成，郭广荣. 1982. 油松生物系统学研究. 林业科学，18(3): 225-236
徐化成，孙肇风. 1984. 油松种群地理分化的多变量分析. 林业科学，20(1): 9-17
徐亮，包维楷，何永华. 2005. 4 个岷江柏种群的球果和种子形态特征及其地理空间差异. 应用与环境生物学报，10(6): 707-711
续九如. 2006. 林木数量遗传学. 北京: 高等教育出版社: 34-51
颜启传. 2001. 种子检验原理和技术. 杭州: 浙江大学出版社: 63-75
杨旭，杨志玲，周彬清，等. 2008. 不同地理种源桔梗种子性状及苗期生长分析. 植物资源与环境学报，17(1): 66-70
杨志玲，杨旭，谭梓峰，等. 2009. 厚朴不同种源及家系种子性状的变异. 中南林业科技大学学报(自然科学版)，29(5): 35-41
张萍，金国庆，周志春，等. 2004. 木荷苗木性状的种源变异和地理模式. 林业科学研究，17(2): 192-198
郑健，郑勇奇，宗亦尘，等. 2009. 花楸树天然群体种实多样性研究. 植物遗传资源学报，10(3): 385-391
钟章成. 2003. 川鄂连蕊茶种子形态变异研究. 浙江林学院学报，25(2): 105-107
邹莉，李庆梅，谢宗强，等. 2008. 巴山冷杉的种实特性及其种子萌发力. 生物多样性，16(5): 509-515
Beaulieu J,Simon JP. 1995. Variation in cone morphology and seed characters in *Pinus strobus* in Quebec. Canadian Journal of Botany, 73: 262-271
Maley ML,Parker WH. 1993. Phenotypic variation in cone and needle characters of *Pinus banksiana* (jack pine) in northwestern Ontario. Canadian Journal of Botany, 71: 43-51

第四章　厚朴种子发芽生理

4.1　种子萌发特征

4.1.1　引言

种子萌发易受光和温度的影响，适宜的光照和温度条件是种子萌发的关键。由于林分的树种组成、冠层结构垂直和水平变化、营养叶的分布等的差异，引起林分中光有效性的差异性。在很多情况下，种子萌发与森林光环境异质性，特别是与光照强度具有较强的关联性。

前人对种子萌发做过大量的研究，赖江山等（2003）对濒危植物秦岭冷杉（*Abies fabri*）的萌发特性进行了研究，他认为种子经过低温层积，有利于提高种子的发芽率和发芽势。李晓君等（2005）用不同的温度处理对新疆紫草（*Lithospermum erythrorhizon*）种子萌发的研究表明，25℃种子的萌发率最高。葛淑俊等（2006）对来自山西的黑柴胡（*Bupleurum smithii*）种子进行温度、清水浸种、沙藏处理试验，以研究不同条件对种子萌发率的影响，结果表明，柴胡种子萌发的适宜温度为 20℃，沙藏 12d 能明显促进柴胡种子的萌发，但不能使萌发的启动日提前，清水浸种不能提高发芽率，但可使启动日提前。李有志等（2007）采用两种光照和 8 种温度处理研究了光照和温度对小叶章（*Deyeuxia angustifolia*）种子萌发及其幼苗生长的影响，认为除 30℃外，其他温度处理光照和黑暗处理的种子萌芽率差异不显著，种子萌发表现为非光敏性。在 10~35℃，小叶章种子都能萌发，但萌发适宜温度为 20~30℃，最适温度为 30℃，最大萌芽率为 54%。

4.1.2　研究方法

4.1.2.1　采种地自然地理环境

本节试验种子来源于厚朴分布区的 7 个省（区、市）15 个产地，采种地名、地理位置、气候因子及采种种源分布见表 4-1。由表所列数据显示：采样种源来自 26°04′N~33°19′N，102°35′E~119°38′E，试验种源分布范围较为广阔，分布位置较为分散，但基本可以代表厚朴整个分布区的状况。种子完全成熟期采种，每点采集 15 年以上的壮龄母株，每点采集 12~15 株，球果处理后，将种子均匀混合，以从球果中得到的种子作为试验材料。

表 4-1　厚朴种源采种点自然概况

Tab.4-1　Natural conditions of *Houpoëa officinalis* from different populations

省（区、市）名	种源	经度（E）	纬度（N）	海拔/m	年均温/℃	年均日照/h	年降雨量/mm	无霜期/d
浙江	景宁	119°38′	27°58′	653	17.6	1774.4	1542.7	241
浙江	庆元	119°15′	27°45′	1266	17.4	2169	1760	245
浙江	遂昌	119°12′	28°21′	1038	16.8	1755	1510	251
福建	政和	119°10′	27°24′	851	17.5	2800	1600	320
福建	浦城	118°37′	28°03′	336	17.2	1893.5	1782.2	255
福建	武夷山	118°01′	27°47′	1123	17.7	1884	1881	273
广西	龙胜	110°04′	26°05′	1050	18.1	1408	1932	314
重庆	开县	106°17′	29°28′	635	13.5	1695	1153	237
陕西	西乡	107°25′	32°54′	610	14.4	1623.8	923.5	253
陕西	城固	107°26′	33°03′	1136	14.1	1657.2	857	245
陕西	宁强	106°17′	32°49′	776	12.9	1569.7	1121	247
陕西	洋县	107°30′	33°19′	1387	14.7	1543.8	935.3	201
陕西	略阳	106°19′	33°16′	1372	13.2	1522.3	860	203
甘肃	康县	105°41′	33°03′	740	12.6	1433.7	742	207
四川	宝兴	102°35′	30°34′	751	16.3	1125	1652	291

4.1.2.2　室内发芽试验

本试验仅对四川宝兴厚朴种子进行室内萌发试验，方法如下。

1. 光照与温度对种子萌发的影响

试验采用两因子完全随机区组设计。光照设置为两水平：有光和无光。温度设置有恒温与变温，恒温设 4 水平：20℃、25℃、30℃、35℃；变温有 20℃/25℃、20℃/30℃、20℃/35℃ 3 个水平，其中变温处理中低温均为 16h，高温 8h。在室温下，种子用蒸馏水浸泡 1h 后，将沉在水下层的成熟种子选出，随后用 0.1%的高锰酸钾溶液浸泡 10min，清水反复冲洗干净后再用蒸馏水浸泡 48h 后供试验用。

2. 土壤水分对种子萌发的影响

萌发所需的土壤采用河沙土样，含水量设 10%、15%、20%、25%及 30% 5 个水平，实验于 25℃、光照条件人工气候箱中进行萌发。每个培养皿各取干的基质 100g，按试验设置分别加入相应质量的水，每天称重以保持河沙含水量稳定。

3. 不同水温浸种对种子萌发的影响

处理所用的水温分别为40℃、60℃、80℃、90℃；将盛300ml蒸馏水的烧杯置于水浴锅内加热至所需温度后将已消毒种子放入烧杯中，保持相应的温度5min后，取出烧杯并立即倒掉热水，加入凉水使水温迅速下降至室温。试验于25℃、光照条件人工气候箱中进行萌发。

以上种子萌发（除土壤含水量处理外）均采用培养皿纸上置床法，即在普通培养皿上铺上两层定性滤纸，作为发芽床，之后将培养皿置于RTOP多段编程智能人工气候箱中进行萌发。每个培养皿随意放置40粒种子，每处理3次重复。每天9:00取出观测，以长出1mm为发芽，统计发芽种子的数目并加水，滤纸始终保持湿润而无明水。连续5d没有种子发芽即视为发芽结束。种子发芽指标按下面的公式计算：

发芽率=全部发芽种子粒数/供测定的种子粒数×100%

4.1.2.3 场圃发芽试验

场圃发芽率试验，用十字对角线法对15个种源厚朴种子分别抽取3×100粒种子，于2008年11月24日在浙江富阳市中亚苗圃（119°25′E，29°44′N），苗床宽1m，条状播种，条宽15cm，条间距20cm，采用随机区组设计，设3个区组，每区组15小区，黄土为覆盖土，厚度1cm，每天进行水分管理。从2009年3月20日开始，对出苗率进行调查，每隔10d调查1次出苗率，直到前后两次无变化为止。

4.1.3 环境因子对种子萌发的影响

本试验用的厚朴种子采自于四川宝兴县（30°34′N，102°35′E），种子从球果上分离后洗去外种皮并贮存在4℃备用。

4.1.3.1 光照和温度对种子萌发的总体影响

表4-2为温度和光照因子对种子萌发作用的方差分析结果。温度和光照对厚朴种子的发芽都有显著性影响。表明厚朴种子萌发过程是受温度和光照两种生态因子影响的。在不同温度梯度和光照条件下，种子的萌发情况有显著差异。但是温度和光照对种子发芽率的协同作用并不显著（F=0.9936，P>0.05）。进一步分析，从图4-1中可以看出，在光照下厚朴种子的平均发芽率为50.8%，在全黑暗下为43.2%，厚朴种子在光照和黑暗下的发芽率存在极显著差异（F=27.0707，P<0.01），由此说明光照对于厚朴种子的萌发是必要条件，种子对光有敏感性，属于光敏性种子，即适当的光照有利于种子的发芽。

表 4-2　两种生态因子的交互作用对厚朴种子发芽率差异显著性检验

Tab.4-2　Interaction influence of two ecological factors on seeds germination rate significantly difference test of *Houpoëa officinalis*

变异来源	平方和	自由度	均方	*F* 值	*P* 值
区组间	14.5833	2	7.2917	0.3238	0.7262
光照	609.5238	1	609.5238	27.0707	0.0001**
温度	6534.226	6	1089.038	48.3672	0.0001**
光照×温度	134.2262	6	22.3710	0.9936	0.4502

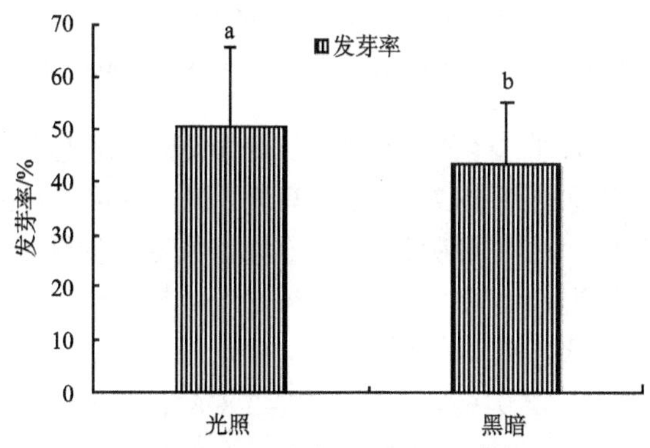

图 4-1　光照对种子萌发的影响

Fig.4-1　Influence of sunlight on seed germination

图 4-2 为不同温度下厚朴种子的发芽率，表明不同恒温及变温处理下，对种子的发芽率存在极显著差异（*F*=48.3672，*P*<0.01）。厚朴种子在 20~35℃范围内均能萌发，在恒温处理下，发芽率依次为 25℃>30℃>20℃>35℃，发芽率分别为 59.2%、54.6%、38.3%、28.3%。变温处理下，20℃/30℃发芽率最高，为 65%，其次是 20℃/25℃条件下的发芽率，为 48.3%，20℃/35℃变温处理下发芽率最低，为 35.4%。LSD 检验表明，种子的最适发芽温度为 20℃/30℃变温，恒温为 25℃和 30℃。

4.1.3.2　土壤含水量对种子萌发的影响

土壤含水量对厚朴种子的发芽率有显著影响（*F*=83.1190，*P*<0.01）。在土壤含水量为 10%~25%范围内，土壤含水量越高，种子发芽率越高，而土壤含水量在 20%~25%范围内对种子萌发没有太大影响，但是当土壤含水量超过 25%时，种子发芽率开始下降。图 4-3 显示，当土壤含水量为 10%时，种子发芽率为 30.8%。

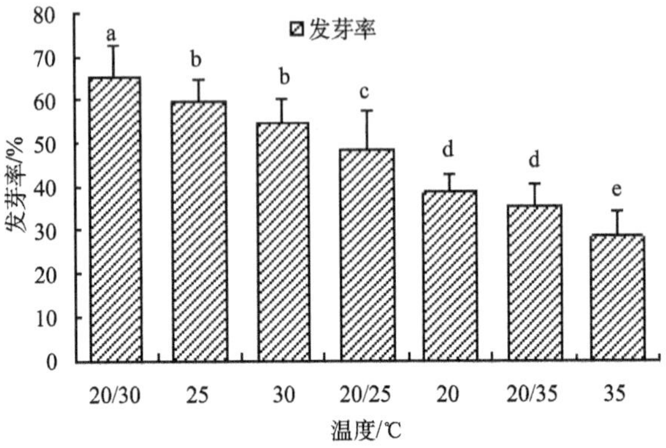

图 4-2　温度对种子萌发的影响

Fig.4-2　Influence of temperature on seed germination

土壤含水量上升到 20%时，种子发芽率增加到 50.8%，而土壤含水量上升到 25%以上时，种子发芽率增加到 66.7%，以后有所下降。这可能是由于含水过多，土壤透气条件受到影响，种子的呼吸作用受到抑制，发芽率受到影响。进一步的 LSD 检验表明，种子最适萌发土壤含水量为 20%~25%。相关与回归分析表明，发芽率（Y）与土壤含水量（X）的相关方程为

$$Y=-4.9167X^2+36.083X-3.8667，r=0.94^*$$

据此，可以按上述公式算得发芽率最大时土壤含水量，来为后期场圃发芽提供理论依据。

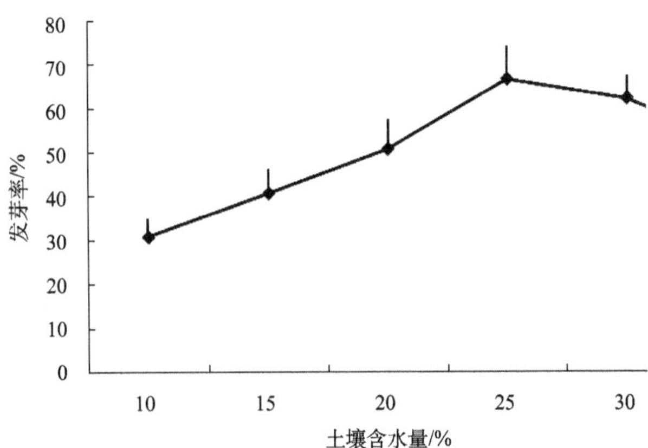

图 4-3　含水量对种子萌发的影响

Fig.4-3　Influence of water content on seed germination

4.1.3.3 不同水温浸种对种子萌发的影响

方差分析表明，采用不同的水温浸种，种子的发芽率存在极显著差异（F=400.2110，P<0.01）。热水浸泡种子可以增加种皮透水性，促进种子吸水膨胀，有效降低硬实率，从而提高种子的发芽率。室温水浸种发芽率为 61.3%。由图 4-4 可知，40℃和 60℃浸种，最终厚朴种子的发芽率分别为 63.5%、65.0%，LSD 分析表明，40℃、60℃浸种，对种子的发芽率没有显著差异。在 80℃和 90℃下浸种，种子最终发芽率分别为 26.7%、21.7%，浸种处理水温过高容易导致种子活力降低及种子内的蛋白质变性而影响种子发芽。80℃和 90℃处理虽能有效地降低硬实率，但是浸种后大部分种子丧失活力。所以这两个温度不适于作为种子浸种温度，会严重降低种子的发芽率。水温在 60℃下浸种，厚朴种子的发芽率最高，与对照相比存在显著差异，说明厚朴种子在该温度下浸种，有利于提高厚朴种子的发芽率。

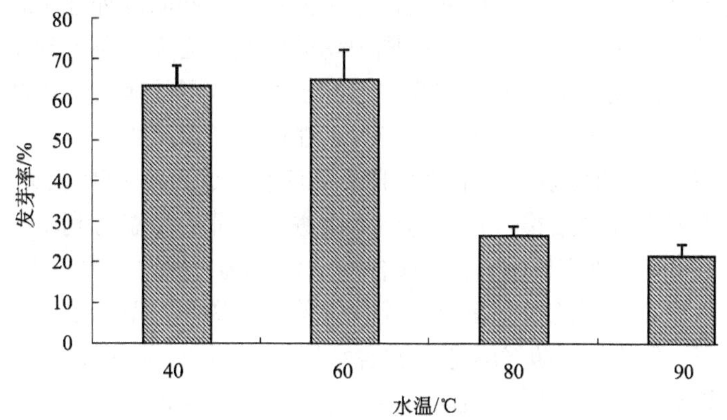

图 4-4 不同水温浸种对种子萌发的影响

Fig.4-4 Influence of different soaking-water-temperatures on seed germination

4.1.3.4 不同基质对种子萌发的影响

在上述 25℃光照处理下，分别以滤纸和河沙为发芽床，在含水量为 25%处理下进行比较，不同发芽床的种子萌发率不一样。在河沙中种子的发芽率为 66.7%，在滤纸上的发芽率为 63.3%。河沙作为发芽基质较滤纸萌发率高，这可能是由于厚朴种子个体较大（平均千粒重为 183.3g），大粒种子往往只有与滤纸接触的部分可以吸收到水分，从而影响种子的正常发芽，而在河沙中的种子为半覆盖，能够从各个面上吸收到水分，且河沙的空隙大，有利于种子的呼吸作用，所以在河沙中萌发的厚朴种子发芽率略高于滤纸上的。单因子方差分析表明，种子在河沙基质的发芽率高于在滤纸基质，差异达到显著水平（F=1536.36，P<0.01）。

4.1.4 结论与讨论

种子萌发是植物生活史的关键环节之一，种子对萌发条件的响应反映了其适应环境的生态对策（吴征镒，1995）。光照对于厚朴种子的萌发具有明显的促进作用。在连续光照和连续黑暗下，厚朴种子的发芽率存在显著差异，这与简永兴等（2001）指出光对菹草（*Potamogeton crispus*）萌发有促进作用，以及徐化成和唐季林（1989）提出的光对油松种子萌发有促进作用的结论一致。因此，厚朴林周边的林分采伐对于厚朴种子保护具有现实指导意义。作者在野外采种发现，土壤种子库中存在大量往年的种子未萌发，这可能是因为厚朴种子被大量的枯枝落叶或土壤覆盖，光照成为一种限制因子而使得种子的发芽率低，可能是厚朴濒危的原因之一，但有待于进一步的研究。

通过对厚朴种子的不同温度处理，结果显示，不同温度处理下，种子的萌发率存在显著差异。种子在 20~35℃范围内均能萌发，而在恒温处理下，25℃的发芽率最高，35℃的发芽率最低，即高温不利于厚朴种子的萌发，可能是种子在较高温度下产生了热休眠（宋勇等，2003）。在所有的温度处理下，发芽率最高的是变温 20℃/30℃，即变温有利于厚朴种子的萌发，这与毕辛华（1986）研究禾本科草种要求变温发芽的结果一致，这一结果进一步证明变温有利于破除种子休眠和提高种子发芽率。研究表明，在土壤含水量为 10%~30%时，厚朴种子均能萌发，但是不同含水量对种子的发芽率存在显著性差异，说明土壤含水量是影响种子萌发的限制因子，厚朴种子萌发最适宜的含水量为 20%~25%，在含水量为 10%时发芽率最低，这有可能成为厚朴濒危的另一原因。因为高山径流量大，土壤中水分蒸发量也大，常常使得土壤中的含水量达不到厚朴所需的含水量；此外厚朴为浅根型植物，主根不发达而侧根发达，根系主要集中于 0~40cm 的土层中，因此，生长所需的水分主要依靠降雨，降雨成为了厚朴生长的限制因子。

厚朴种子均有内外两层种皮，外层种皮较软而内层较硬。种皮革质，表面被蜡质，在一定程度上影响种子对水分的吸收，而且部分种子经长期浸泡，仍不能吸水膨胀而保持硬实状态。研究表明，温水浸种可以增大厚朴种皮透水性，促进种子吸水膨胀，提高种子发芽率。但是浸种水温过高会导致生活力降低，表现为种子只能吸水膨胀而不能萌发。本节试验以 60℃温水浸种，有效地改善了厚朴种皮透水性，并显著提高种子发芽率。在育苗中，这将有利于出苗率的提高。在种子发芽试验中，滤纸作为铺放基质，具有方便、污染少、成本低等优点。就比较试验而言，滤纸与河沙间对最终厚朴种子的发芽率有显著差异，用滤纸作为发芽床发芽率低于河沙，这是因为河沙不仅通气性好，而且有利于种子对水分的吸收。

4.2　不同等级种子生理特征

4.2.1　引言

种子作为植物长期进化的产物，是种子植物个体发育的一个重要阶段，是联系上下代植物体的纽带。从进化的观点讲，种子的生物学功能有繁殖、散布、利用种子度过不良外界环境条件三种（马绍宾和姜汉侨，1994）。在自然选择和进化的双重压力下，物种为延续后代，适应性地产生了不同大小的种子，种子大小的变异是植物在自然环境选择和遗传上的一种进化行为。种子大小在植物的生活史中是一个重要的选择焦点，在植物的诸多性状中是处于中心地位的重要性状（Harper et al.，1970；Stanton，1984；Westoby et al.，1992；Rees，1993）。种子的传播、扩散、种子库寿命、萌发，幼苗的存活、定居、形态建成、物种繁殖力，以及种群的分布格局皆与种子的大小有关（王俊杰等，2008）。

种子大小的变异受植物的生境条件和遗传因素的影响。一般认为种子大小在某一植物种内是相对稳定的。然而在自然界中，无论是种群间，还是在种群之内、植物个体间及个体内的种子大小变异是一普遍现象。近年来，针对种子大小对植物种的生态学特征和生物学特征的影响已经有了一些研究。我国学者在对植物种子大小变异研究方面展开了很多工作。例如，在植物生态学特征中，种子大小变异具有重要的进化生态学价值，并在植物的更新和恢复中具有重要影响（张世挺等，2003；付登高和段昌群，2004；武高林等，2006）；生物学特征中一般从种内或种间研究种子大小变异，并引申研究了种子大小变异与种子的品质、萌发、幼苗特征等各方面的相关性（刘恩海等，1995；柯文山等，2000）。在自然种群内，植物个体间及个体内种子大小变异是一普遍现象，且种群内种子大小变异主要来源于各个个体间。个体间种子大小变异既受遗传的控制，又受环境的影响（Janzen，1977；Pitelka et al.，1983；Thompson，1984）。在植物生长发育的早期阶段受种子大小的影响，主要表现在萌发率、幼苗出土深度、幼苗大小、幼苗竞争能力和相对生长速率（RGR）等几个方面。然而，在植物生长发育的后期阶段种子大小影响尚不明确（Grubb，1977；Weis，1982；Gross，1984；Stanon，1984；Marshall，1986；Reader and Best，1989）。

厚朴为木本植物，生长周期长，一般需要15~20 年以上方可采剥，皮剥即亡，在我国有着上千年的药用历史，是我国珍稀和名贵的药材和用材树种，市场需求量日益增大，长期以来，药材供不应求，而且野生资源破坏严重，大量的伪品不断涌现。自20 世纪60 年代以来对其野生资源的无序采伐，使资源量显著下降，资源供应呈现断层的现象，早在20 世纪80 年代，野生厚朴就被《中国珍稀濒危保护植物名录》列为三级保护植物，同时被《国家重点保护野生药材植物名录》列为二级保护植物。现在野生厚朴植株几乎绝迹，商品均为种植品。

因为目前厚朴的需求量大而资源匮乏，全国各地大量人工栽植厚朴，而目前厚朴的人工栽培主要还是依赖种子繁殖，并且厚朴种子的自然繁殖率低下（杨旭等，2012），所以需要大量的厚朴种子，要求有高质量的种子供给，什么是高质量的种子就是本研究的主题。本研究要确认优良种子的形态特征和生理特征，以及贮藏期内的内含物的变化。通过质量法对厚朴种子进行分级，研究不同等级大小种子物理特性；不同等级大小种子对种子萌发力的影响；不同大小级种子贮藏生理的变化特征；不同等级大小种子对幼苗生长的影响；以及厚朴种群间、种群内和个体内各部位种子形态特征。通过这些研究来对厚朴种子品种资源的筛选、良种的选育、完善厚朴生物学特征体系提供参考依据。

4.2.2 研究方法

4.2.2.1 供试材料来源

我国厚朴分布在东经 102°84′~119°72′，北纬 25°41′~33°75′，经度、纬度跨度分别为 17°和 10°。本试验材料来源于 5 个省份 8 个产地，各采集地地理位置、气候因子见表 4-3。

表 4-3 厚朴种源采种点自然概况

Tab.4-3 Natural conditions of *Houpoëa officinalis* from different populations

省名	种源	经度（E）	纬度（N）	海拔/m	年均温/℃	年均日照/h	年降雨量/mm	无霜期/d
浙江	富阳	119°95′	30°07′	301	17.8	1765	1454	225
浙江	遂昌	119°12′	28°21′	1038	16.8	1755	1510	251
江西	分宜	114°41′	27°49′	578	17.2	1624	1369.7	270
江西	浦城	118°12′	28°27′	650	17.9	1881.5	1661.6	266
湖南	衡山	112°27′	52°15′	1300	17.5	1500	1366	265
湖南	安化	111°28′	12°23′	839	16.2	1335.8	1706.1	275
湖北	五峰	110°20′	25°32′	935	13.1	1315	1393.8	255
四川	都江堰	103°26′	31°23′	900	12.2	1017	1548	269

4.2.2.2 试验方法

1. 厚朴种子的分级

分别从 8 个采集点运用八分法选取 200 粒种子，风干至恒重后，用电子天平称量每粒种子的质量。以每粒种子干重代表种子大小。用 SPSS18.0 for Windows 和 Microsoft Excel 2003 对所得有关数据进行处理。通过种子质量对种子进行分级划分（何亚平等，2010）。

2. 厚朴不同等级种子基本特性

种仁率：不同等级种子随机选取 10 粒，用电子天平称量所选 10 粒种子的质量记为 W_0。将所选每粒种子剥去木质内种皮，留下种子种仁，用电子天平称量种仁质量 W_1。

计算公式种仁率= W_1/W_0

吸水率：按不同等级随机称取几粒厚朴种子，分别放入盛有 25℃温水的 20ml 小烧杯中浸泡，搅拌至冷却，于 2h、4h、8h、12h、24h、36h、48h 后分别取出种子，在滤纸上吸干表面浮水后称重，记录。重复 3 次（李朝凤等，2007）。

吸水率（%）＝（浸种后质量–浸种前质量）/浸种前质量 ×100

含水量：根据《林木种子检验规程》（GB2772—1999），将称量好的各等级种子样品放入 105℃烘箱中烘 17h 后，取出在干燥器里冷却 30~45min 后称重，用前后质量差与样品鲜重的比值求得种子相对含水量。重复 3 次。含水量计算方法：

相对含水量（%）＝（样品鲜重–样品干重）×100/样品鲜重

3. 不同等级种子贮藏生理

本试验采用湿沙层积的方法对种子进行贮藏层积处理，容器为大型发芽盒，基质为河沙，始终保证基质处于湿润状态。将不同等级种子按 1∶3 的比例和湿润的河沙混合，湿度以手握成团、一松即散为宜，装入布袋放入大型发芽盒中，再用湿润河沙掩埋。2012 年的 12 月 1 日开始层积，层积前测定一次，以后每 20d 取一次样，共取 5 次。每次取样后，对种子进行以下指标的测定。

1）贮藏期内各等级种子营养物质的测定

（1）可溶性蛋白含量的测定

可溶性蛋白质含量的测定采用考马斯亮蓝法（李合生，2000），操作如下。

各等级种子去除木质化内种皮，称取种仁 0.5g。放入研钵中，用 5ml 蒸馏水研磨成匀浆，转移到离心管中，再用 5ml 蒸馏水洗涤研钵，一并转入离心管中，蒸馏水研磨成匀浆，转移到离心管中，然后在 10 000r/min 下离心 30min，取 0.1ml 上清液于试管中，加入 0.9ml 蒸馏水，放入具塞试管中，加入 5ml 考马斯亮蓝溶液，充分混合，放置 3min 后在 595nm 下比色，测定吸光度。试验设 3 次重复。通过标准曲线查得蛋白质含量。

结果计算：

样品蛋白质含量（mg/g 鲜重）=CV/aW

式中，C 为查标准曲线所得每管蛋白质含量（mg）；V 为提取液总体积（ml）；a 为测定所取提取液体积（ml）；W 为取样量（g）。

（2）可溶性糖含量的测定

可溶性糖含量的测定采用蒽酮比色法（王晶英等，2003）。各等级取去皮种子 0.3g，用研钵研磨后全部转入试管中，加蒸馏水约 10ml，沸水浴提取 30min，重复两次；提取液过滤至 25ml 容量瓶中，定容。吸取 0.5ml 提取液至试管中，加 1.5ml 蒸馏水，再依次添加 0.5ml 2%蒽酮乙酸乙酯试剂和 5ml 98%浓硫酸，充分振荡，立即放入沸水浴中保温 1min 后冷却，在 620nm 处测定 OD 值。试验设三次重复。在蔗糖标准曲线上查出对应的蔗糖含量，按以下公式计算样品中可溶性糖的含量。

$$可溶性糖含量（\%）=CV/（anW\times10^6）$$

式中，C 为标准曲线方程求得的糖量，单位 μg；a 为吸取样品液体积，单位 ml；V 为提取液量，单位 ml；n 为稀释倍数；W 为组织质量，单位 g。

（3）粗脂肪含量的测定

粗脂肪含量的测定采用索式抽提法（李合生，2000）。各等级种子取 0.5g 去皮种子，放于称重（W_1）的脱脂滤纸中（滤纸已事先烘干），严密包裹。包裹的样品 130℃烘干 2h，转移至干燥器中，冷却至室温称重（W_2）。将样品包内的种子研磨，放入索式提取器中，水温控制在 65℃，提取 12h 左右；取出样品包，待石油醚全部挥发后，130℃烘干 2h，取出样品置于干燥器内冷却，称重（W_3）。试验重复 3 次。

结果计算：

$$粗脂肪含量（\%）=（W_2-W_3）/（W_2-W_1）\times100$$

2）贮藏期内各等级种子几种酶的测定

（1）超氧化物歧化酶（SOD）活性的测定

超氧化物歧化酶（SOD）活性采用氮蓝四唑（NBT）光还原法（李合生，2000）。

a. 酶液的提取：各等级种子取 0.5g 剥去种皮的种子于预冷的研钵中，加入 10ml 预冷的 pH=7.8 磷酸缓冲液（分两次加入），用液氮（或冰浴）研磨提取，然后 4℃ 10 500r/min 离心 15min，取上清液为酶液，于 4℃下保存（在磨样过程中要求低温，避光）。试验设三次重复。

b. 显色反应：3ml 反应液为 0.05mol/L 磷酸缓冲液 1.5ml，750μmol/L NBT 溶液、130mmol/L 甲硫氨酸（Met）溶液、100μmol/L 乙二胺四乙酸二钠（EDTA-Na_2）液、20μmol/L 核黄素各 0.3ml，蒸馏水 0.25ml 和 0.05ml 酶提取液（两支对照管加缓冲液）。混匀后将一支对照管置暗处，其他各管于 4000lx 日光灯下反应 20min（要求各管受光情况一致，温度高时间缩短，温度低时间延长，温度要求为 25~35℃，培养箱光照设定 80%。反应结束后，以不照光的对照管作为空白，分别测定其他各管在560nm处的光吸收值，已知SOD活性以抑制NBT光还原的50%为一个酶活性单位表示，按下式计算SOD活性。

$$SOD总活性=（ACK-AE）\times V/（ACK\times 0.5\times W\times Vt）$$

式中，SOD总活性以每克鲜重酶单位表示；ACK，照光对照管的光吸收值；AE，样品管的光吸收值；V，样液总体积（ml）；Vt，测定时样品用量（ml）；W，样重（g）。

（2）过氧化物酶（POD）活性的测定

过氧化物酶活性测定采用愈创木酚法（李合生，2000）。各等级种子取0.3g去皮种子，加1ml pH6.0磷酸缓冲液研磨成匀浆，再用7ml缓冲液分次清洗残渣并转移至离心管中，在6000r/min下离心20min；上清液即为酶提取液。在3ml的反应体系中，加入0.3% H_2O_2 1ml，0.2%愈创木酚0.95ml，pH=7.0的PBS 1ml，最后加入0.05ml酶液启动反应，记录470nm处OD降低速度。将每分钟OD增加0.01定义为1个活力单位。对照组由PBS缓冲液代替酶液。以分光光度计470nm测定OD值，每隔1min记录一次吸光度，共5次，以每分钟内A_{470}变化0.01为1个酶活性单位（U）。试验设三次重复。

$$过氧化物酶（POD）活性=\Delta OD_{470}\times Vt/（Vs\cdot W\times 0.01t）$$

式中，ΔOD_{470}，反应时间内吸光度的变化；W，种子质量（g）；t，反应时间（min）；Vt，提取液总体积（ml）；Vs，测定时取用酶液体积（ml）。

（3）过氧化氢酶（CAT）活性的测定

过氧化氢酶（CAT）活性的测定采用紫外吸收法（王晶英等，2003）。各等级各取0.3g去皮种子，加1ml pH6.0磷酸缓冲液研磨成匀浆，再用7ml缓冲液分次清洗残渣并转移至离心管中，在6000r/min下离心20min；上清液即为酶提取液。在3ml的反应体系中，包括0.3% H_2O_2 1ml，H_2O 1.9ml，最后加入0.1ml酶液，启动反应，测定240nm波长处的OD降低速度。将每分钟OD减少0.01定义为1个活力单位。用pH7.0缓冲液调零，每隔20s读一次数，共4min，240s。

$$过氧化氢酶（CAT）活性=\Delta OD_{240}\cdot Vt/（Vs\cdot W\times 0.01t）$$

式中，Vt，酶提取液总体积；Vs，测定时用的酶液体积；W，样重。

4. 厚朴不同等级萌芽力

每个等级分别随机选取良好、形态完整的种子，种子消毒，在60℃水温下浸种10min后，播种到含水量为25%的以河沙为基质的培养皿中，放入20℃/30℃、光照和黑暗各12h的RZH-600A智能人工气候箱中培养。每天称重保证河沙基质的含水量。各等级均三个重复，每个重复50粒种子，种子发芽后每天记录种子发芽数，每隔5天统计累计发芽率。种子萌发以胚根突破种皮为标志（宗文杰和刘坤，2006；刘振恒和徐秀丽，2006；舒枭等，2010）。具体指标计算公式如下：

（a）发芽率（%）=正常发芽种子粒数/参试种子总粒数×100

（b）日平均发芽率（MDG）=G_S/G_d，式中，G_S为总发芽率；G_d为总发芽天数。

（c）发芽指数（G_i）=∑（G_t/D_t），式中，G_t为 t 天的发芽数；D_t为相应的发芽天数。

（d）发芽势（%）=日发芽种子数达到最高峰时正常发芽种子的粒数/参试种子总粒数×100

（e）峰值（PV）= G_{pt}/D_{pt},式中，G_{pt}为日发芽种子数达到最高峰时的发芽种子总数；D_{pt}为达到发芽高峰时的天数。

（f）发芽值（GV）=PV×MDG

4.2.3　结果与分析

4.2.3.1　种子分级

通过称量 8 个采集点随机筛选出种子的质量，得到厚朴种子质量的次数分布直方图，见图 4-5。通过厚朴种子质量的次数分布直方图，将种子大小变异的范围划分为 1（＜0.1g）、2（0.1~0.15g）、3（0.15~0.2g）、4（0.2~0.25g）、5（0.25 ~0.3g）、6（＞0.3g）共 6 个等级。通过 SPSS 分析各等级出现频率，见表 4-4。

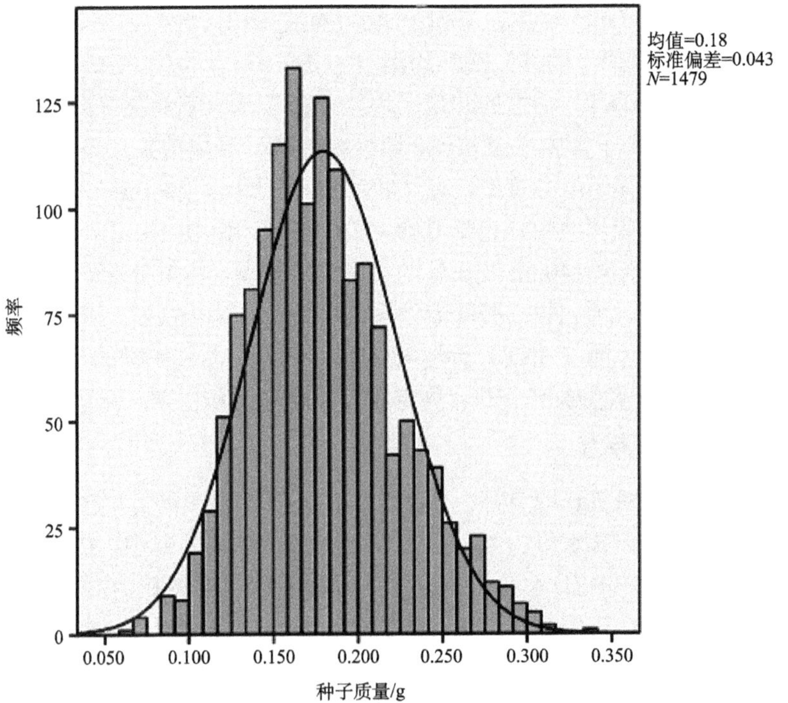

图 4-5　厚朴种子质量的次数分布直方图

Fig.4-5　Frequency distribution histogram of seed weights of *Houpoëa officinalis*

由表 4-4 可知，厚朴种子单粒重第 1 等级的只有 1.5%，第 6 级的不到 1%，第 5 级种子的占 6.7%，第 2 级和第 4 级种子分别占 23.7%和 22.5%，第 3 级种子所占比例最大，达到 45%。由此可以表明厚朴种子中较大的种子相对较少。由各等级所占比例可将 1、2 级种子划为小种子，3 级种子划为中种子，4、5、6 级种子划为大种子。

表 4-4　不同等级种子频度

Tab.4-4　Frequency of different grade seeds of *Houpoëa officinalis*

质量范围/g	频率	百分比/%	累积百分比/%
＜0.1	22	1.5	1.5
0.1~0.15	350	23.7	25.2
0.15~0.2	667	45.1	70.3
0.2~0.25	333	22.5	92.8
0.25~0.3	99	6.7	99.5
＞0.3	8	0.5	100.0
合计	1479	100.0	

4.2.3.2　不同等级种子基本特性

1. 不同等级种子的种仁率

不同等级种子种仁率详见表 4-5。由表 4-5 可知：厚朴大种子的种仁率远大于中种子种仁率，中种子种仁率大于小种子种仁率。

表 4-5　不同等级厚朴种子种仁率

Tab.4-5　Kernel rate of different grade seeds of *Houpoëa officinalis*

种子等级	种仁重/g	种子重/g	种仁率/%	平均值/%
	11.51	30.71	37.48	
小	12.63	30.93	40.83	40.14
	12.92	30.68	42.11	
	13.10	31.03	42.21	
中	13.90	34.80	39.94	41.22
	11.52	27.75	41.51	
	15.50	28.52	54.35	
大	12.59	31.51	39.96	44.47
	11.76	30.08	39.10	

2. 不同等级种子的吸水率

不同等级种子吸水率详见图 4-6。由图 4-6 可看出厚朴小种子的吸水率增长相对平缓，大种子的吸水率最大，且吸水速率也较中种子和小种子快。

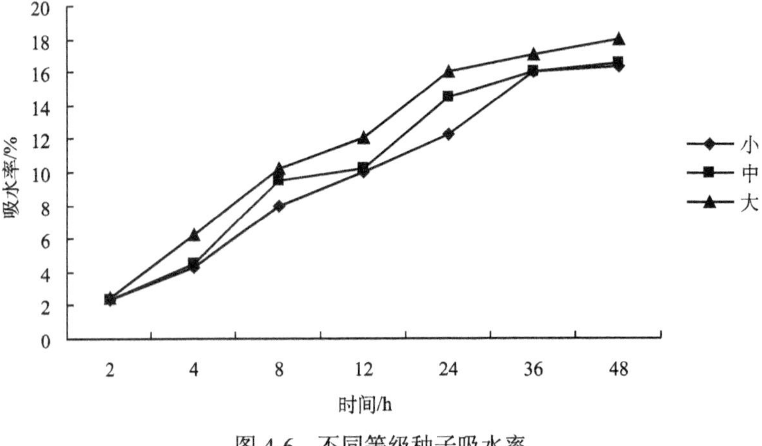

图 4-6　不同等级种子吸水率

Fig.4-6　Water absorption of different grade seeds of *Houpoëa officinalis*

3. 不同等级种子的含水量

由表 4-6 可知，在种子风干的状态下各等级种子的含水量差异不大。通过方差分析，种子大中小三个等级的含水量差异不显著。种子含水量影响种子的新陈代谢，含水量过高，种子内游离水高会增强细胞内的新陈代谢；含水量低时，种子内结合水多，种子内新陈代谢缓慢，因而含水率与种子的贮藏和运输安全有密切关系。

表 4-6　不同等级种子含水量

Tab.4-6　Water content of different grade seeds of *Houpoëa officinalis*

种子等级	种子干重/g	种子鲜重/g	种仁率/%	平均值/%
	26.43	30.47	10.34	
小	29.74	33.56	11.38	10.73
	29.53	32.98	10.46	
	26.42	29.45	10.27	
中	27.77	31.35	11.42	11.02
	28.56	32.23	11.38	
	26.92	30.17	10.76	
大	25.90	29.27	11.48	10.82
	28.33	31.56	10.23	

4.2.3.3　不同等级种子贮藏过程中生理变化

1. 贮藏期内各等级种子营养物质含量变化

1）可溶性蛋白质含量的变化

植物体内的可溶性蛋白质大多数是植物体代谢状况的一个重要指标。可溶性蛋白几乎参与各种代谢的酶类合成，其含量多少指示着细胞内代谢强弱。不同等级厚朴种子可溶性蛋白的含量变化如图 4-7 所示。从图中可看出，随着层积贮藏的时间延长，可溶性蛋白质的含量上升较快，从 40d 开始，可溶性蛋白的含量上升放缓，直到 60d 时达到峰值，后面呈缓慢下降的趋势。大种子的可溶性蛋白的含量比小中种子稍多。

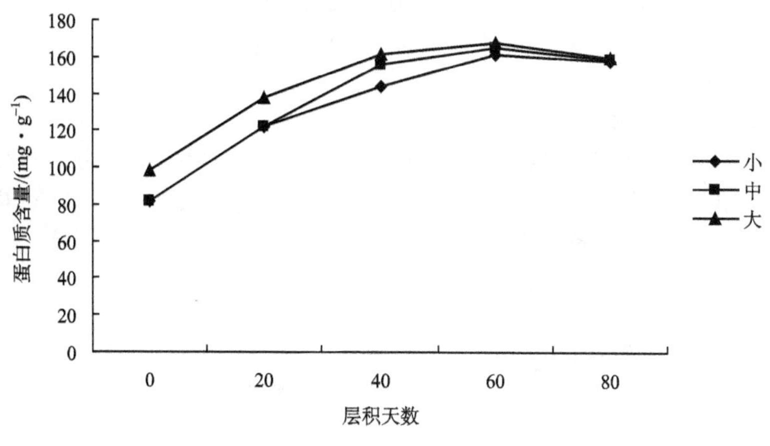

图 4-7　可溶性蛋白质含量的变化

Fig.4-7　Content variation of soluble protein contents of different grade seeds of *Houpoëa officinalis*

对不同等级厚朴种子中可溶性蛋白含量的方差分析，发现各时间点可溶性蛋白的含量差异极显著，经多重比较可知，层积 40d 和层积 80d 的蛋白质含量没有显著差异，但其他各层积时间的可溶性蛋白含量都有差异显著。各等级种子的可溶性蛋白含量差异不显著。

2）可溶性糖含量的变化

不同等级种子可溶性糖含量的变化结果如图 4-8 所示，不同等级种子随着层积时间的延长，可溶性糖含量迅速升高，到层积结束可溶性糖的含量是层积前的两倍。

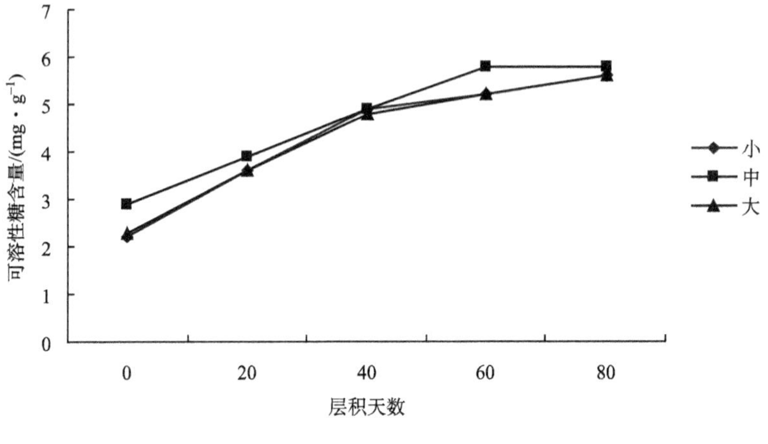

图 4-8　可溶性糖含量变化

Fig.4-8　Content variation of soluble sugar contents of different grade seeds of *Houpoëa officinalis*

3）粗脂肪含量的变化

不同等级种子在层积过程中粗脂肪含量的变化结果如图 4-9 所示，各等级种子在层积初期的粗脂肪含量都在 50%以上，是厚朴种子的主要贮藏物质，随着层积时间的延长，粗脂肪含量逐渐降低，且不同等级间种子的粗脂肪含量也差异不显著。

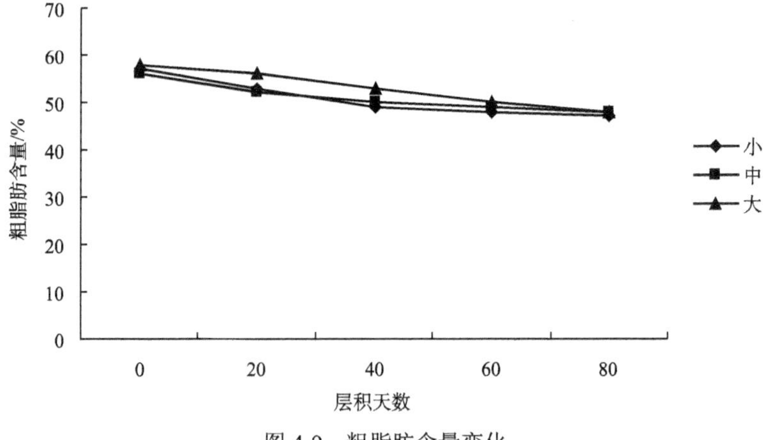

图 4-9　粗脂肪含量变化

Fig.4-9　Content variation of fat contents of different grade seeds of *Houpoëa officinalis*

2. 贮藏期内各等级种子酶活性变化

1）超氧物歧化酶（SOD）活性的变化

超氧化物歧化酶作为生物体内重要的抗氧化酶，是生物体内清除自由基的首要物质。它与 POD 和 CAT 协同作用，防御活性氧或其他过氧化物自由基对细胞膜系统的伤害，它的活性与种子体内的自由基含量有关。不同等级大小厚朴种子中 SOD 活性变化结果如图 4-10 所示。从图中可以看出，三个等级下的 SOD 活性呈现先下降后上升的变化趋势，层积前和层积开始时小种子内的 SOD 活性比中种子和大种子高。

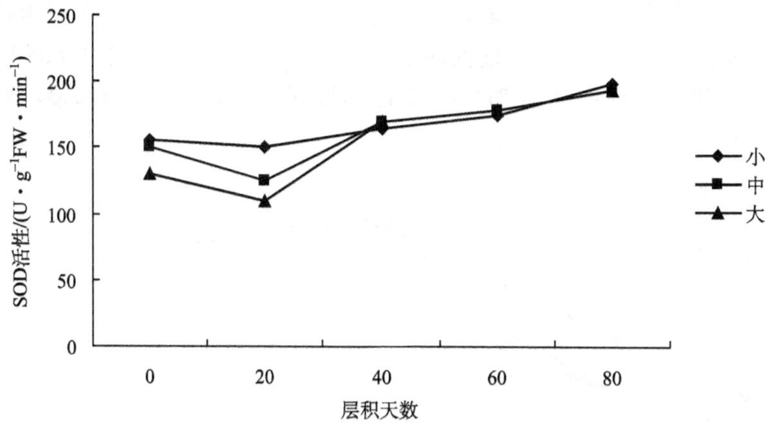

图 4-10　不同等级种子 SOD 活性变化

Fig.4-10　Content variation of superoxide dismutase（SOD）contents from different level seeds

2）过氧化物酶（POD）活性的变化

过氧化物酶是由植物体内所产生的一类氧化还原酶，它能催化很多反应。不同等级厚朴种子中 POD 活性的测定结果如图 4-11 所示。从图中可以看出，随着层积时间的延长，各等级厚朴种子中的 POD 活性呈先升高后降低的趋势。大种子的升高趋势更大，在整个层积过程中，大种子的 POD 活性也是显著大于中小种子的。

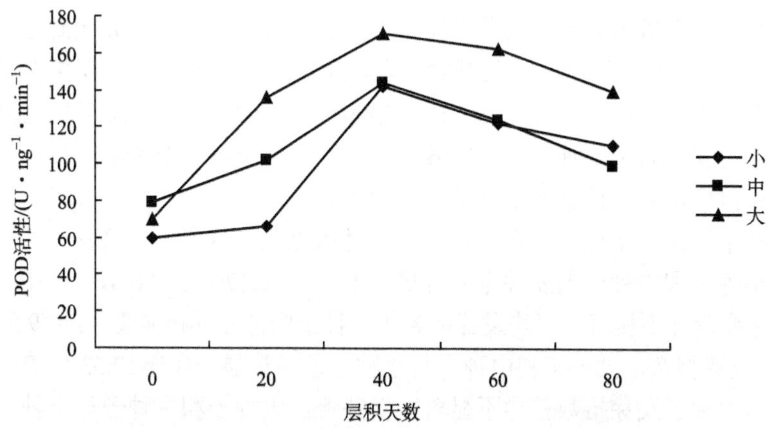

图 4-11　不同等级种子过氧化物酶（POD）活性的变化

Fig.4-11　Content variation of peroxidase（POD）activity of different grade seeds

3）过氧化氢酶（CAT）活性的变化

过氧化氢酶（CAT）是一种酶类清除剂，是植物体内重要的活性氧清除系统，是生物防御体系的关键酶之一。不同等级厚朴种子中过氧化氢酶活性的测定结果如图 4-12 所示，从该图中可以看出，随着层积时间的延长，CAT 活性呈现出先上升后下降的变化趋势，且在前期上升趋势非常明显，中小种子层积 40d 时达到最大值，酶活性可以达到层积前的两倍以上，大种子酶活性在层积 60d 时还有所升高；中小种子在 60d、80d 时，CAT 酶活性有所下降，但下降缓慢，最终也比层积初期高出很多。

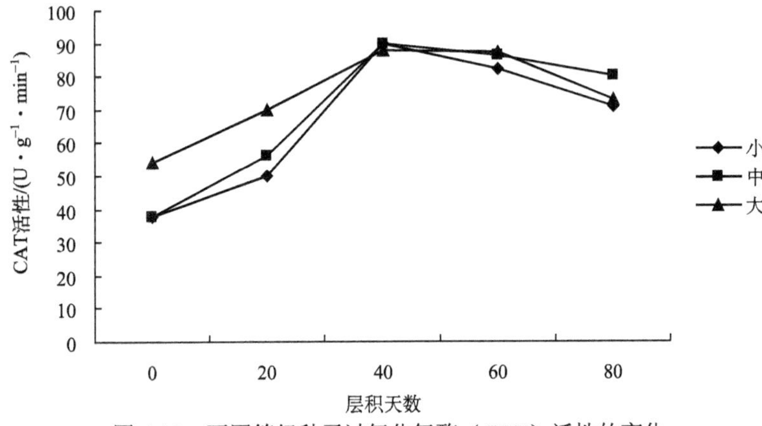

图 4-12　不同等级种子过氧化氢酶（CAT）活性的变化

Fig.4-12　Content variation of catalase（CAT）contents of different grade seeds

4.2.3.4　不同等级种子的萌发力

从开始发芽试验时起，大种子在第 14 天开始萌发，到第 18 天到达峰值，至第 23 天结束，中种子在第 16 天开始萌发，到第 19 天到达峰值，至第 24 天结束。小种子在第 17 天开始萌发，到第 21 天达到峰值，至第 27 天结束萌发。整体上看，大种子的萌发力高于中种子，萌发效果也比中小种子好。发芽率、日均发芽率等各个发芽指标均为大种子＞中种子＞小种子。

对种子发芽各指标进行多重比较，具体数据见表 4-7。从该表可以发现，大种子与小种子和中种子的发芽率差异极显著（F=18.176，P＜0.01），中种子与小种子发芽率差异不显著，日均发芽率各等级种子间都差异极显著（F=49.577，P＜0.01）；发芽指数，大种子和中种子与小种子差异极显著（F=13.537，P＜0.01），大种子和中种子发芽指数差异不显著；发芽势，大种子和中种子与小种子差异显著（F=19.500，P＜0.01），大种子和中种子发芽指数差异不显著；各等级间发芽值（F=53.214，P＜0.01）都差异极显著。

表 4-7　不同等级种子萌发率多重比较

Tab.4-7　Multiple comparisons of germination rate of different grade seeds of *Houpoëa officinalis*

等级	发芽率/%	日平均发芽率/%	发芽指数	发芽势/%	峰值	发芽值
大	66.7a	2.78a	1.81a	11.3a	0.31a	0.88a
中	58.0b	2.44b	1.65a	10a	0.26a	0.66b
小	53.3b	2.05c	1.35b	9.33b	0.17b	0.35c

注：同列不同小写字母表示 5%水平差异显著

Note: the different small letters in the same column stand for 5% significant

4.2.4　结论与讨论

4.2.4.1　厚朴种子分级

首次采用分级的方式对厚朴的种子进行研究。从 8 个厚朴种源地的厚朴种子质量的频度分析，可以看出厚朴种子可以划为稍偏左侧的偏态分布，说明从整体来讲厚朴种子小种子和中种子较多，大种子相对来说较少。

4.2.4.2　三个等级厚朴种子生理特性

种仁率的高低体现种子的营养物质的高低，厚朴作为单子叶植物，种仁几乎就贮藏了全部萌发所需要的营养物质，所以种仁率的高低对厚朴种子的萌发有着直接的影响，通过计算不同大小等级厚朴种子的种仁率，得到大种子种仁率＞中种子＞小种子；因为大种子的营养物质的含量比中小种子多，所以不同等级种子的吸水率为大种子＞中种子＞小种子；计算了不同等级大小种子的含水率，小种子为 10.73%，中种子为 11.02%，大种子为 10.82%。

4.2.4.3　三个等级种子贮藏过程中生理变化

在野外的自然条件下，厚朴种子的萌发率不高，除受外部环境条件的制约外，厚朴种子的种实特性及其内在因素影响厚朴种子的萌发。实际生产中，通过对厚朴种子的层积贮藏催芽来提高厚朴种子的萌发率。不同等级厚朴种子在层积贮藏过程中营养物质的含量和酶活性均有不同的变化，随着层积天数的增加，厚朴种子中主要的贮藏大分子物质脂肪、蛋白质和糖类物质在相关酶的作用下转化为简单的小分子可溶性化合物，为胚的生长提供营养和能量来源。所以厚朴种子中可溶性蛋白的含量均显著增加，并且大种子相对小种子增加得更多；粗脂肪的含量随着层积天数呈下降趋势，表明种子内的营养物质在为种子的萌发做着准备。

植物种子的活力与SOD、POD和CAT三种酶活性的高低成正相关。随着层积时间的延长，POD和CAT两种酶的活性均呈现先上升后下降的变化趋势，SOD酶在经过层积初期的短暂下降后有着明显的上升，在层积末期含量上升变慢，但都维持着高于层积初期的水平。说明在解除种子休眠的过程中，随着细胞活动增强，产生有害物质增多，保护酶的活性降低，细胞内自由基的产生和清除已处于不平衡状态，影响种子的萌发。其中大种子中POD、CAT和SOD酶活性基本上都要要高于中小种子，说明大种子在层积中依然占据着优势。

4.2.4.4　同等级种子的萌发力

种子大小是影响植株萌发的重要因素之一，并且对幼苗的出土、幼苗的大小、幼苗的存活定居能力、幼苗的竞争力和相对生长速率都有很大的影响。发芽率、日平均发芽率、发芽指数、发芽势、峰值和发芽值等发芽指标中，都存在显著差异，各发芽指标均为大种子＞中种子＞小种子，说明厚朴种子的萌发较为依赖种子中的营养物质，在厚朴的育苗工作中，选择较大的种子有利于厚朴种子的萌发。

参 考 文 献

毕辛华. 1986. 种子检验. 北京: 农业出版社: 54-106

付登高, 段昌群. 2004. 种子大小在森林更新过程中的生态学意义. 云南环境科学, 23(增刊1): 10-14

葛淑俊, 孟义江, 甄瑞, 等. 2006. 不同处理方法对柴胡种子萌发的影响. 农艺科学, 2(4): 178-180

何亚平, 王乐辉, 费世民, 等. 2010. 麻疯树单粒种子大小变异性研究. 四川林业科技, 31(1): 1-7

简永兴, 王建波, 何国庆, 等. 2001. 水深、基质、光和去苗对菹草石芽萌发的影响. 水生生物学报, 25(3): 224-225

柯文山, 钟章成, 席红安, 等. 2000. 四川大头茶地理种群种子大小变异及对萌发、幼苗特征的影响. 生态学报, 20(4): 697-701

赖江山, 李庆梅, 谢宗强. 2003. 濒危植物秦岭冷杉种子萌发特性的研究. 植物生态学报, 27(5): 661-666

李朝凤, 赵小社, 王玉萍, 等. 2007. 多花木蓝种子硬实与萌发特性研究. 种子科技, (5): 41-43

李合生. 2000. 植物生理生化试验原理和技术. 北京: 高等教育出版社

李晓君, 王芳, 李小瑾, 等. 2005. 不同处理对新疆紫草种子萌发的影响. 种子, 24(9): 16-18

李有志, 黄继山, 朱杰辉. 2007. 光照和温度对小叶章种子萌发及其幼苗生长的影响. 湖南农业大学学报, 33(2): 187-189

刘恩海, 陈志娟, 张增福, 等. 1995. 樟子松种子变异与种子品质关系的研究. 林业科学, 20(5): 6-8

刘振恒, 徐秀丽. 2006. 青藏高原东部常见禾本科植物种子大小变异及其与萌发的关系. 草业科学, 23(11): 53-57

马绍宾, 姜汉侨. 1994. 小檗科鬼臼亚科种子大小变异式样及其生物学意义. 西北植物学报,

19(4): 715-724
舒枭，杨志玲，段红平，等. 2010. 濒危植物厚朴种子萌发特性研究. 中国中药杂志，35(4): 419-423
宋勇，肖深根，何长征. 2003. 黄瓜种子萌发的逆温耐性诱导. 湖南农业大学学报：自然科学版，29(2): 127-128
王晶英，敖红，张杰，等. 2003. 植物生理生化试验技术及原理. 哈尔滨：东北林业大学出版社
王俊杰，魏晓兰，赵亚萍，等, 2008. 铅笔柏种子大小变异的初步研究. 甘肃林业科技, 4: 24-26
吴征镒. 1995. 中国植被. 北京：科学出版社
武高林，杜国祯，尚占环. 2006. 种子大小及其命运对植被更新贡献研究进展. 应用生态学报，17(10): 1969-1972
徐化成，唐季林. 1989. 油松种子发芽的生态学及其与种源的关系. 林业科学, 25(6): 493-501
杨旭，杨志玲，王杰，等. 2012. 濒危植物凹叶厚朴的花部综合特征和繁育系统. 生态学杂志，31(3): 551-556
张世挺，杜国祯，陈家宽. 2003. 种子大小变异的进化生态学研究现状与展望. 生态学报，23(2): 353-364
宗文杰，刘坤. 2006. 高寒草甸 51 种菊科植物种子大小变异及其对种子萌发的影响研究. 兰州大学学报, 42(5): 52-54
Gross KL. 1984. Effects of seed size and growth form on seedling establishment of six monocarpic perennials. J Ecol, 72(2): 369-387
Grubb PJ. 1977. The maintenance of species-richness in plant communities: the importance of there generation niche. Bio Rev, 52: 107-145
Harper JL, Lovell PH, Moore KG. 1970. The shapes and sizes of seeds. Annu Rev Ecol Syst, 1: 327-356
Janzen DH. 1977. Variation in seed size within a crop of a Costa Rican *Mucuna andreana*(Leguminosae) . Am J Bot, 64(3): 347-349
Marshall D. 1986. Effects of seed size on seedling success in three species of *Sesbania* (Fabaceae). Am J Bot, 73(4): 457-464
Pitelka LF, Thayer ME, Hansen SB. 1983. Variation in achene weight in *Aster acuminatus*. Can J Bot, 61(5): 1415-1420
Reader RJ, Best BJ. 1989. Variation in competition along an environmental gradient: *Hieracium floribundum* in an abandoned pasture. J Ecol, 77(3): 673-684
Rees M. 1993. Trade-offs among dispersal strategies in British plants. Nature, 366: 150-152
Stanton ML. 1984. Seed variation in wild radish: Effect of seed size on components of seedling and adult fitness. Ecology, 65: 1105-1112
Thompson JN. 1984. Variation among individual seed masses in *Lomatium grayi* (Umbelliferae) under controlled conditions: magnitude and partitioning of the variance. Ecol, 65(2): 626-631
Weis IM. 1982. The effects of propagule size on germination and seedling growth in *Mirabilis hirsuta*. Can J Bot, 60(6): 959-971
Westoby M, Jurado E, Leishman M. 1992. Comparative evolutionary ecology of seed sizes. Trends Ecol Evol, 7(11): 368-372

第五章 厚朴幼苗生长

5.1 幼苗性状特性

5.1.1 引言

厚朴在亚热带大范围的适生区内，不同种源的生长微环境条件有许多变化，不同种源的性状常常也随之发生连续的变异，这在第三章对厚朴不同种源种子性状研究中已印证。厚朴不同种源种子大小、质量表现以南—北地理变异为主，也是经纬度的改变伴随着环境条件改变的结果，由于经度的变化（主要反映在降水量），从东到西相对湿度逐渐减少，由于纬度的变化（主要反映在年均温等），从北到南热量因子逐渐增加，相对湿度逐渐增大所致，体现在厚朴种子性状上为产于分布区南部（如龙胜、武夷山等）的种子往往大于北部（如洋县、略阳等）的种子，这一结论与张萍等（2004）研究相一致。

许多专家研究证实，种子大小影响到种子的萌发、幼苗建植、植物的扩散能力、扩散模式及植物的繁殖分配等，种子大小会进一步影响到较大单位的植被分布、更新动态和多样性。对种子大小的研究，特别是种子大小对种子萌发影响的研究已经成为种子生态学界关注的热点（宗文杰等，2006）。本章以厚朴不同种源种子在同一环境条件下培育幼苗，研究不同种源种子场圃发芽率、幼苗叶片性状、根系性状及生理特征。

5.1.2 研究方法

5.1.2.1 场圃发芽试验

用十字对角线法对厚朴种子分别抽取 3×100 粒种子，于秋季在浙江富阳（119°25′E，29°44′N）进行研究播种试验，苗床宽 1m，条状播种，条宽 15cm，条间距 20cm，采用随机区组设计，设 3 个区组，每区组 15 小区，黄土为覆盖土，厚度 1cm，每天进行水分管理。从春季开始，对出苗率进行调查，每隔 10d 调查一次出苗率，直到前后两次无变化为止。

5.1.2.2 幼苗叶性状测定

1. 叶片特征值及叶面积的测定

幼苗停止生长时，以浙江富阳育苗地调查厚朴地径和高度的 15 株为对象，分别从上到下取第三片叶片，用直尺测量各叶柄长和叶脉对数，精确到 0.01cm，并用杭州托普仪器有限公司生产的 YMJ-A 型手持式活体叶面积测定仪测量叶片的长度、宽度，精确到 0.01cm；并测量每片叶的面积，精确到 0.01cm^2，同时计算叶形指数，每叶测量次数不少于两次，以读数差不超过 0.5cm 的两次读数平均值为该叶面积（徐德聪和吕芳德，2006）。

2. 叶片含水量的测定

每种源每区组取生长中等的三株平衡木上所有叶片进行叶鲜重和叶干重测量，用瑞士梅特勒-托利多仪器（上海）有限公司生产的 HG53 卤素快速水分测定仪测定，温度取 105℃，计算公式为（徐德聪和吕芳德，2006）

$$叶片含水量=（叶鲜重-叶干重）×100\%/叶鲜重$$

3. 比叶重测定

从苗木中部随机选取成熟叶片，每个种源分别在 3 株上采叶（有别于叶片含水量的测定株），用直径（d）=0.9cm 的打孔器在叶脉两侧打 50 个叶圆片，再用电子天平称重，计算公式为（徐德聪和吕芳德，2006）

$$比叶重=总叶鲜重/总叶面积$$

$$总叶面积=打孔器的面积×叶圆片数$$

5.1.2.3　根系性状的测定

苗木停止生长时，每种源挖取 6 株，洗净后用 STD4800、双光源专用扫描仪对各种源厚朴根系进行扫描，用根系图像分析软件 WinRHIZO Pro2005b（Regent Instruments Inc., 加拿大）进行数据分析。同时数出根系的侧根数。

5.1.2.4　生理生化指标

1. 叶绿素含量测定

从 6 月底开始对 15 个厚朴种源幼苗叶片进行叶绿素含量测定，每隔 1 个月测定一次，直到 11 月苗木停止生长为止。取各种源植株相同部位的成熟叶片洗净擦干后，准确称取 0.2g 鲜叶样品，剪成 1~2mm 细丝，无损耗地放入三角瓶中，加入 20ml 丙酮提取液（丙酮与无水乙醇等体积混合），用保鲜膜封口后在室温下（30℃左右）置于黑暗处提取过夜。次日待三角瓶中叶肉组织完全变白后，取浸提液 2ml 用丙酮提取液稀释一倍，以丙酮提取液为空白。在 646nm 和 663nm 波长下用 723N 型分光光度计测定吸光度，按丙酮法计算叶绿素含量。重复 3 次。丙酮法计算公式如下：

$$C_a=12.71A_{663}-2.69A_{646}$$

$$C_b=20.9A_{646}-4.68A_{663}$$

式中，C_a、C_b 分别为叶绿素 a、叶绿素 b 的浓度；A_{663}、A_{646} 分别表示叶绿素在波长 663nm 处的光密度和叶绿素在波长 646nm 处的光密度（徐德聪和吕芳德，2006；李利红等，2006）。

叶绿素含量（mg/g）=（色素浓度×浸提液体积×稀释倍数）/样品鲜重

叶绿素总量=叶绿素 a 含量+叶绿素 b 含量（可通过 SPAD-502 型叶绿素测定仪测定）

叶绿素（a/b）=叶绿素 a 含量/叶绿素 b 含量

2. 可溶性蛋白的测定

8 月对可溶性糖的提取：鲜样 0.5g 在 5ml 缓冲液研磨成匀浆。3000r/min 离心 10min，取上清液 1.0ml 加入试管中，再加入 5.0ml 考马斯亮蓝 G-250 溶液，充分混合，放置 2min 后在 595nm 下比色，并通过标准曲线查得蛋白质含量。

计算结果：

样品中蛋白质的含量=C×Vt/Vs×Wf×1000

式中，C、Vt、Wf、Vs 分别代表查标准曲线数值，提取液总体积，样品鲜重，测定时加样量。

5.1.2.5　数据分析

运用 SPSS 11.5 统计软件作不同种群凹叶厚朴果实和种子性状数据的单因素方差分析，以及厚朴果实和种子性状与环境因子的相关分析；利用 SAS 统计软件中 GLM 程序对不同厚朴种群果实性状数据进行非平衡式三水平巢式方差分析，数据采用三年测定的平均结果。

5.1.3　结果与分析

5.1.3.1　不同种源场圃发芽率差异

树木种子发芽率在林业生产中具有重要的价值，直接关系到种子调拨区域的确定及调拨数量。对来源于全国厚朴自然分布区 15 个种源的厚朴种子进行场圃发芽率试验。结果表明，来源于浙江景宁、福建武夷山及广西龙胜的种子出苗最快且持续的时间最短，即该三个种源的种子发芽势高。对 15 个种源的场圃发芽率方差分析表明，厚朴种子发芽率种源间差异极显著（F=639.34，P<0.01），种源间变幅为 26.6%~91.2%。15 个厚朴种源发芽率平均为 59.4%，发芽率大于平均值的有来源于景宁、武夷山、龙胜、城固、宁强、洋县及宝兴 7 个种源的种子（图 5-1），发芽率最高的是宁强（91.2%），发芽率最差的是开县（26.6%）。

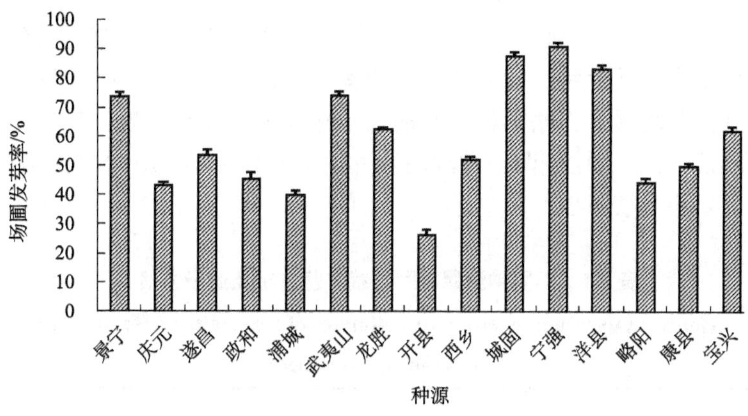

图 5-1　厚朴种子场圃发芽率

Fig.5-1　Nursery germination percentage of *Houpoëa officinalis* seeds

5.1.3.2　厚朴种源间叶性状的变异及主成分分析

叶片是植物进行光合作用、呼吸作用、蒸腾作用的器官，是自然界中初级生产者的能量转换器。叶片性状可以划分为两大类型，即结构型性状和功能型性状。其中结构型性状是指植物叶片的生物化学结构特征，在特定环境下保持相对稳定，主要包括叶寿命、比叶面积和叶氮含量等。叶功能型性状则体现了叶片的生长代谢指标，随时间和空间的变化程度相对较大，主要包括光合速率、呼吸速率、气孔导度等。叶片性状共同体现了植物为了获得最大化碳收获所采取的生存适应策略（张林和罗天祥，2004）。由此可见，叶片性状特征直接影响到植物的基本行为和功能。叶片性状受控于植物遗传特性，物种叶片性状常被认为是相对稳定的；此外，叶片性状受地理位置、生境条件和气候特性等综合环境影响而表现差异性（徐德聪和吕芳德，2006；Peng et al.，1991）。叶片性状常被作为品种间、种源间及家系间的重要生理性状特性而加以研究。

1. 厚朴叶性状变异及遗传力估算

厚朴原生境差异极大，叶片性状也存在显著变异。对种源间叶性状特征值进行方差分析结果表明（表 5-1），在相同情况下，不同种源厚朴幼苗叶片性状均存在极显著（$P<0.01$）或显著差异（$P<0.05$）。该变异与不同种源区间的地貌、土壤基质、水分和盐分等生态因子的差异有关。

不同种源厚朴幼苗叶片性状生长差异情况见表 5-2。不同种源间存在较大差异的叶片性状有叶柄长、叶片长、叶片宽、叶形指数、叶脉对数、单株叶片数、单叶叶面积、单株叶面积和比叶重，不同种源间上述指标的最大值与最小值分别相差 2.61 倍、1.91 倍、1.90 倍、1.43 倍、1.93 倍、1.42 倍、4.22 倍、3.30 倍和 1.38 倍。在叶性状中，龙胜种源叶片长、叶片宽、叶脉对数、单株叶片数、单叶叶面积及单株叶面积均最大；略阳种源叶柄长、叶片长、叶形指数、单叶叶面积及单株叶面积均最小。为了比较两个种源间叶片性状差异性，对 15 个种源进行 Duncan 多重比较，结果见表 5-2。

表 5-1　不同种源厚朴叶性状方差分析及遗传力估算

Tab.5-1　Variance analysis and heritability estimates of leaf traits of *Houpoëa officinalis* from different provenances

性状	变异来源	平方和	df	均方	F 值	P 值	种源间变异系数/%	遗传力
叶柄长	种源间	17.546 7	14	1.253 3	6.764	0.001**	23.94	0.85
叶片长	种源间	538.829 8	14	38.487 8	3.209	0.004 2**	14.16	0.69
叶片宽	种源间	119.752 4	14	8.553 7	6.11	0.000 1**	16.71	0.84
叶形指数	种源间	2.502 7	14	0.178 8	2.354	0.026 1*	9.68	0.58
叶脉对数	种源间	202.977 8	14	14.498 4	3.521	0.002 2**	18.29	0.72
叶片数	种源间	129.644 4	14	9.260 3	2.154	0.040 8*	12.94	0.54
单叶叶面积	种源间	138 558.516 8	14	9 897.036 9	7.36	0.000 1**	34.43	0.86
单株叶面积	种源间	19 580 922.93	14	1 398 637.352	6.156	0.000 1**	37.36	0.84
比叶重	种源间	1 507 567.18	14	107 683.37	3.021	0.006 2**	8.87	0.67

利用所测定的指标，计算叶柄长、叶片长、叶片宽、叶形指数、叶脉对数、单株叶片数、单叶叶面积、单株叶面积和比叶重等 9 个性状指标的平均值。由于平均值变化不同，为比较厚朴不同种源叶性状差异，重点揭示各性状的变异强弱，计算出各指标的变异系数（表 5-1）。

由表 5-1 可知，从各性状的种源间的表现来看，叶片各性状指标种源间的平均变异系数达 19.60%，变异系数最大的为单株叶面积（37.36%），最小的为比叶重（8.87%），各性状平均变异系数从大到小依次为单株叶面积＞单叶叶面积＞叶柄长＞叶脉对数＞叶片宽＞叶片长＞单株叶片数＞叶形指数＞比叶重。可以看出，种源间叶性状的主要变异来源于单株叶面积、单叶叶面积、叶柄长、叶脉对数、叶片宽等指标，叶片各性状指标平均变异系数相差较大（8.87%~37.36%），表明种源间叶各性状变异明显。同时可以看出，种源间与厚朴叶片大小相关的叶片性状（叶片长、叶片宽）变异较大，而与形状相关的性状（叶形指数）则较稳定。

表 5-2 不同种源厚朴叶片性状及多重比较

Tab.5-2 Leaf traits and theirs multiple comparisons of *Houpoëa officinalis* from different provenances

种源	叶柄长/cm	叶片长/cm	叶片宽/cm	叶形指数	叶脉对数/条	叶片数/片	单叶叶面积/cm^2	单株叶面积/cm^2	比叶重/（mg/dm^2）	叶尖形态
景宁	2.93±0.42bcd	27.50±3.56abc	10.23±0.95bcde	2.69±0.19a	12.67±0.58bc	15.33±1.53ab	176.78±39.23bcde	2123.15bcd	2127.11bc	Ⅱ
庆远	2.57±0.21bcd	25.33±2.58abc	10.17±1.50bcde	2.50±0.14ab	11.67±1.53bc	14.67±1.15abc	168.47±40.42bcde	1860.43bcdef	2088.11bc	Ⅱ
遂昌	3.23±0.50b	25.27±3.52abc	10.20±1.15bcde	2.47±0.12ab	13.33±1.15bc	12.67±2.52abc	158.97±38.26bcde	1542.59cdef	1897.99c	Ⅱ
政和	2.73±0.25bcd	24.60±2.77abc	9.20±1.35bcde	2.69±0.23a	9.33±2.08c	14.00±2.68abc	155.66±40.34bcde	1519.99cdef	2510.39a	Ⅱ
浦城	2.43±0.76bcd	24.20±2.55bc	9.47±0.72bcde	2.57±0.39ab	11.67±0.58bc	14.00±1.73abc	147.79±12.88bcde	1819.27bcdef	2284.83ab	Ⅱ
武夷山	3.20±0.50bc	29.70±2.95ab	11.00±0.56bc	2.70±0.28a	15.00±2.00ab	15.33±2.08ab	217.75±33.25b	2721.75ab	2324.94ab	Ⅱ
龙胜	3.20±0.26bc	31.13±6.51a	15.17±0.95a	2.06±0.45bc	18.00±2.00a	15.67±3.51a	331.29±49.38a	3219.53a	2084.04bc	Ⅲ
开县	2.87±0.32bcd	23.77±2.31bc	9.70±1.59bcde	2.47±0.16ab	10.67±3.79c	11.33±2.08bc	153.75±38.70bcde	1197.00ef	1889.15c	Ⅱ
西乡	2.37±0.42cde	22.17±3.02cde	8.00±1.15e	2.78±0.12a	10.67±3.06c	11.33±1.15bc	109.13±32.03ef	1117.87ef	2171.68abc	Ⅰ
城固	2.80±0.17bcd	26.93±1.19abc	11.43±0.40b	2.36±0.13abc	11.67±0.58bc	12.33±2.08abc	189.58±14.43bc	1992.33bcde	2102.05bc	Ⅰ
宁强	4.17±0.55a	28.77±5.17abc	10.27±0.21bcde	2.80±0.47a	12.67±1.53bc	15.67±1.15a	183.83±36.09bcd	2304.64bc	2273.33ab	Ⅰ
洋县	2.50±0.53bcd	26.40±2.86abc	10.50±2.00bcd	2.54±0.21ab	11.00±2.65c	15.67±2.08a	179.84±54.61bcde	2682.91ab	2356.17ab	Ⅰ
略阳	1.60±0.36e	16.30±0.87def	8.43±1.15de	1.96±0.26c	11.33±1.15bc	12.67±2.08abc	78.45±13.61f	975.25f	2043.81bc	Ⅰ
康县	2.30±0.26de	22.20±1.87cd	8.90±1.13cde	2.51±0.24ab	11.33±2.08bc	11.00±3.00c	116.10±20.19def	1016.00f	2084.84bc	Ⅰ
宝兴	1.60±0.44e	24.27±4.51bc	8.90±1.04cde	2.72±0.26a	9.33±1.53c	12.00±1.00abc	134.64±39.81cdef	1324.77def	1818.21c	Ⅱ

注：Ⅰ，树叶先端急尖或圆钝；Ⅱ,树叶先端微缺或钝圆、同一树上凹叶和不凹叶并存；Ⅲ,树叶先端凹缺呈两钝圆浅裂片，但幼苗先端并无明显凹缺，多钝圆或微缺。同列不同小写字母表示 5%水平差异显著。下同

Note: Ⅰ, tip acute sharp-pointed or round of leaf; Ⅱ,tip microdeletion or round of leaf, concave leaf and non-concave leaf together one tree; Ⅲ, tip concave, round, leaf blade 2-lobed,but tip no obvious dent, round or emarginate leaf. The different small letters in the same column stand for 5% significant. The same below

从图 5-2 可以看出，不同种源厚朴叶片先端存在三种类型，西乡、城固、宁强、洋县、略阳及康县属于第Ⅰ种类型，即树叶先端急尖或圆钝；景宁、庆元、遂昌、政和、浦城、武夷山、开县及宝兴属于第Ⅱ类，即树叶先端微缺或钝圆、同一树上凹叶、不凹叶并存；而第Ⅲ类仅有龙胜，即树叶先端凹缺呈两钝圆浅裂片，但幼苗先端并无明显凹缺，多钝圆或微缺。为了直观，从每种类型中选取一个种源的叶片，拍成照片，如图 5-2 所示。将叶先端的三种不同类型与地理纬度进行相关性分析发现，厚朴种源树叶性状以先端急尖到先端呈两钝圆裂片，存在渐变过程，各种源的树叶形状与原产地基本一致，遗传相对稳定。

图 5-2　政和、龙胜及略阳种源幼苗叶片形状

Fig.5-2　Seedling leaf shape of *Houpoëa officinalis* from Zhenghe, Longsheng and Lueyang provenances

遗传力是遗传育种中的一个重要参数。它不仅可以用来评估改良效果，而且是确定选择方式、制定林木改良计划的重要依据。种源间叶性状广义遗传力估算值见表 5-1，可知，厚朴各叶性状的遗传力有所不同，叶性状遗传力最高的是单叶叶面积（0.86），最低的是单株叶片数（0.54），叶性状遗传力从大到小依次为单叶叶面积＞叶柄长＞叶片宽＞单株叶面积＞叶脉对数＞叶片长＞比叶重＞叶形指数＞单株叶片数。从遗传力的数值可以看出，厚朴叶性状受中等和高等强度的遗传控制。进一步证明厚朴叶性状遗传稳定性。

2. 厚朴叶性状的遗传、表型及环境相关

由于选种目的性状间存在复杂的关系，对制定选种计划有重大影响。例如，性状间存在正向相关，通过一个性状的选择可同时改良其他性状，如确知两性状间存在负向连应，就应采取能把这种负效应减至最低程度的选择方法。表型性状相关的差异性主要表现在相关显著性的差异上，具体可由相关系数的大小反映出来。相关系数的大小主要受三方面因素的影响，即性状间的关联程度，种源间的差异及环境条件所造成的各性状表达的程度。为此，将所测 15 个厚朴种源的 9 个叶片性状数据，通过 DPS 和 SPSS 软件计算 Pearson 积矩相关系数，并对相关系数进行显著性检验。

1） 厚朴叶性状间遗传相关

遗传相关系数是研究数量性状相关变异的一个重要参数，在间接选择和指数选择等方面广泛应用。本研究结果（表 5-3）表明，叶形指数、比叶重与其他叶性状显著相关的性状组合数均较少，说明这两个性状并不具有潜在的遗传竞争优势，具有较强的独立遗传能力，稳定性相对较好。叶脉对数、单株叶片数、单叶叶面积及单株叶面积均与叶柄长、叶片长、叶宽呈极显著正相关（$P<0.01$），单株叶片数与单株叶面积、单叶叶面积及比叶重呈极显著正相关（$P<0.01$），并且叶片数与单株叶面积及比叶重相关系数达到 1，所以今后可以通过直观的单株叶片数来间接地研究单株叶面积及比叶重，叶脉对数与叶片数、单株叶面积及单叶叶面积呈极显著正相关（$P<0.01$），叶脉对数与叶形指数呈极显著负相关（$P<0.01$）。此外叶片长、叶宽、叶柄长这几个直观的叶性状指标相互之间呈极显著的正相关，而叶形指数这一反映叶片形状的性状指标与其他指标无显著相关。因此，选择叶长、叶宽、叶柄长这几个直观的叶性状指标有助于厚朴野生种质资源的形态分类和品种选育。

表 5-3 厚朴叶片性状间表型相关、遗传相关性分析

Tab.5-3 Phenotypic and genetic correlation analysis of leaf traits of *Houpoëa officinalis* seedlings from different provenances

性状	叶柄长	叶片长	叶片宽	叶形指数	叶脉对数	单株叶片数	单叶叶面积	单株叶面积	比叶重
叶柄长	1	0.87**	0.64**	0.15	0.69**	0.81**	0.67**	0.69**	0.45
叶片长	0.74**	1	0.86**	0.11	0.65**	1.00**	0.92**	0.97**	0.35
叶片宽	0.51*	0.77**	1	−0.42	0.95**	0.76**	0.99**	0.91**	0.04
叶形指数	0.26	0.26	−0.4	1	−0.66**	0.41	−0.28	−0.09	0.45
叶脉对数	0.54*	0.63**	0.84**	−0.37	1	0.92**	0.88**	0.82**	−0.03
单株叶片数	0.52*	0.67**	0.56*	0.06	0.52*	1	0.92**	1.00**	1.00**
叶面积	0.59*	0.88**	0.97**	−0.18	0.81**	0.64**	1	0.9418**	0.18
单株叶面积	0.57*	0.87**	0.84**	−0.04	0.73**	0.86**	0.89**	1	0.46
比叶重	0.29	0.25	0.03	0.31	0.0011	0.55*	0.15	0.39	1

注：下三角表型相关，上三角遗传相关

Note: phenotypic correlation(below diagonal), genetic correlation(above diagonal)

2）厚朴叶性状间表型相关

从 9 个性状间的表型相关系数（表 5-3）可以看出，表型性状相关的差异性与遗传力相比，显著相关的性状组合的数量基本一致而相关程度上差别较大。比叶重、叶形指数与其他叶性状显著相关的组合数较低，这与遗传相关具有一致的结论，在一定程度上反映了该性状在遗传控制上的独立性。叶脉对数、单株叶面积、单叶叶面积、单株叶片数均与叶柄长、叶片长、叶宽呈显著（$P<0.05$）或极显著（$P<0.01$）正相关。显著相关的还有单叶叶面积与叶脉对数及单株叶片数间，单株叶面积与单叶叶面积、叶脉对数及单株叶片数间。

3）厚朴叶性状间环境相关

从 9 个性状间的环境相关系数（表 5-4）可以看出，除叶片长与其他 8 个叶性状间的环境相关性较高外，其他 8 个性状间的环境相关性较低，可认为它们对环境的变化比较迟钝，立地条件的好坏对它们性状间的影响较小。叶片长与叶片宽、叶形指数、叶脉对数、单株叶面积及单叶叶面积间呈显著（$P<0.05$）或极显著（$P<0.01$）正相关，单叶叶面积与叶宽及叶脉对数呈显著（$P<0.05$）或极显著（$P<0.01$）相关，说明这些叶性状间对环境的变化敏感，立地条件的好坏会对其产生影响。

表 5-4　厚朴叶性状间环境相关性分析

Tab.5-4　Environment correlation analysis of leaf traits of *Houpoëa officinalis* seedlings

性状	叶柄长	叶片长	叶片宽	叶形指数	叶脉对数	叶片数	单叶叶面积	单株叶面积	比叶重
叶柄长	1	0.33	−0.195	0.62*	0.005	−0.11	0.08	−0.04	−0.25
叶片长		1	0.54*	0.53*	0.59*	−0.2	0.84**	0.58*	0.03
叶片宽			1	−0.4	0.5	0.19	0.86**	0.49	−0.01
叶形指数				1	0.14	−0.38	0.06	0.08	0.09
叶脉对数					1	−0.12	0.62*	0.44	0.07
叶片数						1	0.05	0.27	−0.19
单叶叶面积							1	0.59*	0.03
单株叶面积								1	0.19

4）叶性状的主成分分析

主成分分析是从多个存在一定相关关系的变量中选出几个新的综合变量，而新的综合变量又能反映原来多个变量所提供的主要信息，从而简化数据结构，寻找变量间的线性关系。由于主成分为综合变量，且相互独立，可较准确地反映各性状的综合表现，在科学研究中具有一定的理论和实际意义。由于厚朴的叶形态特征尤其是叶长、叶宽、叶柄长这几个直观的叶性状指标变异较为丰富，因此，本研究利用所获得的 9 个叶性状指标，应用主成分分析对厚朴叶性状进行评价。

（1）特征根

主成分的特征根和贡献率是选择主成分的依据。表 5-5 列出了厚朴的 9 个叶性状指标转化为 9 个主成分的详细信息。

由表 5-5 及图 5-3 可以看出，第 1 个主成分的特征根为 5.4036，方差贡献率为 60.04%，代表了全部性状信息的 60.04%，是最重要的主成分。第 2 个主成分

表 5-5 厚朴幼苗叶性状特征根

Tab.5-5 Characteristic root of leaf traits of *Houpoëa officinalis* seedlings from different provenances

主成分	特征根	方差贡献率/%	累计百分率/%
PRIN1	5.4036	60.0403	60.0403
PRIN2	1.8003	20.0034	80.0436
PRIN3	0.8861	9.846	89.8896
PRIN4	0.4256	4.7286	94.6183
PRIN5	0.2611	2.9006	97.5189
PRIN6	0.1738	1.931	99.4499
PRIN7	0.0382	0.4244	99.8742
PRIN8	0.0096	0.1062	99.9805
PRIN9	0.0018	0.0195	100.00

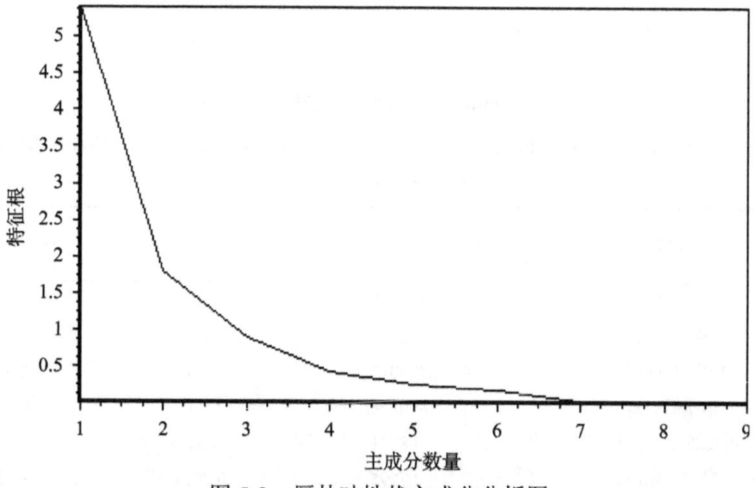

图 5-3 厚朴叶性状主成分分析图

Fig.5-3 Principal component analysis of leaf traits of *Houpoëa officinalis* seedlings from different provenances

的特征根为 1.8003，方差贡献率为 20.00%，第 3 个主成分的特征根为 0.8861，方差贡献率为9.846%。第4、5和6主成分的贡献率分别为 4.7286%、2.9%、1.931%，依次明显减少。前三个主成分的累积方差贡献率高达 89.89%，若以性状累积方差贡献率达到 85%以上确定主成分的个数为标准，则前三个主成分已经将厚朴叶性状指标的主要特征性状信息较充分地反映出来，因此选取前三个主成分作为厚朴聚类分析的综合指标。

（2）主成分函数

主成分是原变量的正规化线性组合，主成分中各性状载荷值的大小体现了各性状在主成分中的重要程度。表 5-6 列出了前三个主成分各性状相关矩阵的特征向量。根据表 5-6，以主成分为 y、x 为因子，可列出前三个主成分的函数表达式，分别为

y_1=0.7198x_1+0.9105x_2+0.9017x_3–0.0692x_4+0.8251x_5+0.7995x_6+0.9503x_7+0.9572x_8+0.3153x_9；

y_2=0.3025x_1+0.2006x_2–0.3879x_3+0.9707x_4–0.3928x_5+0.2951x_6–0.1905x_7+0.0635x_8+0.6917x_9；

y_3=0.3691x_1+0.296x_2+0.0121x_3+0.4242x_4+0.0319x_5–0.358x_6+0.0696x_7–0.1495x_8–0.5708x_9。

从中可以看出，在第 1 主成分中，按系数值的大小排列，单株叶面积、单叶叶面积、叶片长、叶片宽、叶脉对数、单株叶片数这 6 个性状具有较大的正系数值。而叶形指数性状具有负系数值。由于叶片长、叶片宽、单叶面积、单株叶面积及叶片数呈极显著的正相关，因此可以认为第 1 主成分主要反映了厚朴叶性状中的叶大小和单株叶片数。第 1 主成分值大，表明该种源叶较大和单株叶片数较多。

表 5-6　不同厚朴种源叶片性状的主成分分析

Tab.5-6　Principal component analysis of leaf traits of *Houpoëa officinalis* seedlings from different provenances

性状	主成分		
	1	2	3
叶柄长（x_1）	0.7198	0.3025	0.3691
叶片长（x_2）	0.9105	0.2006	0.296
叶片宽（x_3）	0.9017	–0.3879	0.0121
叶形指数（x_4）	–0.0692	0.8707	0.4242
叶脉对数（x_5）	0.8251	–0.3928	0.0319
叶片数（x_6）	0.7995	0.2951	–0.358
单叶叶面积（x_7）	0.9503	–0.1905	0.0696
单株叶面积（x_8）	0.9572	0.0635	–0.1495
比叶重（x_9）	0.3153	0.6917	–0.5708

在第 2 主成分中，正系数值较大的指标是叶形指数和比叶重，表明第 2 主成分反映的是厚朴叶性状中的形态性状和叶的质量。第 2 主成分的值大，表明该种源叶形指数和单位叶质量数值大，则说明该种源的叶形趋向狭长。负系数较大的指标是叶宽和叶脉对数，说明第 2 主成分大时，叶形趋向狭长且叶脉对数较少，与上述结论一致。在第 3 主成分中，系数较大的指标是比叶重，即第 3 主成分大时，叶片比叶重较小。

（3）主成分值分析

主成分的生物学内涵表明，上述三个主成分已较好地综合了厚朴叶性状中的 9 个主要性状特征，其代表性达到 89.89%。经过主成分分析，将 9 个性状转化为三个独立的指标，降低厚朴叶性状分析的难度，具有很强的直观性。同时，由于综合的信息量大，具有较强的代表性，增加了分析的可靠性和稳定性。

表 5-7 列出了厚朴主要叶性状的主成分值，从表中可以看出，第 1 主成分中最大值为 2.6134（广西龙胜种源），最小值是–1.6484（陕西略阳种源）。第 2 主成分值最大值 1.4651（四川宝兴种源），最小值–2.6446（陕西略阳种源）。第 3 主成分最大值 1.7194（四川宝兴种源），最小值–1.7124（福建政和种源）。

为验证利用各主成分值能否真正反映厚朴叶性状的差异，将第 1、2、3 主成分值的极值各种源叶片照片列成图 3.12，以便从直观上予以辨别。

表 5-7 中广西龙胜种源和陕西略阳种源分别具第 1 主成分值的最大和最小值。可以看出，龙胜种源的叶片长、宽及大小上明显大于略阳种源。

图 5-4A 中四川宝兴种源和陕西略阳种源分别具第 2 主成分值的最大和最小值。

可以看出，宝兴种源在叶长与略阳种源大体相当的情况下，叶宽明显小于略阳种源，亦即其叶形指数明显大于略阳种源。

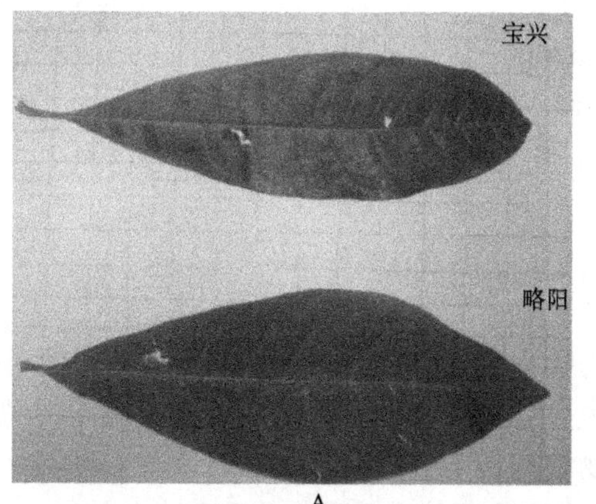

A

B

图 5-4　宝兴、略阳、政和种源厚朴叶片特征

Fig.5-4　Leaf trains of *Houpoëa officinalis* seedlings from Baoxing, Lueyang and Zhenghe provenances

图5-4B中四川宝兴种源和福建政和种源分别具有第3主成分值的最大值和最小值。可以看出，宝兴种源叶片的饱满度上明显小于政和种源，即在单位叶面积上，政和种源叶片生物量大，叶片内含有的物质多。

由此可见，第1、2、3主成分值反映出厚朴种源叶大小指标，但由于它还综合了其他指标，因此较单纯的叶宽、叶长等指标更为稳定，具简单直观和稳定的特点。

表5-7　不同种源厚朴幼苗叶性状的主成分值

Tab.5-7　Principal component values of leaf traits of *Houpoëa officinalis* seedlings from different provenances

主成分	PRIN1	PRIN2	PRIN3	PRIN4
景宁	0.5354	0.7033	−0.1683	−0.0205
庆远	0.2566	0.0748	−0.0566	−0.5337
遂昌	−0.2258	−0.2451	1.2703	1.4247
政和	−0.7754	0.5301	−1.7124	−0.0863
浦城	−0.2999	0.0085	−0.8499	−0.4175
武夷山	0.9647	0.4773	−0.8118	0.5103
龙胜	2.6134	−1.8016	0.3491	0.2208
开县	−0.5258	0.0502	1.518	0.6675
西乡	−1.1798	0.7261	0.2039	0.1412
城固	0.3871	−0.2867	0.5577	0.0314
宁强	0.0317	0.9051	−0.7776	2.1395
洋县	0.6371	0.2564	−1.4774	−1.2993
略阳	−1.6484	−2.6446	−0.3777	-0.8029
康县	−1.0583	−0.2189	0.6132	0.2096
宝兴	0.2876	1.4651	1.7194	−2.1847

5.1.3.3　厚朴种源间根系性状变异及主成分分析

根系是植物直接与土壤接触，植物吸收水分和营养物质的重要器官，直接影响着地上部分的生长及整个植株的生存和发育，而且根系的分支状况和构型对营养物质的吸收起着关键作用。植物根系构型的差异性是探讨植物在环境中的根系适应策略的关键。以往主要通过生物量评价根系吸收养分和水分的能力，即根系生物量越高，吸收的养分和水分越多。前人的研究（杨胜，1997；孙启中等，2007；李鹏等，2005；Gale and Grigal，1987）认为土壤养分和水分存在空间异质性，因此植物为了生长所需的养分和水分，根系形态及构型必须维持在一定水平。

1. 厚朴根系性状变异

为了研究不同种源厚朴根系性状的变异，对种源间各根系性状进行单因素方差分析，结果见表 5-8，种源间根尖数差异达到显著（P<0.05）水平，其他各根系性状种源间差异均达到极显著（P<0.01）水平。

利用所测定的指标，计算主根长、侧根数、根系总长、根平均直径、根表面积、根系体积、根尖数及比根长，共 8 个性状指标的平均值。由于各平均值的大小不一，变化不同，为比较厚朴各种源根系性状差异，重点揭示各性状的变异强弱，计算出各指标的变异系数（表 5-8）。由表 5-8 可知，从各性状种源间表现来看，根系各性状指标种源间平均变异系数达 32.49%，变异系数最大的为根系体积（54.61%），最小的为根平均直径（9.94%），各根系性状平均变异系数从大到小依次为根系体积>根表面积>根系总长>根尖数>比根长>主根长>侧根数>根平均直径。可以看出，种源间根系性状的主要变异来源于根系体积、根表面积及根系总长等指标，根系各性状指标平均变异系数相差较大（9.94%~54.61%），表明种源间根系各性状变异明显。

不同种源厚朴幼苗根系性状生长差异情况见表 5-9。不同种源间存在较大差异的根系性状有主根长、侧根数、根系总长、根表面积、根系体积、根尖数及比根长，不同种源间上述指标的最大值与最小值分别相差 2.13 倍、2.18 倍、4.70 倍、

表 5-8 厚朴根系性状方差分析及遗传力估算

Tab.5-8 Variance analysis and heritability estimates of root traits of *Houpoëa officinalis* seedlings from different provenances

性状	变异来源	平方和	自由度	均方	F 值	P 值	变异系数/%	遗传力
主根长	种源间	634.611 1	14	45.329 4	10.548	0.000 1**	27.87	0.91
侧根数	种源间	358.577 8	14	25.612 7	7.321	0.000 1**	21.99	0.86
根系总长	种源间	20 457 462.73	14	1 461 247.338	3.636	0.001 8**	41.22	0.72
根平均直径	种源间	0.165 5	14	0.011 8	2.925	0.007 6**	9.94	0.65
根系表面积	种源间	723 929.382 5	14	51 709.241 6	4.507	0.000 3**	44.72	0.78
根体积	种源间	2 184.805 2	14	156.057 5	7.101	0.000 1**	54.61	0.86
根尖数	种源间	674 186 322.6	14	48 156 165.9	2.452	0.021 1*	31.03	0.59
比根长	种源间	17.405 1	14	1.243 2	4.654	0.000 3**	28.5	0.79

表 5-9 不同种源厚朴根系性状值及多重比较

Tab.5-9 Root traits value and theirs multiple comparisons of *Houpoëa officinalis* seedlings from different provenances

种源	主根长/cm	侧根数	根系总长/m	根平均直径/mm	根表面积/cm^2	根体积/cm^3	根尖数	比根长/（$m\cdot g^{-1}$）
景宁	19.43ab	11.33def	14.73bcde	0.60abc	244.22bcd	12.35bc	13 265.67abc	1.54de
庆远	15.24c	15.32abc	13.95cde	0.56bc	200.46cd	9.81bc	13 781.67abc	2.02bcde
遂昌	10.00d	14.33abcd	20.92abcd	0.50c	284.83bcd	8.04bc	19 871.00a	2.83ab
政和	15.40c	13.00bcde	9.87de	0.71a	189.43cd	12.66bc	8 731.33bc	1.76cde
浦城	18.57abc	13.33abcd	16.44bcde	0.70a	331.36bcd	16.02b	15 711.67ab	1.76cde
武夷山	20.20a	15.00abc	16.00bcde	0.60abc	262.48bcd	11.59bc	14 545abc	1.48de
龙胜	17.77abc	15.67abc	23.22abc	0.71a	445.70ab	26.43a	12 342.33abc	2.27bcde
开县	10.07d	13.33abcd	11.23cde	0.59abc	183.14cd	6.95bc	8 027.67bc	2.65bc
西乡	14.77c	9.66efg	15.02bcde	0.64ab	252.46bcd	9.68bc	12 373.68abc	2.84ab
城固	10.37d	16.67a	21.57abcd	0.65ab	389.46bc	15.12bc	11 959.65abc	2.45bcd
宁强	16.10bc	16.34ab	32.65a	0.70a	621.19a	42.00a	17 693.67a	2.46bcd
洋县	10.77d	16.67a	14.91bcde	0.59abc	248.79bcd	11.72bc	12 498.63abc	1.45e
略阳	10.10d	8.33fg	6.94e	0.69a	130.64d	6.07c	6 603.34c	1.81cde
康县	9.47d	7.66g	9.62de	0.66ab	179.09d	6.47c	7 713.67bc	2.91ab
宝兴	10.97d	12.67cde	26.91ab	0.6abc	440.79ab	13.29bc	18 586.65a	3.66a

4.75 倍、6.92 倍、3.01 倍和 2.52 倍。在根系性状中，宁强种源根系总长、根表面积、根系体积均最大；略阳种源根系总长、根表面积、根系体积及根尖数均最小。细根单位质量的根长（比根长）决定根系吸收养分和水分的能力，在反映根系生理生态功能方面可能比生物量更有意义，研究发现，宝兴种源具有最大比根长（3.66m/g），洋县最小（1.45m/g），说明宝兴种源根系有很好的吸收水分和养分功能。为了比较两个种源间根系性状差异性，对 15 个种源进行 Duncan 多重比较，结果见表 5-9。

遗传力是研究性状遗传变异的重要参数之一，从表 5-8 各根系指标的广义遗传力估算结果来看，遗传力最高的为主根长（0.91），最小的是根尖数（0.59），其中主根长、侧根数、根系总长、根表面积、根系体积、比根长等受高等强度遗传控制，根平均直径和根尖数受中等强度遗传控制。厚朴各根系性状遗传力为 0.59~0.91。

2. 厚朴种源根系不同径级形态参数

由于植物地下部根系的粗细对于植物水分及养分的吸收有着重要的影响，如粗根对于固土和水分的吸收起到主要作用，而细根主要是在吸收土壤中的养分时起到主导作用。细根表面积及根长越大，吸收养分的能力也就越强。根系体积越大，即库越大，贮存的有机物质也就越多。根据根系划分的标准，将根系分为 4 个径级，d_1 和 d_2 定为细根直径，d_3 为中根直径，d_4 为粗根直径，结果见表 5-10，由表可知以下内容。

1）根系总长

不同厚朴种源间各径级的根系总长均存在显著或极显著差异。在细根直径中，宁强种源的根系总长最长，表现出较好的吸收能力，略阳根系总长最短。在中根直径中，宁强种源根系总长最长，康县最短。粗根直径中，宁强种源根系最长，遂昌最短。可见，宁强种源的幼苗根系能很好地吸收水分养分。由上述通过种源区划的结果，排除开县与西乡两个种源后，进行东南种源区与西北种源区根系各径级的总长比较，结果见图 5-5，由图 5-5 可知，随着径级的增加，东南种源区和西北种源区根系总长具有不同程度的下降，且东南种源区厚朴平均根系总长在每个径级都小于西北种源区根系总长，表明西北种源区幼苗根系更利于水分及养分的吸收和固土作用。

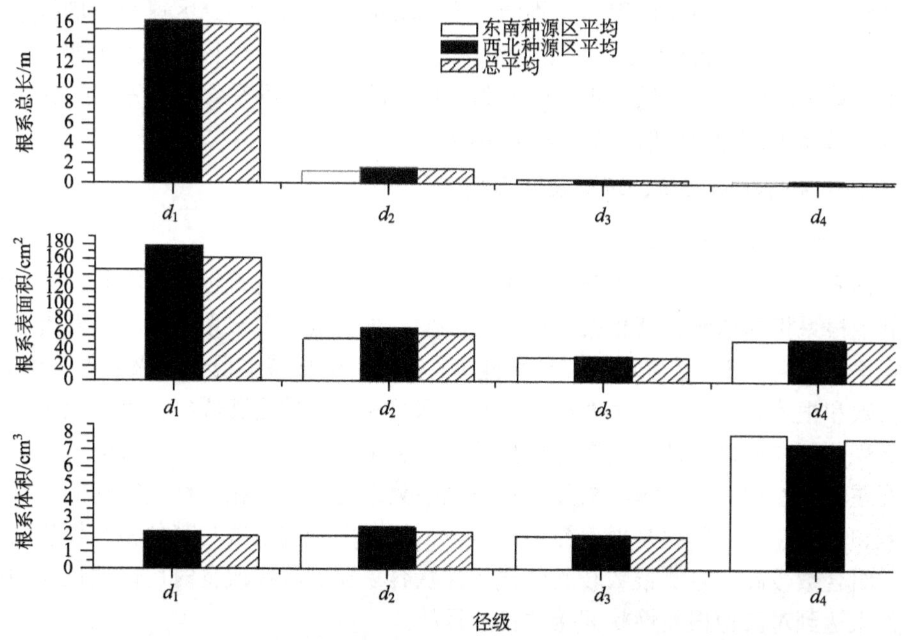

图 5-5 不同种源厚朴各径级根系总长、表面积及根系体积

Fig.5-5 Root lengths, root surface areas and root volumes of *Houpoëa officinalis* from different provenances

2）根系表面积

不同厚朴种源间各径级的根系表面积均存在显著或极显著差异。在细根直径中，宁强种源的根系表面积最大，略阳根系最小。在中根直径中，宁强种源根系表面积最大，康县最小。粗根直径中，宁强种源根系表面积最大，遂昌最小。可见，这一结果与根系在各个径级根系总长一致。东南种源区与西北种源区根系各径级的表面积比较，结果见图 5-5，由图可知，随着径级的增加，东南种源区和西北种源区根系表面积具有不同程度的下降，但是在径级＞3mm 时，又有不同程度的增加，且东南种源区厚朴的平均根系表面积在每个径级都小于西北种源区根系表面积，进一步验证了西北种源区幼苗根系更有利于水分及养分的吸收和固土作用。

3）根系体积

不同厚朴种源间各径级的根系体积均存在显著或极显著差异。在细根直径、中根直径及粗根直径中，根系体积的最大和最小种源与根系总长及根系表面积具有相同的结论，这可能是由于根系总长、根系表面积及根系体积存在显著相关，但是最终的原因还需要通过三者相关性分析才能下结论。东南种源区与西北种源区根系各径级的体积比较，结果见图 5-5，由图可知，随着径级的增加，东南种源区和西北种源区根系体积具有不同程度的增加，且东南种源区厚朴平均根系体积在 d_1、d_2 及 d_3 径级都小于西北种源区根系体积，而在 d_4 径级则大于西北种源区根系体积。原因需要进一步研究。为了比较两种源间各径级各根系参数大小，进行了 Duncan 多重比较，结果见表 5-10。

3. 厚朴根系性状间遗传、表型及环境相关

1）根系性状间遗传相关

根系性状间的遗传相关分析结果见表 5-11，根系平均直径和比根长两项指标与其他根系指标达到显著相关的组合数较少，表明这两项根系指标不具有潜在遗传竞争的优势，具有较强的独立遗传能力，其中比根长与主根长呈极显著负相关。侧根数和根系总长均与根表面积、根系体积及根尖数呈显著或极显著正相关。根表面积分别与根体积及根尖数呈极显著和显著正相关。显著遗传相关的性状组合主要在根表面积、根体积、根系总长及侧根数之间。遗传相关性最密切的是根表面积和根系总长，其次是根表面积与根体积间。由于侧根数与其他根系性状遗传相关组合数较高，且侧根数较其他根系性状容易控制，在改良时可以通过控制侧根数来达到对其他根系性状间接改良的目的。

2）根系性状表型相关

根系性状间的表型相关分析结果见表 5-11，根系平均直径和比根长两项指标与其他根系指标达到显著相关的组合数较少，这一结论与遗传相关结果一致。侧根数与根系总长、根系表面积及根体积呈显著正相关，根系总长与根系表面积、

表 5-10　不同种源厚朴根系不同根级形态参数及多重比较

Tab.5-10　Root morphological parameters and theirs multiple comparisons of *Houpoëa officinalis* from different provenances

种源	根系总长/m				根系表面积/cm^2				根系体积/cm^3			
	d_1	d_2	d_3	d_4	d_1	d_2	d_3	d_4	d_1	d_2	d_3	d_4
景宁	12.98bcde	0.89bc	0.39bcd	0.46bcd	109.15cdef	39.14bc	30.65bcd	65.28bcd	1.13de	1.42bcd	1.93bc	7.87bc
庆远	12.68bcde	0.75c	0.29bcd	0.23cde	108.59cdef	32.49c	22.25bcd	37.13cde	1.14de	1.17cd	1.37bc	6.13bc
遂昌	19.05abcd	1.41bc	0.31bcd	0.15e	181.75bcdef	59.55bc	23.32bcd	20.21e	2.03bcde	2.08bcd	1.43bc	2.50c
政和	8.43de	0.68c	0.36bcd	0.39bcde	69.97ef	30.67c	27.41bcd	61.39bcde	0.72e	1.14cd	1.68bc	9.12b
浦城	13.73bcde	1.53bc	0.63ab	0.55ab	139.3cdef	68.41bc	47.75ab	75.91bc	1.66cde	2.54bcd	2.94ab	8.89b
武夷山	20.17abc	1.60bc	0.34bcd	0.21de	192.43abcde	67.74bc	25.77bcd	28.56de	2.14bcde	2.38bcd	1.58bc	3.35bc
龙胜	20.15abc	1.99b	0.57abc	0.52abc	226.15abc	86.77b	42.50abc	90.27ab	2.82abc	3.15b	2.57abc	17.89a
开县	9.80cde	0.93bc	0.30bcd	0.19de	94.02def	39.78bc	23.47bcd	25.87de	1.10de	1.40bcd	1.46bc	2.99bc
西乡	13.25bcde	1.01bc	0.41bcd	0.34bcde	134.58cdef	43.46bc	31.55bcd	42.87cde	1.52cde	1.54bcd	1.94bc	4.67bc
城固	18.64abcd	2.00b	0.50abcd	0.44bcde	205.18abcd	86.28b	37.44abcd	60.57bcde	2.52abcd	3.09b	2.27abc	7.23bc
宁强	27.9a	3.19a	0.81a	0.75a	307.11a	137.65a	60.84a	115.59a	3.82a	4.92a	3.71a	19.46a
洋县	13.16bcde	1.00bc	0.35bcd	0.40bcde	121.66cdef	42.77bc	26.84bcd	57.52bcde	1.35cde	1.53bcd	1.64bc	7.19bc
略阳	5.87e	0.65c	0.24cd	0.18de	57.78f	28.46c	18.53cd	25.87de	0.68e	1.03d	1.17c	3.20bc
康县	8.32de	0.91bc	0.20d	0.20de	100.49def	37.12bc	15.09d	26.39de	1.32de	1.25cd	0.94c	2.96bc
宝兴	24.04ab	2.00b	0.49abcd	0.37bcde	272.99ab	84.81b	37.12abcd	45.88cde	3.35ab	2.97bc	2.27abc	4.69bc
F	3.383	4.028	2.402	3.439	4.012	3.996	2.358	4.431	4.475	3.936	2.309	7.739
P	0.0029^{**}	0.0008^{**}	0.0235^{*}	0.0026^{**}	0.0009^{**}	0.0009^{**}	0.0259^{*}	0.0004^{**}	0.0004^{**}	0.001^{**}	0.0289^{*}	0.0001^{**}

注：d_1、d_2、d_3、d_4 分别代表根级 $0.0<d_1\leqslant1.0$mm、1.00mm $<d_2\leqslant2.0$mm、2.00mm $<d_3\leqslant3.0$mm 和 $d_4>3.0$mm

Note: d_1,d_2,d_3,d_4 respectively stand for root rhizome $0.0<d_1\leqslant1.0$mm,1.00mm $<d_2\leqslant2.0$mm,2.00mm $<d_3\leqslant3.0$mm 和 $d_4>3.0$mm

表 5-11　厚朴根系性状间表型及遗传相关

Tab.5-11　Phenotypic and genetic correlation of root traits of *Houpoëa officinalis* seedling from different provenances

性状	主根长	侧根数	根系总长	根系平均直径	根系表面积	根系体积	根尖数	比根长
主根长	1	0.205	0.1419	0.3289	0.2227	0.4963	0.2545	−0.6819**
侧根数	0.2141	1	0.6173*	−0.1556	0.5639*	0.6004*	0.523*	−0.2926
根系总长	0.1571	0.5799*	1	0.1535	0.9677**	0.7988**	0.7994**	0.4093
根系平均直径	0.2613	−0.1619	0.0164	1	0.4007	0.6207*	−0.4615	−0.0409
根系表面积	0.2315	0.542*	0.9652**	0.2647	1	0.9006**	0.6122*	0.316
根系体积	0.4607	0.5502*	0.778**	0.5134*	0.8892**	1	0.3349	−0.0432
根尖数	0.2507	0.4867	0.7805**	−0.3917	0.6461**	0.4004	1	0.2215
比根长	−0.5266*	−0.2105	0.3988	−0.1705	0.3111	−0.0244	0.2545	1

注：上三角为遗传相关系数，下三角表型相关系数

Note:the genetic correlation (above diagonal), the phenotypic correlation (below diagonal)

根体积及根尖数呈现极显著正相关，根系表面积与根尖数及根系体积呈显著正相关。总体上，表型显著性状的组合主要在侧根数、根系总长、根系表面积、根系体积之间。根系表型相关与遗传相关在性状组合及程度上基本是一致的。今后通过对厚朴侧根数的调查就可以间接评估其他根系性状。

3）根系性状间环境相关

根系性状间环境相关结果见表 5-12，比根长与根平均直径呈显著负相关，根尖数与根体积呈极显著正相关，即此性状间对环境的变化敏感，立地条件的优劣对此性状间的影响很大，根系总长与根表面积、根体积及根尖数呈极显著正相关，根表面积与根尖数及根体积呈极显著正相关，这与遗传相关有相同结论，说明变异的遗传来源于环境，通过不同的生理机制来影响根系性状。

表 5-12　厚朴根系性状间环境相关

Tab.5-12　Environmental correlation of root traits of *Houpoëa officinalis* seedling from different provenances

性状	主根长	侧根数	根系总长	根平均直径	根表面积	根体积	根尖数	比根长
主根长	1	0.2889	0.2609	0.041	0.3073	0.1992	0.3274	0.3384
侧根数		1	0.4721	−0.2066	0.4581	0.2385	0.4775	0.1773
根系总长			1	−0.2924	0.9652**	0.7499**	0.7665**	0.3700
根平均直径				1	−0.0802	0.2129	−0.2773	−0.5203*
根表面积					1	0.8647**	0.7664**	0.2939
根体积						1	0.6739**	0.0635
根尖数							1	0.3494

4. 根系性状的主成分分析

1）特征根

根据上述对叶性状进行主成分分析的方法，对 8 个根系性状进行主成分分析。主成分的特征根和贡献率是选择主成分的依据。表 5-13 列出了厚朴的 8 个根系性状指标转化为 8 个主成分的详细信息。

由表 5-13 可以看出，第 1 个主成分的特征根为 3.8486，方差贡献率为 48.11%，代表了全部性状信息的 48.11%，是最重要的主成分。第 2 个主成分的特征根为 1.9078，方差贡献率为 23.85%，第 3 个主成分的特征根为 1.3295，方差贡献率为 16.62%。其他第 4、5 和 6 主成分的贡献率分别为 8.14%、1.97%、0.98%，依次明显减少。前三个主成分的累积方差贡献率高达 88.57%，若以性状累积方差贡献率达到 85%以上确定主成分的个数为标准，则前三个主成分已经将厚朴的根系性状指标主要特征性状的信息较充分地反映出来，因此可以选取前三个主成分作为厚朴聚类分析的综合指标。

表 5-13　厚朴幼苗根系性状特征根

Tab.5-13　Characteristic root of root traits of *Houpoëa officinalis* seedling from different provenances

主成分	特征根	方差贡献率/%	累计方差贡献率/%
PRIN1	3.8486	48.1071	48.1071
PRIN2	1.9078	23.8472	71.9543
PRIN3	1.3295	16.6184	88.5727
PRIN4	0.6512	8.1399	96.7126
PRIN5	0.1572	1.9654	98.678
PRIN6	0.0784	0.9802	99.6582
PRIN7	0.0251	0.3144	99.9725
PRIN8	0.0022	0.0275	100

2）主成分函数

表 5-14 列出了前三个主成分各性状相关矩阵的特征向量。根据表 5-21，以主成分为 y，x 为因子，可列出前三个主成分的函数表达式，分别为

$$y_1=0.3725x_1+0.6851x_2+0.9585x_3+0.136x_4+0.9632x_5+0.8838x_6+0.7518x_7+0.1713x_8$$

$$y_2=0.6875x_1+0.0488x_2-0.2482x_3+0.6905x_4-0.0455x_5+0.3636x_6-0.3857x_7-0.7819x_8$$

$$y_3=-0.3332x_1-0.4661x_2+0.0963x_3+0.686x_4+0.2443x_5+0.2319x_6-0.3624x_7+0.5259x_8$$

从中可以看出，在第 1 主成分中，按系数值的大小排列，根表面积、根系总

长及根体积等 3 个性状具有较大的正系数值，并且与第 1 主成分有关的根系性状均为正，因此可以认为第 1 主成分值大，表明该种源根系表面积、根系体积、根系总长及根尖数也大。第 1 主成分反映的是根系吸收养分及贮存养分和水分的能力。

在第 2 主成分中，正系数值较大的指标是根系平均直径和主根长，表明第 2 主成分反映的是厚朴根系固土和吸收深层地下水的能力。第 2 主成分的值越大，表明该种源主根越长，根系平均直径越粗。负系数较大的指标是比根长，说明第 2 主成分大时，比根长较少，即粗根较多。在第 3 主成分中，系数较大的指标是根平均直径。

表 5-14 不同种源厚朴根系性状的主成分分析

Tab.5-14 Principal component analysis of root traits of *Houpoëa officinalis* from different provenances

性状	主成分		
	1	2	3
主根长（x_1）	0.3725	0.6875	–0.3332
侧根数（x_2）	0.6851	0.0488	–0.4661
根系总长（x_3）	0.9585	–0.2482	0.0963
根平均直径（x_4）	0.136	0.6905	0.686
根表面积（x_5）	0.9632	–0.0445	0.2443
根体积（x_6）	0.8838	0.3636	0.2319
根尖数（x_7）	0.7518	–0.3857	–0.3624
比根长（x_8）	0.1713	–0.7819	0.5259

3）主成分值分析

主成分的生物学内涵表明，上述三个主成分已较好地综合了厚朴根系性状中的 8 个主要性状特征，其代表性达到 88.57%。经过主成分分析，将 8 个性状转化为三个独立的指标，降低厚朴根系性状分析的难度。

表 5-15 列出了厚朴主要根系性状的主成分值，从表中可以看出，第 1 主成分中最大值为 2.3287（陕西宁强种源），最小值是–1.5293（陕西略阳种源）。第 2 主成分中最大值 1.7371（浙江景宁种源），最小值–1.2435（陕西城固种源）。第 3 主成分最大值 1.408（广西龙胜种源），最小值–2.2937（浙江遂昌种源）。

为验证利用各主成分值能否真正反映厚朴根系性状的差异，将第 1、2、3 主成分值的极值各种源根系扫描照片列成图 5-6，以便从直观上予以辨别。

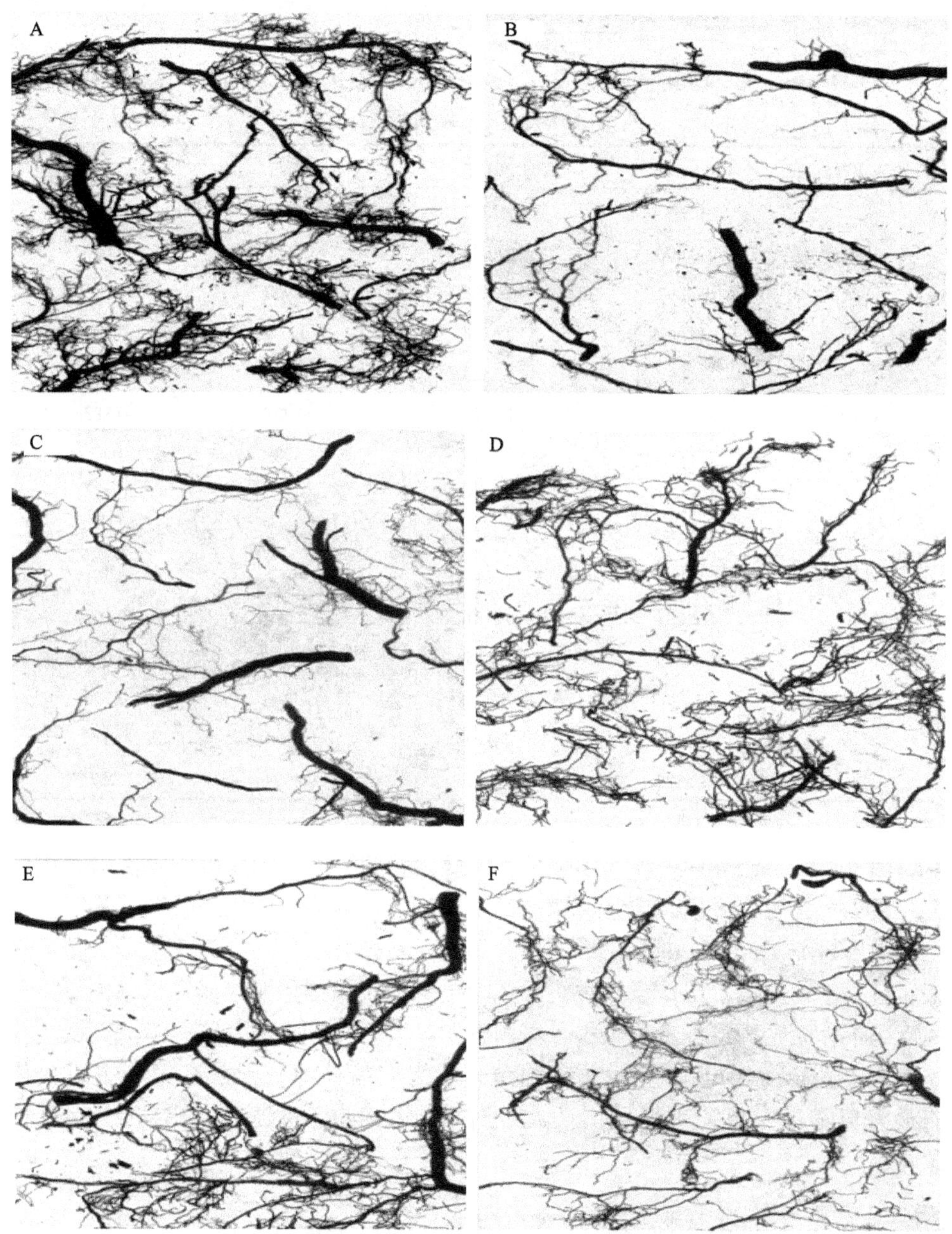

图 5-6 不同种源厚朴根系扫描图

Fig.5-6 Root scanning graphs of *Houpoëa officinalis* from different provenances

A~F 分别表示宁强、略阳、景宁、城固、龙胜及遂昌种源

A~F separately represents NQ, LY, JN, CG, LS and SQ provenance

表 5-15　厚朴根系性状的主成分值

Tab.5-15　Principal component values of root traits of *Houpoëa officinalis* seedling from different provenances

主成分	PRIN1	PRIN2	PRIN3	PRIN4
景宁	−0.3714	1.7371	−0.5713	0.6273
庆远	−0.506	0.3945	−1.1506	−0.6877
遂昌	0.4692	−0.7523	−2.2937	0.0347
政和	−0.8998	0.4234	1.1184	−0.2903
浦城	0.275	1.3823	0.4116	0.3416
武夷山	−0.2611	1.7221	−0.8728	−0.3835
龙胜	1.0452	0.4485	1.408	−0.471
开县	−0.921	−1.2355	−0.1147	−0.4147
西乡	−0.0233	0.1031	−0.0568	1.6727
城固	0.3743	−1.2435	0.4959	−1.3415
宁强	2.3287	0.1436	1.0734	−0.4579
洋县	−0.689	−0.4268	−0.3605	−2.0485
略阳	−1.5293	−0.4562	1.1004	0.596
康县	−0.8425	−1.1105	0.6651	1.5653
宝兴	1.5508	−1.13	−0.8524	1.2575

图 5-6A、图 5-6B 中陕西宁强种源和陕西略阳种源分别具第 1 主成分值的最大和最小值。可以看出，宁强种源的细根及饱满度明显大于略阳种源。

图 5-6C、图 5-6D 中浙江景宁种源和陕西城固种源分别具第 2 主成分值的最大和最小值。可以看出，景宁种源根系粗度上大于城固种源，而在根系同等质量的情况下，景宁种源根系总长小于城固种源。

图 5-6E、图 5-6F 中广西龙胜种源和浙江遂昌种源分别具有第 3 主成分值的最大值和最小值。可以看出，龙胜种源同样在根的粗度上明显大于遂昌种源。

5.1.3.4　厚朴生理指标的动态变化

1. 厚朴种源叶绿素的动态变化和变异

厚朴的药用成分是厚朴树在光合作用、呼吸作用等初生代谢作用的基础上经过次生代谢作用而产生的一种生理分泌物。光合作用是植物体最基本的初生代谢过程之一，受诸多因素的影响。叶片是光合作用的器官，叶片中的叶绿素又是将太阳光能转变为化学能最有效的细胞器。因此，厚朴叶片中叶绿素含量的高低必将影响光合作用这一初生代谢过程，间接影响次生代谢（药用成分的生物合成过程），从而影响药用成分的产量和质量。叶绿素含量的变化，既可以反映植物叶片光合功能强弱，也可以表征逆境胁迫下植物组织、器官的衰老状况。植物缺铁，叶绿素合成减少，叶片光合作用下降，从而导致产量下降。叶绿素是植物光合色素中最重要的一类色素，其含量可受多种逆境的胁迫而下降。叶片叶绿素 a/b 与不同种类植物的耐盐性有关。也就是说叶片中叶绿素含量的高低受多种条件的影响，所以，叶色的深浅（叶绿素含量的外在反映）是反映植物的营养状况和健康状况一个很灵敏的指标。

对叶绿素各组分进行种源间和月份间两因素方差分析，结果见表 5-16，叶绿素 a、b 及总量在种源间及月份间均存在显著或极显著差异。

表 5-16　厚朴叶绿素组分种源间及月份间两因素方差分析

Tab.5-16　Variance analysis of chlorophyll components of *Houpoëa officinalis* based on two-way（provenance and month）ANOVA

因素	叶绿素组分		
	a	b	总含量
种源间 F 值	1.91*	1.981*	1.935*
月份间 F 值	11.223**	14.828**	12.06**

从叶绿素含量变化看（图 5-7），叶绿素 a、叶绿素 b 及总量在 7~10 月动态变化规律相似，呈现高-低-高-低的变化趋势。在一年中，各组分都在 10 月达到最小值，因为到 10 月左右，由于气温的下降，植株生理出现衰退或叶片衰老，叶绿素分解大于生物合成，叶绿素含量下降，所以植株叶绿素含量在 10 月达到最小值。叶绿素 a 在 7 月达最大值，是由于叶绿素的生物合成过程都有酶的参与，较高温度有利于酶的活性。而叶绿素 b 及总量都在 6 月达到最大值，是因为在 6 月厚朴展叶后，叶片生理旺盛，叶绿素合成大于分解，叶片叶绿素含量不断增加。叶绿素 a、叶绿素 b 及其总量均在 7 月及 9 月出现高峰，8 月各组分含量有下降趋势，可能是由于叶绿素形成的最适温度是 30℃左右，所以在气温上升或较高时期，植物体内叶绿素的合成受到破坏，叶绿素生物合成小于分解。叶绿素总含量、叶绿素 a、叶绿素 b 与叶绿素 a/b 值的变化规律都不相同，但是叶绿素 a/b 值越大，说明叶片中叶绿素 a 和叶绿素 b 含量越不稳定，从而可以判断厚朴不同种源在 10 月叶片的黄化程度。同样，根据叶绿素总含量高低也能判断厚朴叶片是否黄化。

从不同种源叶绿素年平均含量看（图 5-8），叶绿素 a 变化幅度为 1.685~2.3119mg/g，叶绿素 b 变化幅度为 0.5522~0.892mg/g，叶绿素总量的变化

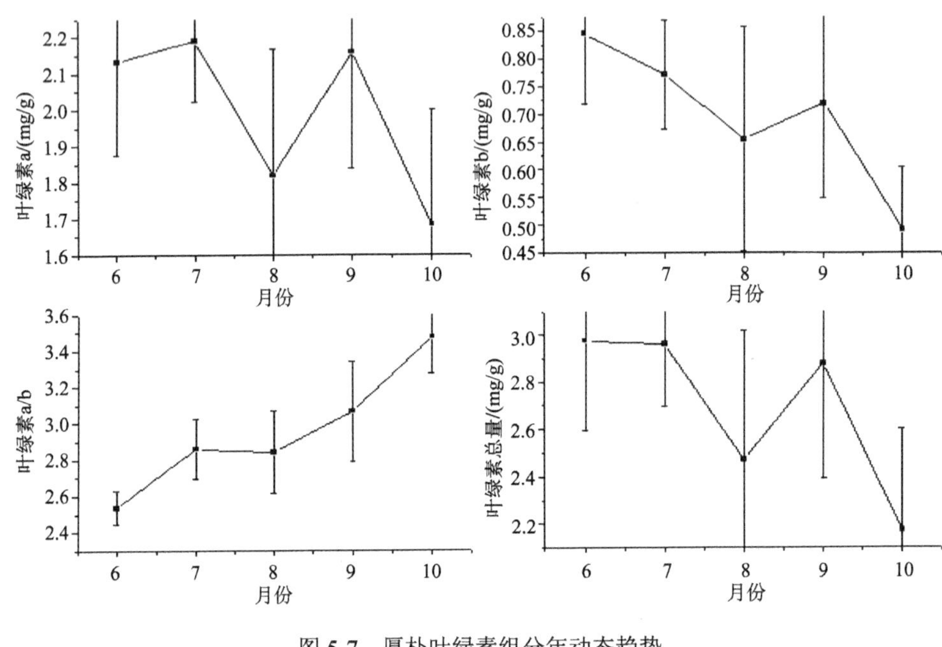

图 5-7　厚朴叶绿素组分年动态趋势

Fig.5-7　Annual dynamic trend of chlorophyll components of *Houpoëa officinalis*

幅度为 2.2506~3.2039mg/g，叶绿素 a/b 的变化幅度为 2.7386~3.1442；但叶绿素 a、b 及总量在不同种源中变化规律一致。含量最高的为广西龙胜种源，各组分最小值都出现在陕西西乡种源和四川宝兴种源。总体上看，东南种源区叶绿素各组分大于西北种源区，这与邱尔发（2002）研究毛竹（*Phyllostachys heterocycla*）种源新竹叶绿素含量动态变化的结果一致。

从不同厚朴种源间各月份叶绿素各种类含量的多重比较来看（表 5-17~表 5-20），8 月叶绿素含量差异最大，叶绿素 a、叶绿素 b 及总量的变化幅度分别为 1.18~2.66mg/g、0.41~1.27mg/g 和 1.58~3.94mg/g，叶绿素三种组分含量最大的是广西龙胜种源，最小的是重庆开县种源，它们的比值分别为 2.25 倍、3.10 倍和 2.49 倍；差异最小的是 7 月，叶绿素 a、叶绿素 b 及总量种源最大值分别是最小值的 1.32 倍、1.59 倍和 1.40 倍，这与叶绿素 a/b 的结果不一致。多重比较显示了不同种源在各月份叶绿素含量大小关系。

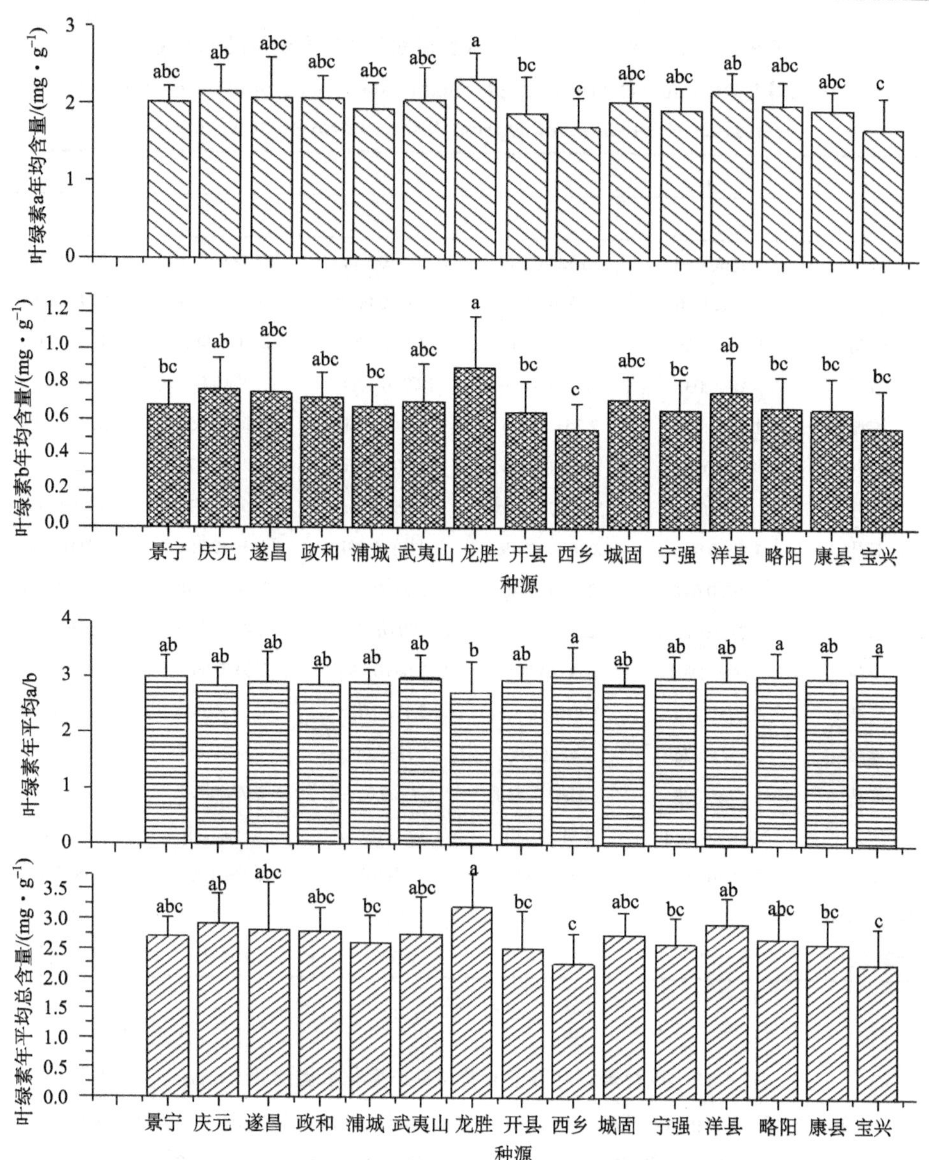

图 5-8　不同种源叶绿素 A 含量、叶绿素 B 含量、叶绿素 a/b 及年平均总含量

Fig.5-8　Chlorophyll A and B total contents, theirs annual average contents and Chlorophyll A/B of *Houpoëa officinalis* seedling from different provenances

叶绿素各组分之间进行相关分析表明（表 5-21），叶绿素 a 与叶绿素 b 之间及叶绿素 a、叶绿素 b 与叶绿素总量之间极显著相关。这说明叶绿素各组分的含量关系密切，在生物合成与分解等方面，叶绿素 a 与叶绿素 b 具有较相似的特性。

表 5-17　不同种源厚朴叶绿素 a 含量动态变化多重比较（mg/g）

Tab.5-17　Dynamic change multiple comparison of chlorophyll a contents of *Houpoëa officinalis* seedling from different provenances（mg/g）

种源	月份				
	6	7	8	9	10
景宁	2.16±0.04d	2.15±0.03def	1.83±0.15de	1.78±0.11f	2.17±0.02a
庆元	2.35±0.01abc	2.20±0.04cde	1.91±0.06cd	2.57±0.01a	1.74±0.02de
遂昌	2.41±0.17ab	2.38±0.02ab	2.18±0.06b	2.21±0.08cd	1.14±0.01g
政和	1.98±0.03e	2.19±0.04cde	1.72±0.12efg	2.47±0.04b	1.97±0.06b
浦城	1.89±0.07e	2.36±0.12ab	1.44±0.06h	2.07±0.05e	1.92±0.04bc
武夷山	2.31±0.08bcd	2.35±0.06ab	1.20±0.03c	2.25±0.07c	1.33±0.07f
龙胜	2.23±0.07cd	2.17±0.10cde	2.66±0.04a	2.65±0.01a	1.85±0.06c
开县	1.92±0.06e	2.20±0.02cde	1.18±0.03i	2.38±0.06b	1.73±0.02de
西乡	1.49±0.04f	2.04±0.06fg	1.61±0.10g	2.14±0.07de	1.24±0.05fg
城固	1.91±0.02e	2.09±0.16ef	1.89±0.07cd	2.45±0.04b	1.84±0.02cd
宁强	2.23±0.16cd	1.93±0.06g	1.64±0.06g	2.20±0.06cd	1.66±0.08e
洋县	2.48±0.11a	2.30±0.05abc	2.17±0.02b	2.07±0.02e	1.85±0.12c
略阳	2.15±0.07d	2.43±0.10a	1.68±0.06fg	1.84±0.05f	1.93±0.07bc
康县	2.17±0.08d	2.25±0.02bcd	1.79±0.03def	1.76±0.08f	1.71±0.11e
宝兴	2.29±0.07bcd	1.81±0.01h	1.61±0.10g	1.55±0.03g	1.17±0.07g
均值	2.13±0.26a	2.19±0.17a	1.82±0.35b	2.16±0.32a	1.68±0.32b
种源间 *F* 值	26.512	18.219	73.098	92.222	80.921
种源间 *P* 值	0.0001**	0.0001**	0.0001**	0.0001**	0.0001**

表 5-18　厚朴种源叶绿素 b 含量动态变化多重比较（mg/g）

Tab.5-18　Dynamic changes multiple comparisons of chlorophyll b contents of *Houpoëa officinalis* seedling from different provenances（mg/g）

种源	月份				
	6	7	8	9	10
景宁	0.87±0.02cde	0.72±0.03efgh	0.63±0.06cd	0.51±0.04gh	0.69±0.06a
庆元	0.96±0.01abc	0.75±0.03defg	0.68±0.02c	0.93±0.02b	0.53±0.04c
遂昌	0.98±0.14ab	0.94±0.12a	0.81±0.04b	0.71±0.04de	0.31±0.016d
政和	0.79±0.003ef	0.77±0.02cdef	0.59±0.05cde	0.90±0.03b	0.60±0.03b
浦城	0.72±0.03f	0.85±0.06bc	0.51±0.02e	0.65±0.02f	0.63±0.08ab

续表

种源	月份				
	6	7	8	9	10
武夷山	0.93±0.05bc	0.83±0.05bcd	0.68±0.01c	0.73±0.03de	0.37±0.03d
龙胜	0.90±0.04bcd	0.70±0.04fgh	1.27±0.20a	1.05±0.05a	0.53±0.03c
开县	0.72±0.04f	0.78±0.02cdef	0.41±0.01f	0.81±0.03c	0.50±0.01c
西乡	0.56±0.02g	0.67±0.03ghi	0.53±0.04de	0.67±0.03ef	0.32±0.01d
城固	0.73±0.003f	0.77±0.08cdef	0.66±0.03c	0.89±0.03b	0.53±0.02c
宁强	0.90±0.11bcd	0.64±0.03hi	0.53±0.03de	0.74±0.02d	0.47±0.03c
洋县	1.05±0.10a	0.81±0.05cde	0.80±0.01b	0.64±0.01f	0.52±0.05c
略阳	0.80±0.05def	0.92±0.08ab	0.58±0.02cde	0.54±0.02g	0.54±0.03c
康县	0.87±0.02cde	0.83±0.02bcd	0.60±0.01cde	0.55±0.04g	0.48±0.07c
宝兴	0.90±0.06bcd	0.59±0.01i	0.53±0.04de	0.47±0.01h	0.33±0.01g
均值	0.85±0.13a	0.77±0.10ab	0.65±0.20c	0.72±0.17bc	0.49±0.11d
种源间 F 值	15.21	10.754	36.848	94.641	29.152
种源间 P 值	0.0001**	0.0001**	0.0001**	0.0001**	0.0001**

表 5-19　不同种源厚朴叶绿素 a/b 含量动态变化多重比较

Tab.5-19　Dynamic changes multiple comparisons of chlorophyll a/b of *Houpoëa officinalis* seedling from different provenances

种源	月份				
	6	7	8	9	10
景宁	2.49±0.01de	3.00±0.07abc	2.88±0.06cd	3.51±0.07a	3.16±0.23de
庆元	2.46±0.03de	2.94±0.05abcd	2.80±0.04def	2.77±0.08g	3.28±0.24cde
遂昌	2.46±0.17de	2.54±0.28g	2.69±0.05f	3.11±0.08de	3.75±0.19ab
政和	2.51±0.03cd	2.85±0.04cde	2.95±0.07abc	2.75±0.07g	3.30±0.04cde
浦城	2.63±0.03ab	2.78±0.07def	2.85±0.01cde	3.19±0.03cde	3.08±0.35e
武夷山	2.49±0.05de	2.84±0.09cde	2.91±0.02bcd	3.10±0.03e	3.6±0.07abc
龙胜	2.47±0.05de	3.10±0.05a	2.12±0.28g	2.53±0.13h	3.48±0.08bcd
开县	2.67±0.05ab	2.83±0.04cde	2.87±0.04cd	2.95±0.10f	3.45±0.06bcd
西乡	2.66±0.04ab	3.03±0.04ab	3.04±0.06ab	3.18±0.03de	3.82±0.06a
城固	2.62±0.03abc	2.72±0.08ef	2.87±0.02cd	2.74±0.07g	3.44±0.09bcd
宁强	2.47±0.11de	3.01±0.06abc	3.06±0.05a	2.96±0.06f	3.55±0.08abc
洋县	2.38±0.12e	2.86±0.10bcde	2.73±0.03ef	3.23±0.03cde	3.55±0.12abc

续表

种源	月份				
	6	7	8	9	10
略阳	2.68±0.08a	2.64±0.13fg	2.89±0.01bcd	3.40±0.07ab	3.59±0.06abc
康县	2.49±0.03de	2.72±0.03ef	2.97±0.02abc	3.23±0.08cd	3.59±0.28abc
宝兴	2.55±0.10bcd	3.05±0.04a	3.04±0.06ab	3.31±0.04bc	3.49±0.27abcd
均值	2.54±0.09d	2.86±0.16c	2.84±0.23c	3.06±0.28b	3.48±0.20a
种源间 F 值	5.862	8.608	26.934	50.413	4.02
种源间 P 值	0.0001**	0.0001**	0.0001**	0.0001**	0.0008**

表 5-20　不同种源厚朴叶绿素总含量动态变化多重比较（mg/g）

Tab.5-20　Dynamic changes multiple comparisons of total chlorophyll contents of *Houpoëa officinalis* seedling from different provenances（mg/g）

种源	月份				
	6	7	8	9	10
景宁	3.03±0.06cd	2.87±0.06de	2.46±0.21cde	2.29±0.14h	2.86±0.07a
庆元	3.31±0.01ab	2.95±0.07cd	2.59±0.08cd	3.5±0.02b	2.27±0.06de
遂昌	3.38±0.34ab	3.32±0.14a	3.00±0.10b	2.92±0.12ef	1.45±0.02g
政和	2.77±0.03ef	2.95±0.06cd	2.31±0.17ef	3.37±0.06bc	2.57±0.09b
浦城	2.60±0.10f	3.21±0.18ab	1.95±0.09g	2.72±0.07g	2.55±0.12b
武夷山	3.23±0.13bc	3.18±0.11ab	2.66±0.04c	2.98±0.10e	1.70±0.10f
龙胜	3.13±0.11bcd	2.87±0.13de	3.94±0.24a	3.70±0.04a	2.38±0.09cd
开县	2.64±0.10f	2.97±0.04cd	1.58±0.04h	3.18±0.08d	2.24±0.03de
西乡	2.05±0.06g	2.71±0.08ef	2.14±0.14fg	2.81±0.10fg	1.56±0.05fg
城固	2.64±0.02f	2.87±0.23de	2.55±0.09cd	3.34±0.07c	2.37±0.04cd
宁强	3.13±0.27bcd	2.58±0.09fg	2.17±0.08f	2.95±0.08ef	2.12±0.11e
洋县	3.53±0.21a	3.11±0.1bc	2.96±0.03b	2.72±0.02g	2.38±0.17cd
略阳	2.95±0.11de	3.35±0.17a	2.26±0.08ef	2.39±0.07h	2.46±0.09bc
康县	3.04±0.10cd	3.08±0.04bcd	2.39±0.04de	2.31±0.12h	2.18±0.18e
宝兴	3.19±0.13bcd	2.4±0.02g	2.14±0.14fg	2.02±0.05i	1.50±0.07g
均值	2.98±0.38a	2.96±0.26a	2.47±0.55b	2.88±0.49a	2.17±0.43c
种源间 F 值	22.73	15.847	66.829	103.333	69.033
种源间 P 值	0.0001**	0.0001**	0.0001**	0.0001**	0.0001**

注：平均值同行字母为月份间的多重比较

Note: mean values in the same line were the multiple

表 5-21　厚朴叶绿素组分间相关性

Tab.5-21　Correlation between chlorophyll component content of *Houpoëa officinalis* seedling leaf

叶绿素组分	a	b	a/b	总含量
a	1	0.98**	−0.83**	1.00**
b		1	−0.89**	0.99**
a/b			1	−0.85**
总含量				1

2. 厚朴种源可溶性蛋白含量变异

蛋白质是决定生物属性的基本物质，它在生命活动中发挥巨大的作用，可溶性蛋白也不例外。可溶性蛋白质是植物所有蛋白质组分中最活跃的一部分，包括各种酶原、酶分子和代谢调节物，在生理代谢中起着十分重要的作用。

对种源间可溶性蛋白进行方差分析，结果表明，种源间可溶性蛋白存在极显著差异（F=18.969，P<0.01）。不同种源可溶性蛋白含量见图 5-9，由图可知，浙江庆元种源含量最高（4.698mg/g），其次是陕西略阳种源（4.3589mg/g），多重比较显示，两种源间不存在显著差异，可溶性蛋白含量从大到小依次排列为：庆元>略阳>政和>康县>遂昌>开县>洋县>宁强>龙胜>城固>景宁>宝兴>西乡>武夷山>浦城。

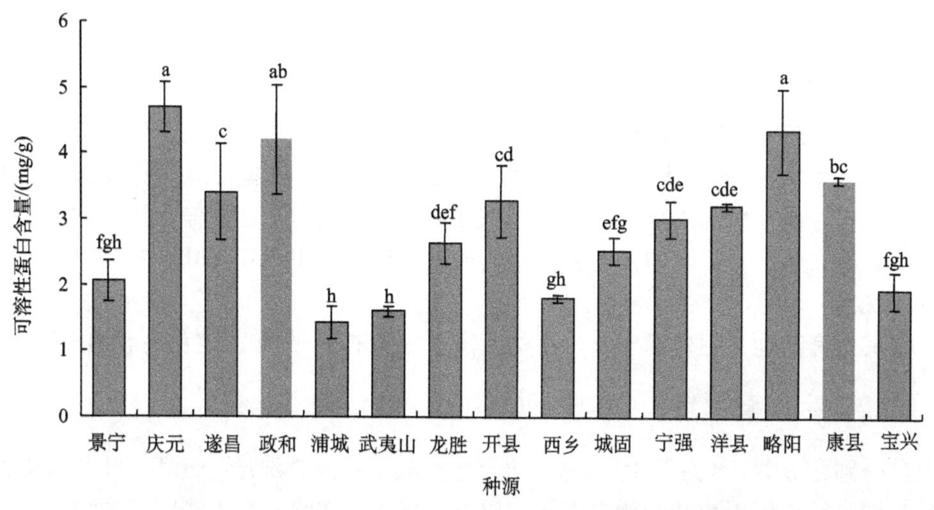

图 5-9　不同种源厚朴可溶性蛋白含量

Fig.5-9　Soluble-protein contents of *Houpoëa officinalis* from different provenances

5.2 幼苗生长特征

5.2.1 引言

研究不同林木基因型干物质积累量的差异，洞悉其在各器官的分配规律，可以根据不同培育目标筛选确定优良的种植材料。由于长期采集野生资源入药，特别是 20 世纪 60 年代及 80 年代后期两次大规模对资源无序采伐，致使厚朴资源量不断减少，濒临枯竭，药材供应出现断层现象（初敏等，2003；杨志玲等，2004；康振兴等，2007；张万福等，2001；涂育合等，2003）。在此情况下，全国各地都积极发展人工厚朴林，实际生产中出现种子盲目调拨、苗木生长良莠不齐、苗期冻害病害严重、后期林木生长不理想等现况，部分地区开展过地方优良种源选育工作（杨志玲等，2004），但并未在主要适生区进行规模性种源试验及优良种源推广前区域性评比试验。科研工作者对厚朴造林、种子性状、苗期性状遗传变异及优良种源均进行了研究（杨志玲等，2009；舒枭等，2009a，2009b，2010a，2010b，2010c；于华会等，2010；黄金桃，2003；刘寿强，2001），然而针对厚朴种源间幼苗性状研究报道较少。

本节通过对来自 7 个省厚朴 15 个种源进行育苗试验，研究种源间生物量变异和分配格局及种源间地径和苗高的遗传稳定性，旨在掌握种源间苗期生物量分配规律及地径和苗高遗传特性，以期为幼苗生产管理和优良种源筛选奠定基础。

5.2.2 研究方法

5.2.2.1 生长节律观测

浙江富阳幼苗苗高地径的生长节律观测时间从 6 月开始，在开始测定苗高、地径前，每试验小区随机取 15 株幼苗挂牌标记，对苗高每隔 10d 用钢卷尺对挂牌植株测定苗高，每隔 30d 用游标卡尺测地径，到 11 月初苗木停止当年生长为止（梁有旺和彭方仁，2007；李有志和黄继山，2007；王进和陈叶，2006；李利红等，2006）。

其他育苗地（福建泰宁），在幼苗停止生长的 11 月初测定苗高和地径。

5.2.2.2 生物量测定

分别在 6 月、8 月及 10 月末，每小区挖取 6 株厚朴洗净，分茎、叶及根称鲜重，同时数出侧根数及测量主根长，放入纸袋并在实验室烘干测定其生物量，烘箱的烘干温度为 60~70℃，烘干至恒重，用电子天平称量干重，精确到 0.01g。计算根冠比（地下部分干重/地上部分）、叶生物量比（叶干重/总干重）、茎生物量比（茎干重/总干重）、根生物量比（根干重/总生物量）、叶重分数（叶干重/茎干重）、比叶重（leaf mass/ leaf area ratio，LMLA，叶鲜重/叶面积），具体参考相关文献（江泽鹏和刘善荣，2008；梁有旺和彭方仁，2007）。计算 7~8 月及 9~10 月相对生长速率（relative growth rate，RGR）及 7~8 月净同化速率（net assimilation rate，NAR）等指标。重复三次，方法请参考相关文献（梁有旺和彭方仁，2007；李有志和黄继山，2007；王进和陈叶，2006；李利红等，2006）。

$$RGR=（\ln W_2-\ln W_1）/t$$

$$NAR=（W_2-W_1）（\ln L_2-\ln L_1）/t（L_2-L_1）$$

式中，W_1、L_1 分别表示第 1 次测定的总生物量（g）和叶面积（cm^2）；W_2、L_2 分别表示第 2 次测定的总生物量（g）和叶面积（cm^2）；t 表示两次测定的时间间隔（d）。

5.2.2.3　厚朴抗寒性调查

调查方法：总结前人调查的方法，将抗寒性分为 5 个等级，如下：

O 级——未受冻害，叶片全部正常绿色，代表数值为 1；

Ⅰ级——轻微冻害，叶片尖轻度枯黄，代表值为 2；

Ⅱ级——中度冻害，叶片 1/2 部分枯黄，代表数值为 3；

Ⅲ级——较严重冻害，叶片 1/2 以上部分枯黄或主梢冻死，代表数值为 4；

Ⅳ级——严重冻害，叶片全部枯黄，或幼苗冻死、濒死或死亡，代表数值为 5。

11 月下旬，对厚朴幼苗进行抗寒性调查，以单株测定值为单元，每种源选取 6 株幼苗，按种源单因素进行方差分析以检验其差异的显著性，方差分析时抗寒性数值经（X+0.5）$^{-1/2}$ 数据转换。

5.2.3　结果与分析

1. 厚朴苗期苗高生长变异分析

1）模型的建立和拟合

厚朴苗期生长与其他林木一样，是一个受空间约束的过程。厚朴幼苗一年的生长过程中生长速率同样表现“慢–快–慢”的特点，即开始生长缓慢，以后逐渐加快，近于线性生长，达到一定界限之后，生长速度又趋于缓慢，直至停止生长。由于“S”型生长曲线具有这一特点，在杨树、木荷等林木生长动态和变化规律研究中得到了广泛的验证，而“S”型增长特征的生长模型通常可以用 Logistic 数学模型拟合。根据 Logistic 数学模型的特点，厚朴苗高及地径生长过程可表示为

$$y=\frac{k}{1+e^{a-bt}}$$

式中，y 为苗木累积生长量，k 表示苗木生长极限（环境容纳量），t 为生长天数；a 和 b 是待定系数。

苗木苗高和地径的生长速度则可表示为

$$v=\frac{dy}{dt}=by\left(1-\frac{y}{k}\right)$$

苗木生长速率为最大线性生长速率：

$$\mathrm{MGR}=v_{\max}=\frac{1}{4}bk$$

苗木的线性生长期：

$$\mathrm{LGD}=\frac{2\ln(2+\sqrt{3})}{b}=\frac{2.634}{b}$$

苗木平均生长速度为线性生长速率：

$$\mathrm{LGR}=\frac{2}{9}bk$$

苗木生长量为线性生长量：

$$\mathrm{TLG}=\frac{k}{\sqrt{3}}$$

线性生长始期：

$$t_1=(a-1.317)/b$$

线性生长末期：

$$t_2=(a+1.317)/b$$

将对浙江富阳育苗点试验收集的数据进行 Logistic 拟合，建立厚朴苗期生长曲线模型（表 5-22）。结果发现：不同种源的 Logistic 拟合方程的决定系数为 0.9782~0.9971，均达到了极显著相关，Logistic 拟合曲线与实测值间的符合程度较高，说明利用 Logistic 方程拟合厚朴的生长节律是可行的。

2）厚朴苗期物候和生长参数的差异

经分析，15 个种源的物候期参数存在明显差异（表 5-23）。从表 5-23 可以看出，15 个种源的线性生长始期差异较大。福建政和种源的苗高线性生长始期最晚，为 7 月 2 日，甘肃康县种源线性生长始期最早，为 6 月 11 日，不同种源的苗高线性生长始期相差 21d。15 个种源的线性生长末期也存在差异，且苗高线性生长末期差异与线性生长始期一致。广西龙胜种源的苗高线性生长末期最晚，为 9 月 15 日，四川宝兴种源最早，为 8 月 24 日，最晚进入线性生长末期与最早进入

表 5-22　不同种源厚朴苗高生长曲线方程拟合参数

Tab.5-22　Parameters of height-growth-curvilinear-equation of *Houpoëa officinalis* from different provenances

种源	拟合方程参数					
	k	a	b	R^2	F 值	P 值
景宁	47.4911	2.0842	0.0581	0.9945	898.2691	0.0001
庆远	47.92	2.179	0.0504	0.9952	1046.7879	0.0001
遂昌	40.3354	1.7921	0.0528	0.9966	1471.0667	0.0001
政和	52.4719	2.4308	0.0497	0.9925	665.574	0.0001
浦城	34.9448	1.4934	0.0443	0.995	1004.6862	0.0001
武夷山	48.6236	2.1522	0.0485	0.9949	968.6774	0.0001
龙胜	56.8325	1.9701	0.0428	0.9782	224.0393	0.0001
开县	46.134	1.7103	0.0517	0.9928	688.4654	0.0001
西乡	45.74	2.0567	0.0444	0.9928	690.0447	0.0001
城固	40.795	1.4567	0.042	0.9971	1748.4284	0.0001
宁强	47.4196	1.8972	0.0527	0.9829	287.3178	0.0001
洋县	54.3098	1.8511	0.0458	0.9961	1289.8777	0.0001
略阳	21.8628	1.9189	0.051	0.9941	841.323	0.0001
康县	18.4938	1.3798	0.0479	0.9965	1443.284	0.0001
宝兴	39.0326	1.4548	0.0504	0.9947	937.4808	0.0001

线性生长末期时间相差 22d。从线性生长期持续的时间可以看出，浙江景宁种源持续的时间最短，为 45d，陕西城固种源持续的时间最长，为 63d，两者相差 18d。综合以上结果可以看出，不同种源厚朴的苗高生长速生期起止时间和持续的时间存在明显差异，另外需要指出的是，陕西城固种源在株高生长节律上表现比较特殊，其进入速生期时间早，持续时间长。

同时，从表 5-23 还可以看出，15 个种源苗高的生长参数也有所差异，但生长速率及线性生长量占整个生长量的百分率差异小，而线性生长量差异大。15 个种源中苗高最大生长速率最高的是浙江景宁种源，达 0.6898cm/d，是最低的甘肃康县种源的 3.11 倍；苗高线性生长速率最高的也是景宁种源，达 0.6132cm/d，最低的康县种源为 0.1969cm/d。线性生长量最大的是广西龙胜种源 32.8132cm，最小的是甘肃康县种源为 10.677cm，最大值是最小值的 3.07 倍。线性生长量占总生长量百分率最大的种源龙胜种源为 61.73%，最小的是四川宝兴种源 58.03%，不同种源之间线性生长量占整个生长量的百分率差异不大，为 58.03%~61.73%，但是这个时期对于厚朴幼苗一年生长期内是非常重要的，占整个生长量的一半以上，说明线性生长期内的生长量决定着整个生长期的生长量。由于线性生长期时间较短，生长量却较大，便于集中管理，因此在苗木生产中，应重点抓好线性生长期内的合理追肥、除草、病虫害防治等育苗措施，以促进苗木的生长。在生长后期，应停止施肥，以促进苗木木质化，提高苗木质量，使苗木安全越冬，提高育苗、造林成活率。

表 5-23　不同种源厚朴苗高物候期参数和生长参数

Tab.5-23　Phenophase and growth parameters of *Houpoëa officinalis* seedling from different provenances

种源	物候期参数			生长参数			
	线性生长始期 t_1/d	线性生长末期 t_2/d	线性生长期 LGD/d	最大生长速率 MGR/（cm/d）	线性生长速率 LGR/（cm/d）	线性生长量 TLG/cm	线性生长量占整个生长的百分率/%
景宁	13.2048	58.5404	45.3356	0.6898	0.6132	27.4198	58.87
庆远	17.1032	69.3651	52.2619	0.6038	0.5367	27.6674	59.41
遂昌	8.9981	58.8845	49.8864	0.5324	0.4733	23.2883	58.09
政和	22.4105	75.4085	52.998	0.652	0.5795	30.2956	60.26
浦城	3.9819	63.4402	59.4583	0.387	0.344	20.176	59.04
武夷山	17.2206	71.5299	54.3093	0.5896	0.524	28.0737	59.90
龙胜	15.2593	76.8014	61.5421	0.6081	0.5405	32.8132	61.73
开县	7.6074	58.5551	50.9477	0.5963	0.53	26.6362	59.02
西乡	16.6599	75.9842	59.3243	0.5077	0.4513	26.4088	60.59
城固	3.3262	66.0405	62.7143	0.4283	0.3808	23.5537	59.35
宁强	11.0095	60.9905	49.981	0.6248	0.5553	27.3785	59.71
洋县	11.6616	69.1724	57.5108	0.6218	0.5528	31.3567	59.61
略阳	11.802	63.449	51.647	0.2788	0.2478	12.6229	59.19
康县	1.3111	56.3006	54.9895	0.2215	0.1969	10.6777	58.58
宝兴	2.7341	54.996	52.2619	0.4918	0.4372	22.5361	58.03

为了比较种源区之间的差异性，利用前几节分析的结果，除西乡及开县种源的 13 个厚朴种源所分成的两个种源区，即东南厚朴种源区和西北厚朴种源区。对两个种源区所测得的苗高平均值进行模型拟合，结果见表 5-24 及表 5-25，这两个表列出了厚朴不同种源区苗期高生长的 Logistic 方程参数和由生长曲线得到的物候期线性生长始期、线性生长末期、线性生长期和生长参数：最大生长速率（MGR）、线性生长速率（LGR）、线性生长期（LGD）、线性生长量（TLD）。

从表中数据可清楚地看出，Logistic 方程参数 k 的最大值是东南种源区，为 46.9213，是西北种源区的 127%，参数 a 在种源区间差异不明显，参数 b 东南种源区与种源区平均值差异很小，是西北种源区的 102%。种源区之间进入线性生长始期及末期差异显著，东南种源区进入线性生长始期时间是 6 月 24 日，西北种源区是 6 月 17 日，时间相差 7d。线性生长末期结束的时间，东南种源区较晚，而西北种源区较早，先后相差 6d。东南种源区的线性生长期为 6 月 24 日至 9 月 7 日，西北种源区的线性生长期为 6 月 17 日至 9 月 1 日，所以在此期间对厚朴幼苗进行合理的水肥管理，有利于厚朴苗期的生长。最大生长速率（MGR）东南种源区最大，均值为 0.5654cm/d，西北种源区较小，均值为 0.4380cm/d，两者相差 29.1%。线性生长速率（LGR）也是东南种源区 0.5026cm/d 大于西北种源区 0.3893cm/d，前者是后者的 129%，但是线性生长期（LGD）两个种源区的值分别为 54.6473d、55.5696d，种源区间几乎无差异。线性生长量（TLG）东南种源区最大，为 27.0908cm，西北种源区为 21.3399cm，前者是后者的 1.27 倍。MGR、LGR、LGD、TLD 都有类似的变异趋势，即东南种源区＞西北种源区（图 5-10）。进一步从图 5-10 可以看出，7 月 23 日后，东南种源厚朴苗高增加的幅度明显大于西北种源，这可能是由于浙江富阳试验点气温比较高，来源于西北种源区厚朴幼苗不适宜在南方这样炎热的天气下生长，生长受到限制，而东南种源区能够在耐受较高温度的情况下生长。

表 5-24　不同种源区厚朴苗高生长曲线方程拟合参数

Tab.5-24　Parameters of height-growth-logistic-*equation* of *Houpoëa officinalis* seedling from different provenance zones

种源区	拟合方程参数					
	k	a	b	R^2	F 值	P 值
东南种源区	46.9213	1.993	0.0482	0.9943	865.9994	0.0001
西北种源区	36.9607	1.6615	0.0474	0.9959	1206.2779	0.0001
种源区平均	41.9607	1.8354	0.0475	0.9951	1016.7623	0.0001

表 5-25　不同种源区厚朴苗高物候期参数和生长参数

Tab.5-25　Height phenophase and growth parameters of *Houpoëa officinalis* seedling from different provenances

种源区	物候期参数			生长参数		
	线性生长始期 t_1/d	线性生长末期 t_2/d	线性生长期 LGD/d	最大生长速率 MGR/（cm/d）	线性生长速率 LGR/（cm/d）	线性生长量 TLG/cm
东南种源区	14.0249	68.6722	54.6473	0.5654	0.5026	27.0908
西北种源区	7.2679	62.8376	55.5696	0.4380	0.3893	21.3399

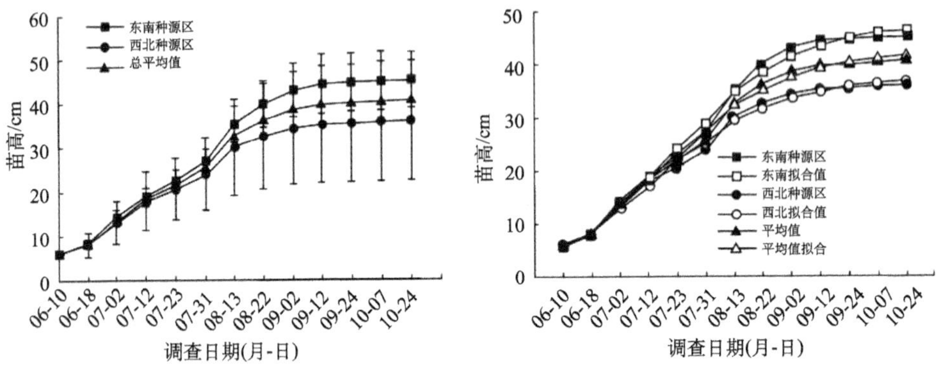

图 5-10　不同种源区的 Logistic 生长曲线方程

Fig.5-10　Logistic growth equation of *Houpoëa officinalis* seedling from different provenance zones

2. 厚朴苗期地径生长变异分析

1）模型的建立和拟合

根据对苗高生长量的拟合方法，对地径进行曲线方程拟合，方程拟合参数见表 5-26，建立厚朴苗期生长曲线模型。结果发现：不同种源的 Logistic 拟合方程的决定系数为 0.9688~0.9988，均达到了显著或极显著相关， Logistic 拟合曲线与实测值间的符合程度较高，说明利用 Logistic 方程拟合厚朴的生长节律是可行的。

表 5-26　不同厚朴种源的地径生长曲线方程拟合参数

Tab.5-26　Parameters of diameter-growth-logistic-equation of *Houpoëa officinalis* seedling from different provenances

种源	拟合方程参数					
	k	a	b	R^2	F 值	P 值
景宁	11.9466	0.8106	0.0269	0.9816	53.3565	0.0184
庆远	12.6378	0.9567	0.023	0.9757	40.1995	0.0243
遂昌	10.4923	0.6997	0.0225	0.9968	315.334	0.0032
政和	13.1819	1.0244	0.0205	0.9847	64.1587	0.0153
浦城	11.3919	0.8164	0.0244	0.9897	95.8000	0.0103
武夷山	12.715	0.8653	0.0216	0.9763	41.1181	0.0237
龙胜	11.6822	0.4683	0.0191	0.9688	31.0872	0.0312
开县	12.5625	0.6449	0.0179	0.9877	80.5281	0.0123
西乡	11.1629	0.7268	0.0242	0.9805	50.2497	0.0195
城固	11.9646	0.655	0.0165	0.9988	804.6223	0.0012

续表

种源	拟合方程参数					
	k	a	b	R^2	F值	P值
宁强	11.2526	0.4867	0.0207	0.9939	162.0855	0.0061
洋县	14.0344	1.0169	0.0258	0.9876	79.6557	0.0124
略阳	12.5421	1.2042	0.0191	0.9929	140.2218	0.0071
康县	9.9235	0.6846	0.0231	0.9926	134.6833	0.0074
宝兴	12.2618	0.8264	0.0209	0.9900	98.5075	0.01

2）厚朴苗期生长参数的差异

通过对地径生长量模型拟合的参数，可以计算出厚朴地径生长量参数，从表5-27可以看出，15个种源地径的生长参数均有所差异，但差异的程度有所不同，差异较大的是线性生长期、最大生长速率（MGR）及线性生长速率（LGR）。线性生长量（TLG）、线性生长量占整个生长量的百分率差异小。

表5-27　不同种源厚朴地径苗期生长参数

Tab.5-27　Phenophase parameters of diameter-growth-logistic-equation of *Houpoëa officinalis* seedling from different provenances

种源	线性生长期 LGD/d	最大生长速率 MGR/（mm/d）	线性生长速率 LGR/（mm/d）	线性生长量 TLG/mm	线性生长量占整个生长期的百分率/%
景宁	97.9182	0.0803	0.0714	6.8976	63.01
庆远	114.5217	0.0727	0.0646	7.2967	68.86
遂昌	117.0667	0.059	0.0525	6.0579	66.58
政和	128.4878	0.0676	0.0601	7.6108	73.62
浦城	107.9508	0.0695	0.0618	6.5773	65.76
武夷山	121.9444	0.0687	0.061	7.3412	69.69
龙胜	137.9058	0.0558	0.0496	6.7449	68.49
开县	147.1508	0.0562	0.05	7.2532	72.33
西乡	108.843	0.0675	0.06	6.4451	65.81
城固	159.6364	0.0494	0.0439	6.908	75.06
宁强	127.2464	0.0582	0.0518	6.4969	67.20
洋县	102.093	0.0905	0.0805	8.103	66.06
略阳	137.9058	0.0599	0.0532	7.2414	79.41
康县	114.026	0.0573	0.0509	5.7295	66.11
宝兴	126.0287	0.0641	0.0569	7.0796	69.76

从线性生长期持续的时间来看，厚朴苗高所持续的时间均小于地径持续的时间，这表明在幼苗苗高停止生长的时期，地径还处于生长的状态，所以在今后厚朴育苗时，应将地径作为判断幼苗是否已经停止生长的指标。15 个种源中地径最大生长速率最高的是陕西洋县种源，达 0.0905mm/d，是最低陕西城固 0.0494mm/d 的 1.83 倍；地径线性生长速率最高的也是洋县种源，达 0.0805mm/d，最低的陕西城固种源，为 0.0439mm/d。线性生长量最大的是洋县种源，8.103mm，最小的是甘肃康县种源，为 5.7295mm，最大值是最小值的 1.41 倍。线性生长量占总生长量百分率最大的种源是陕西略阳种源，为 79.41%，最小的是浙江景宁种源，63.01%，不同种源之间线性生长量占整个生长量的百分率差异不大，为 63.01%~79.41%，这个时期对于厚朴幼苗一年生长期内是非常重要的，占整个地径生长量的一半以上，说明线性生长期内的生长量决定着整个生长期的生长量，这与苗高具有一样的结论。

为了比较种源区之间的差异性，表 5-28 及表 5-29 列出了厚朴不同种源区苗期地径生长的 Logistic 方程参数和由生长曲线得到的生长参数 MGR、LGR、LGD、TLG。从表中数据可清楚地看出，Logistic 方程参数 k 在种源区之间差异不显著，东南种源区为 11.9742，西北种源区较小，为 11.8784，参数 a 在种源区间差异也不明显，参数 b 东南种源区与种源区平均值差异很小。最大生长速率（MGR）东南种源区最大，均值为 0.067mm/d，西北种源区较小，均值为 0.0621mm/d，两者相差 7.89%。线性生长速率（LGR）也是东南种源区 0.0596mm/d 大于西北种源区 0.0552mm/d，前者是后者的 107%。线性生长量（TLG）东南种源区最大，为 6.9135mm，西北种源区为 6.8582mm。MGR、LGR、TLG 都有类似的变异趋势，即东南种源区＞西北种源区。这一结论与苗高生长参数的变化趋势相同。

表 5-28　厚朴种源区的地径生长曲线方程拟合参数

Tab.5-28　Parameters of diameter logistic equation of different *Houpoëa officinalis* provenance zones

种源区	拟合方程参数					
	k	a	b	R^2	F 值	P 值
东南种源区	11.9742	0.8035	0.0224	0.984	61.6418	0.016
西北种源区	11.8784	0.8024	0.0209	0.9934	150.1859	0.0066
种源区平均	11.9184	0.8019	0.0217	0.9891	90.7622	0.0109

表 5-29　不同种源区厚朴地径苗期生长参数

Tab.5-29　Phenophase parameters of diameter growth logistic equation of *Houpoëa officinalis* seedling from provenance zones

种源区	生长参数			
	线性生长期 LGD/d	最大生长速率 MGR/（mm/d）	线性生长速率 LGR/（mm/d）	线性生长量 TLG/mm
东南种源区	117.5893	0.067	0.0596	6.9135
西北种源区	126.0287	0.0621	0.0552	6.8582

3. 厚朴苗期物候期、生长参数及生长量间的相关性

相关分析结果显示（表 5-30），苗高与线性生长始期、线性生长末期、最大生长速度、线性生长速度、线性生长量呈显著或极显著正相关，即当这些指标越大时，其厚朴幼苗越高。地径与最大生长速度、线性生长速度、线性生长量及苗高呈极显著正相关，即当最大生长速度、线性生长速度、线性生长量越大，苗高越高时，地径则越粗。线性生长期是由线性生长始期和线性生长末期所共同决定的，所以线性生长期越长时，线性生长量占整个生长期的百分率就大。显著正相关的组合还存在于线性生长始期与线性生长末期、最大生长速度、线性生长速度及线性生长量间。相关性还表明，最大生长速度、线性生长速度大时，其线性生长量就大。

表 5-30　不同种源厚朴苗期物候期参数、生长参数、生长量间相关性

Tab.5-30　The correlation coefficients of phenophase parameters, growth parameters and total mass of *Houpoëa officinalis* seedling from different provenances

相关系数	线性生长始期	线性生长末期	线性生长期	最大生长速率	线性生长速率	线性生长量	线性生长量占整个生长期的百分率	苗高
线性生长始期	1							
线性生长末期	0.76**	1						
线性生长期	−0.14	0.54*	1					
最大生长速率	0.62*	0.34	−0.29	1				
线性生长速率	0.62*	0.34	−0.29	1.00**	1			
线性生长量	0.61*	0.57*	0.08	0.93**	0.93**	1		
线性生长量占整个生长期的百分率	0.65**	0.89**	0.51*	0.35	0.35	0.57*	1	
苗高	0.57*	0.55*	0.09	0.92**	0.92**	0.99**	0.52*	1
地径	0.4	0.29	−0.09	0.67**	0.67**	0.67**	0.18	0.65**

4. 厚朴种源的遗传稳定性分析

林木引种栽培存在显著的基因型与环境交互作用，不同栽培地点苗木生长参数的种源变异规律会有所差异。研究基因型与环境交互作用可以了解各品种的生长适应性和遗传稳定性，确定品种的适宜推广范围，因此它已成为林木遗传育种的一个重要组成部分。目前遗传稳定性分析已有辐射松、火炬松、黑杨派无性系、马尾松、白榆、刺槐、毛白杨等树种的研究报道（顾万春，1990；李建民，1992）。稳定性分析（stability analysis）既可针对产量，也可针对品质、抗性等指标。不同种源稳定性分析一般针对生长量（苗高、地径），通常采用多变环境下（一年多点或多年多点试验）的产量数据进行分析。生长量大又稳产（即产量稳定性好）的种源一般具有较广泛的适应范围。

1）种源与地点的互作

对浙江富阳和福建泰宁两个参试点的地径和苗高进行多点联合分析，从表5-31可以看出，苗高和地径在地点间及种源间均存在极显著差异，说明环境与基因型对最终的苗高和地径都有影响，进一步分析可知，苗高方面，环境（地点）方差分量占总量的 8.08%，基因（种源）方差分量占总量的 34.1%，而环境（地点）与基因（种源）的互作分量占总量的 18.9%，说明基因型对苗高生长量的影响大于环境所起的作用；地径方面，环境（地点）方差分量占 24.2%，基因型（种源）方差分量占 8.85%，环境（地点）与基因（种源）互作占 16.3%，表明环境对地径的影响大于基因型，在环境与基因型间也存在互作。因此，在选择种源时，必须考虑种源的稳定性，尽可能选择生长快且稳定性高的种源。并且对不同地点应该采用在本地表现优良的种源，以使种源和地点之间的交互作用得以充分发挥。

表 5-31　厚朴种源生长性状的多点试验方差分析

Tab.5-31　Variance analysis of growth traits of *Houpoëa officinalis* seedlings from different provenances based on multipoint tests

指标	变异来源	df	SS	MS	*F* 值	Prob
苗高	地点	1	13 397.753 7	13 397.753 7	88.519 2	0.000 1**
	种源	14	56 540.442 7	4 038.603	26.683 1	0.000 1**
	种源×地点	14	31 411.394 3	2 243.671	14.824	0.000 1**
	试验误差	392	59 330.872 4	151.354 3		
	总变异	449	165 763.06			
地径	地点	1	938.282 3	938.282 3	203.006 7	0.000 1**
	种源	14	342.943 2	24.495 9	5.299 9	0.000 1**
	种源×地点	14	632.998 5	45.214 2	9.782 5	0.000 1**
	试验误差	392	1 811.795 6	4.621 9		
	总变异	449	3 873.515 3			

2）种源遗传稳定性分析

种源的稳定性主要是指生长性状的稳定性，所谓种源生长性状的稳定性是指种源在不同的环境条件下，能够保持最佳生长量的稳定状态。它是种源使用范围的依据。

采用 Finaly 和 Wilknson（1963）提出的回归分析方法（续九如，2006），即以每一参试点的所有种源某一性状的平均值为自变量，作为参试点该性状的环境指数，以每个参试点各个种源该性状的平均值作因变量，求回归系数，作为种源的稳定性参数。一般将 b_i=1 基因型定义为平均稳定性，适应于广泛的生境。b_i<1 的基因型其产量水平超过平均稳定性，特别适应在不利的生境条件下生长。b_i>1 的基因型为低平均稳定性，在立地好的地区表现好，而在立地差的地方表现差（b_i=回归系数）。

采用回归分析的方法，对各种源苗高平均数作回归分析，各种源苗高均值和稳定系数列入表 5-32。从表 5-32 中可以看出，根据 b 值可以把种源划分为 b=1，b>1 和 b<1 三种类型。

表 5-32　不同种源厚朴苗高遗传稳定性及丰产性评价

Tab.5-32　Heredity stability and productivity appraise of height of *Houpoëa officinalis* seedling from different provenances

种源	丰产性参数		稳定性参数			适应地区	综合评价
	产量	效应	方差	变异度	回归系数		
浦城	60.27	13.2833	852.038	48.4315	4.7827	E2	好
遂昌	60.0333	13.0467	419.547	34.1191	3.6544	E2	好
龙胜	59.5833	12.5967	1.896	2.3107	1.1784	E1~E2	很好
庆远	58.74	11.7533	90.233	16.1715	2.231	E2	好
政和	52.81	5.8233	17.05	7.819	0.4649	E1~E2	好
开县	51.7533	4.7667	2.708	3.1795	1.2132	E1~E2	好
宁强	51.0933	4.1067	0.094	0.5991	0.9603	E1~E2	好
景宁	48.0033	1.0167	32.425	11.8622	0.2621	E1	较好
洋县	46.64	−0.3467	260.975	34.637	−1.0935	E1	一般
宝兴	45.31	−1.6767	2.082	3.1843	1.187	E1~E2	较好
武夷山	43.6533	−3.3333	150.33	28.087	−0.5889	E1	一般
西乡	40.83	−6.1567	134.91	28.4474	−0.5052	E1	一般
城固	37.2333	−9.7533	125.129	30.0433	−0.4496	E1	一般
略阳	25.2567	−21.73	4.66	8.5471	0.7202	E1~E2	较差
康县	23.59	−23.3967	0.017	0.5582	0.9829	E1~E2	较差

注：E1，浙江富阳试验点；E2，福建泰宁试验点。下同

Note: E1, setting in Zhejiang Fuyang; E2, setting in Fujian Taining. The same below

对种源回归系数和平均苗高做散点图，从图 5-11 中可以看出，略阳、城固、武夷山、西乡、洋县、景宁和政和种源在 b=1 水平线以下，说明其适应性较好，稳定性高，在不利环境条件下这些种源也能有一定的生长量，其中洋县、景宁及政和种源苗高平均值较高，在有利的环境条件下会获得很高的生产力，属高产型，而城固和略阳种源虽然回归系数也小于 1，但是，其苗高平均值较小，在有利的环境条件下也不会获得很大的增益。

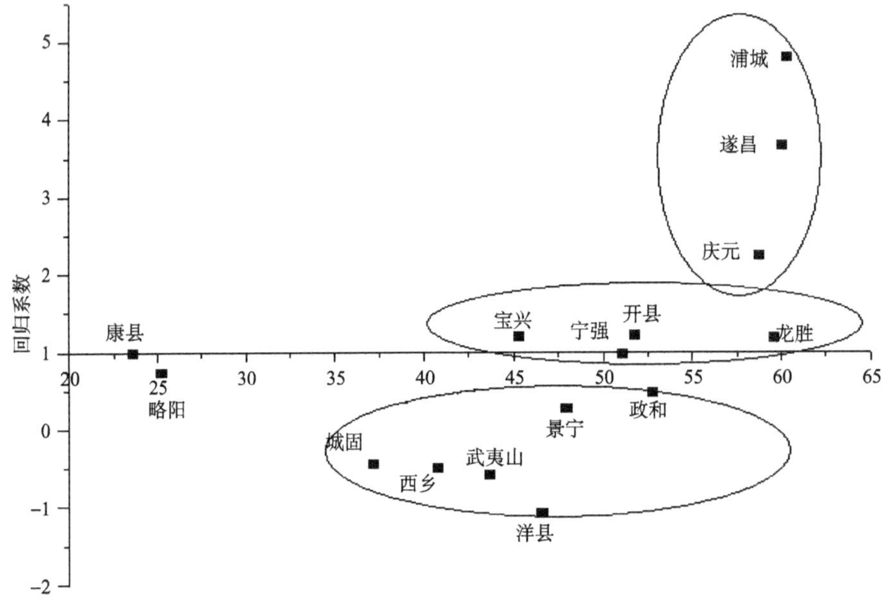

图 5-11　厚朴种源苗高稳定性分析

Fig.5-11　Heritability stability analysis of height of *Houpoëa officinalis* seedlings from different provenances

浦城、遂昌及庆元等种源回归系数显著大于 1，说明在有利环境件下种源有很大的丰产潜力，即具有特殊的适应性，且这三个种源苗高均值较大，在特定的环境条件下会有较大的增益。

康县、宝兴、宁强、开县及龙胜种源回归系数接近于 1，表明稳定性中等，有较为广泛的适用区域。表 5-32 还详细指出了 15 个种源的适宜育苗地点，并且进行了综合评价。

同样采用回归分析的方法，对各种源地径平均数作回归分析，各种源地径均值和稳定系数列入表 5-33。从表中可以看出，根据 b 值可以把种源划分为 b=1，b>1 和 b<1 三种类型。

表 5-33　不同种源厚朴地径遗传稳定性及丰产性评价

Tab.5-33　Heritability stability and productivity appraise of basal diameter of *Houpoëa officinalis* seedlings from different provenances

种源	丰产性参数		稳定性参数			适应地区	综合评价
	产量	效应	方差	变异度	回归系数		
浦城	13.2657	1.8048	6.627	19.4063	2.2607	E2	好
景宁	12.3203	0.8594	0.01	0.8071	0.9513	E1~E2	好
遂昌	12.2157	0.7548	5.598	19.3687	2.1586	E2	较好
龙胜	12.1943	0.7334	1.628	10.4649	1.6249	E2	较好
政和	12.078	0.6171	0.175	3.4661	1.205	E1~E2	好
庆远	12.0473	0.5864	0	0.0863	1.0051	E1~E2	好
开县	11.8933	0.4324	0.356	5.0182	1.2923	E1~E2	较好
略阳	11.19	−0.2709	0.787	7.9286	1.4345	E1~E2	一般
康县	11.1403	−0.3206	2.123	13.0799	1.7136	E2	一般
宁强	11.058	−0.4029	0.006	0.6903	0.9626	E1~E2	一般
洋县	10.786	−0.6749	17.107	38.3467	−1.0254	E1	较差
西乡	10.708	−0.7529	0.56	6.9907	0.6334	E1~E2	一般
武夷山	10.6663	−0.7946	3.441	17.3907	0.0916	E1	较差
宝兴	10.418	−1.0429	2.76	15.9455	0.1865	E1	较差
城固	9.9323	−1.5286	1.02	10.1707	0.5053	E1	不好

对种源回归系数和平均地径做散点图，从图 5-12 中可以看出，城固、宝兴、西乡、洋县及武夷山种源在 b=1 水平线以下，说明其适应性较好，稳定性高，在不利环境条件下这些种源也能有一定的生长量，其中西乡、洋县及武夷山种源地径平均值较高，在有利的环境条件下会获得很高的生产力，属高产型，而宝兴和城固种源虽然回归系数也小于 1，但是，其地径平均值较小，在有利的环境条件下也不会获得很大的增益。

浦城、遂昌、康县、龙胜及略阳等种源回归系数显著大于1，说明在有利环境条件下种源有很大的丰产潜力，即具有特殊的适应性，且遂昌、龙胜及浦城三个种源地径均值较大，在特定的环境条件下会有较大的增益。宁强、庆元、政和、景宁及开县种源回归系数接近于 1，表明稳定性中等，有较为广泛的适用区域。

表 5-33 中还给出了 15 个种源的适宜育苗地点，并进行了综合评价。

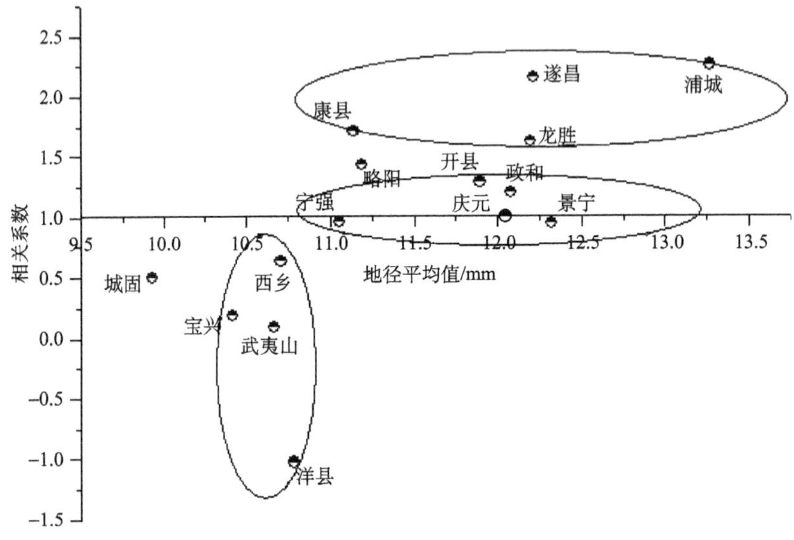

图 5-12　厚朴种源地径稳定性分析

Fig.5-12　Heritability stability analysis of basal diameter of *Houpoëa officinalis* seedlings from different provenances

5. 厚朴生物量变异及分配格局

植物的外貌形态和生态构型等与其所处的环境密切相关，会随着外界环境条件的改变而改变。植物形态和生物量等变化是植物与环境条件共同作用的结果，反映了植物个体对环境条件的适应能力和生长发育规律，也反映了环境条件对植物影响程度。根冠比不仅能够反映光合产物在地上和地下器官的不同投资分配，而且对地下生物量的估算也具有非常重要的价值。由于各种源厚朴所处的地理气候因子不一样，为了研究厚朴幼苗的表型差异，将控制环境因子，通过遗传特性来研究其表型差异。

1）厚朴种源生物量指标种源间变异及多重比较

方差分析表明（表 5-34），除叶生物量比在种源间不存在显著差异外，厚朴不同种源生物量指标均存在显著（$P<0.05$）或极显著差异（$P<0.01$）。利用所测定的指标，计算各种源的叶干重、根干重、茎干重、总生物量、根冠比、根生物量比、茎生物量比、叶生物量比及幼苗含水量的平均值。为比较厚朴种源生物量的种源间差异，重点揭示各生物量的变异强弱，还计算出种源间各指标的变异系数（表 5-35）。从各指标的种源间表现来看，变异系数从大到小依次为茎干重＞叶干重＞总生物量＞根干重＞根冠比＞根生物量比＞茎生物量比＞叶生物量比＞叶重分数＞幼苗含水量，最小的是幼苗含水量，为 2.99%，最大的是茎干重，高

达 40.06%，且比其他指标的变异系数高出 1~13.4 倍，由此说明种源间茎干重的变异较大，是厚朴种源间进行优良种源选择的重要依据。

表 5-34　厚朴种源生物量指标方差分析

Tab.5-34　Variance analysis of different biomass of *Houpoëa officinalis* seedlings from different provenances

测定指标	变异来源	平方和	自由度	均方	F 值	P 值
叶干重	种源间	920.039	14	65.7171	5.384	0.0001**
根干重	种源间	357.4041	14	25.5289	3.659	0.0017**
苗干重	种源间	613.7847	14	43.8418	7.269	0.0001**
总生物量	种源间	5077.9946	14	362.7139	5.615	0.0001**
根冠比	种源间	0.3222	14	0.023	4.079	0.0008**
根生物量比	种源间	0.0747	14	0.0053	3.875	0.0011**
茎生物量比	种源间	0.0586	14	0.0042	4.145	0.0007**
叶生物量比	种源间	0.0509	14	0.0036	1.942	0.0657
叶重分数	种源间	0.0662	14	0.0047	2.387	0.0243*
幼苗含水量	种源间	0.0165	14	0.0012	2.479	0.0199*

多重比较的结果详见表 5-35。该数据表明，总生物量方面，福建武夷山、广西龙胜及陕西洋县列为前三，分别为 45.37g/株、44.66g/株、42.52g/株，比种源平均值高出 54.8%、52.4%、45.1%。武夷山、龙胜及洋县种源在根干重、茎干重、叶干重方面均较大。浦城、宝兴、西乡及城固种源在根冠比方面较大，说明这些种源将大量的生物量分配给了地下部分。总生物量较小的种源是略阳、西乡、开县及康县种源，均比种源均值小。叶重分数表达了叶干重占地上部分的份额，叶重分数较大的种源是略阳、康县及宝兴种源，即来源于西北地区的种源叶重分数较大。从地理变异情况来看，根冠比西北种源大于东南种源，而总生物量东南种源大于西北种源（图 5-13）。

2）厚朴种源各器官生物量的分配格局

从图 5-14 可知，厚朴种源各器官生物量分配格局大致可分为 4 类，第一类为景宁、庆元、政和、浦城、武夷山、龙胜、开县、西乡、城固、洋县、略阳及康县种源，分配情况为叶＞茎＞根；第二类为宁强种源，分配情况为叶＞根＞茎；第三类为遂昌种源，分配情况为茎＞叶＞根；第四类是宝兴种源，分配情况为根＞叶＞茎。前两类与后两类不同的是，将大量生物量分配于叶。

表 5-35　厚朴种源生物量指标变异及多重比较

Tab.5-35　Seedlings biomass variation and multiple comparision of *Houpoëa officinalis* seedlings from different provenances

种源	测量指标									
	叶干重/g	根干重/g	茎干重/g	总生物量/g	根冠比	根生物量比	茎生物量比	叶生物量比	叶重分数	苗含水量/%
景宁	14.79±1.07abcd	9.56±0.13abc	11.85±1.19ab	36.21±2.36abc	0.36±0.03bcd	0.26±0.02bcde	0.33±0.01abc	0.41±0.003	0.56±0.01bc	65bc
庆远	11.39±4.87de	7.21±3.46bcd	11.05±2.24ab	29.65±10.18bcdef	0.32±0.07cd	0.24±0.04cde	0.38±0.06a	0.38±0.04	0.50±0.06c	65bc
遂昌	9.44±2.42de	7.63±3.72bcd	9.38±2.92bc	26.46±9.04cdefg	0.39±0.10bcd	0.28±0.06bcde	0.36±0.02abc	0.37±0.04	0.50±0.02c	66abc
政和	10.32±1.34de	5.86±0.96cd	9.44±1.12bc	25.62±2.19cdefg	0.30±0.03cd	0.23±0.02de	0.37±0.04ab	0.40±0.05	0.52±0.05bc	66abc
浦城	12.80±2.27bcde	9.52±1.54abc	9.46±1.96bc	31.78±5.70abcde	0.43±0.03bc	0.30±0.01bcd	0.30±0.01cde	0.40±0.01	0.58±0.01abc	65bc
武夷山	19.11±5.85ab	11.34±3.05ab	14.92±2.71a	45.37±11.27a	0.33±0.02cd	0.25±0.01cde	0.33±0.03abc	0.42±0.03	0.56±0.04bc	65bc
龙胜	19.79±6.12a	9.93±4.73abc	14.94±4.58a	44.66±15.08ab	0.28±0.06d	0.22±0.04e	0.34±0.01abc	0.45±0.03	0.57±0.02bc	69ab
开县	6.91±3.05e	4.36±0.62d	6.12±1.42cd	17.39±4.82efg	0.35±0.06bcd	0.26±0.03bcde	0.36±0.06abc	0.39±0.08	0.52±0.09bc	65bc
西乡	6.75±1.85e	5.26±0.86cd	5.46±0.99cd	17.47±3.43efg	0.44±0.08bc	0.30±0.04bc	0.31±0.01bcd	0.38±0.05	0.55±0.04bc	68ab
城固	12.49±5.29cde	9.92±5.49abc	11.29±5.67ab	33.70±16.41abcd	0.41±0.04bcd	0.29±0.02bcde	0.33±0.02abc	0.38±0.03	0.53±0.03bc	63c
宁强	15.11±1.19abcd	13.05±2.94a	11.85±1.50ab	40.01±5.01abc	0.48±0.08b	0.32±0.04ab	0.30±0.03cde	0.38±0.02	0.56±0.03bc	68ab
洋县	18.08±4.35abc	10.25±2.55abc	14.20±1.40a	42.52±6.82ab	0.32±0.09cd	0.24±0.05cde	0.34±0.02abc	0.42±0.06	0.56±0.04bc	65bc
略阳	6.34±1.14e	3.94±0.59d	4.60±1.03d	14.88±2.74fg	0.36±0.02bcd	0.27±0.01bcde	0.31±0.01bcde	0.43±0.01	0.58±0.01abc	67abc
康县	7.24±3.33e	3.26±0.67d	3.67±1.22d	14.18±4.86g	0.32±0.09cd	0.24±0.05cde	0.26±0.05de	0.50±0.06	0.65±0.06a	68ab
宝兴	7.25±1.36e	7.38±1.35bcd	4.90±0.53cd	19.53±1.76defg	0.62±0.18a	0.38±0.06a	0.25±0.01e	0.37±0.06	0.59±0.04ab	70a
CV/%	39.49	36.92	40.06	37.53	23.04	15.54	11.52	8.62	7.16	2.99

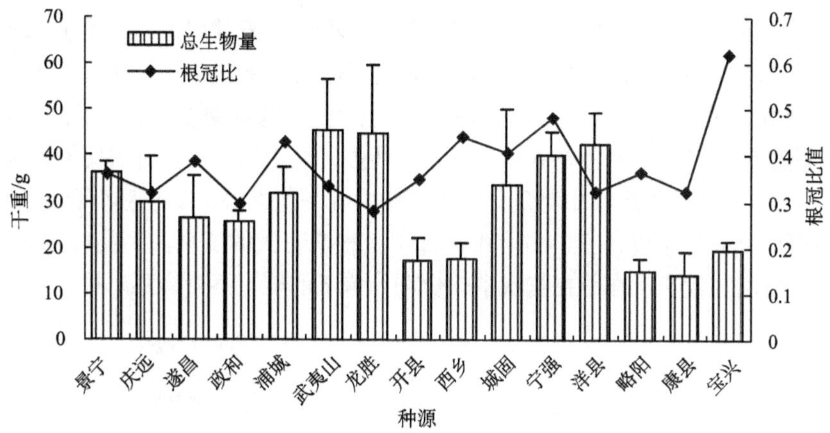

图 5-13　不同种源厚朴总生物量差异及根冠比

Fig.5-13　Biomass difference and root/shoot ratios of *Houpoëa officinalis* seedlings from different provenances

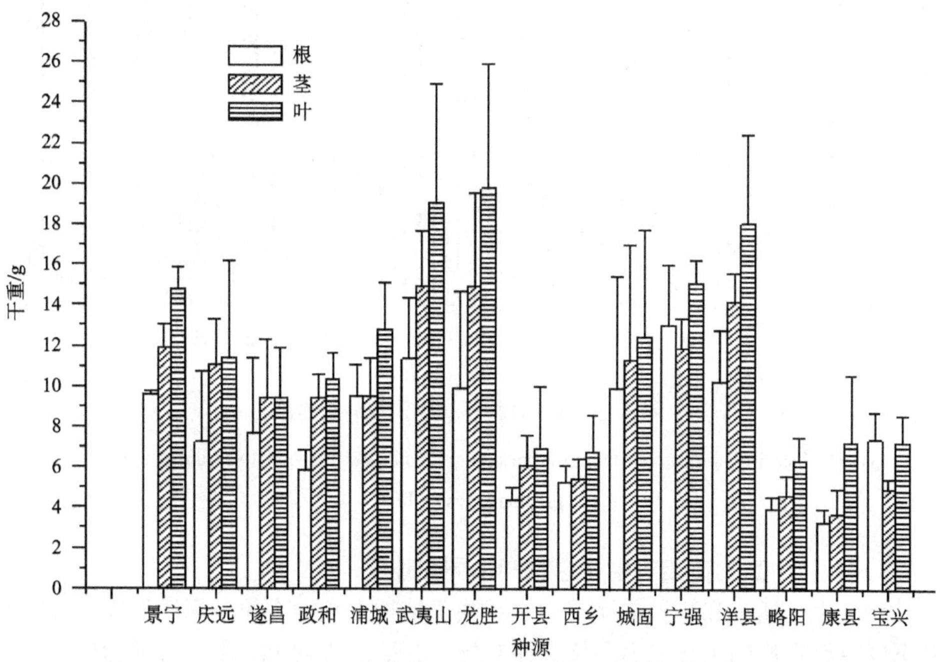

图 5-14　厚朴种源各器官生物量分配格局

Fig.5-14　Biomass allocation patterns of *Houpoëa officinalis* seedlings from different provenances

由于厚朴根茎叶均可入药，因此研究其生物量分配随时间的变化规律具有重要意义。浦城种源在这个时期未测量，所以不计入分析。6 月（图 5-15）除康县种源生物量分配规律为叶＞根＞茎以外，其他种源均为叶＞茎＞根，这个时期叶片在总生物量所占有的比例都在 60%以上，且茎根在总生物量种占有的比例差异不大。8 月（图 5-16）这些种源的生物量分配规律均为叶＞茎＞根，该时期叶干重在总生物量中占有的率有所下降，茎的占有率增加了，根未有大的变化，康县种源在这个时期茎生物量增加较快，在总生物量中的份额由原来的根＞茎变为茎＞根。

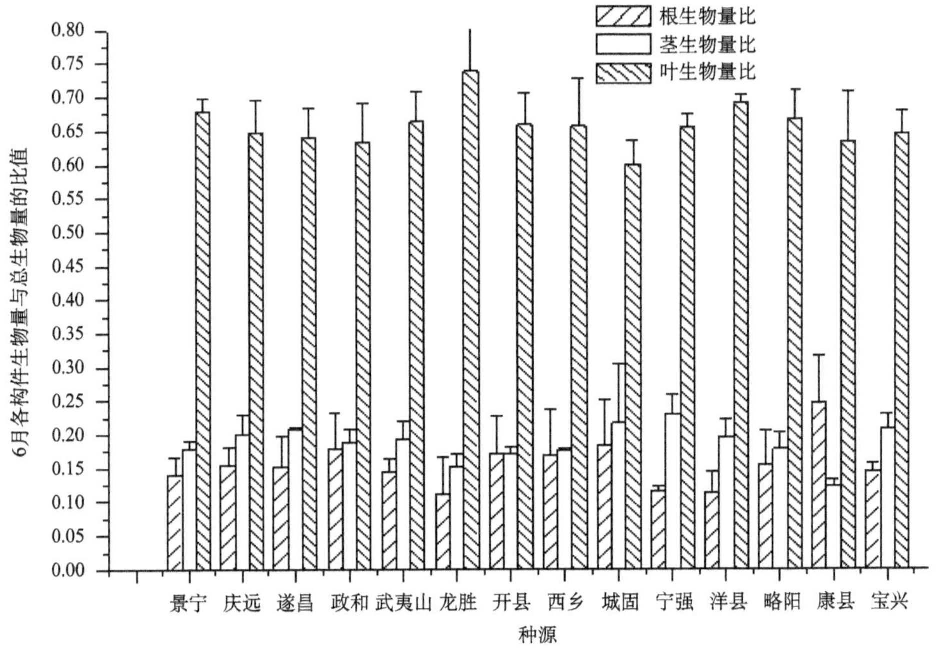

图 5-15　6 月各构件生物量的分配格局

Fig.5-15　Seedlings biomass allocation patterns of *Houpoëa officinalis* seedlings from different provenances in June

3）厚朴种源幼苗相对生长速率和净同化速率

相对生长速率和净同化速率均是反映了植物生长能力的指标，不同种源幼苗及不同时期它们的生长能力必然存在差异，由图 5-17 可知，不同时期相对生长速率有显著差异，即除了政和种源在 7~8 月相对生长速率小于 9~10 月外，其他种源均为 7~8 月大于 9~10 月；7~8 月，景宁、武夷山、城固及康县种源相对生长速率较大，在 9~10 月，政和、武夷山及龙胜种源的相对生长速率较大，武夷山种源在 7~8 月及 9~10 月相对生长速率均比较大。净同化速率方面，景宁、龙胜、开县及洋县在 7~8 月较大（图 5-18）。

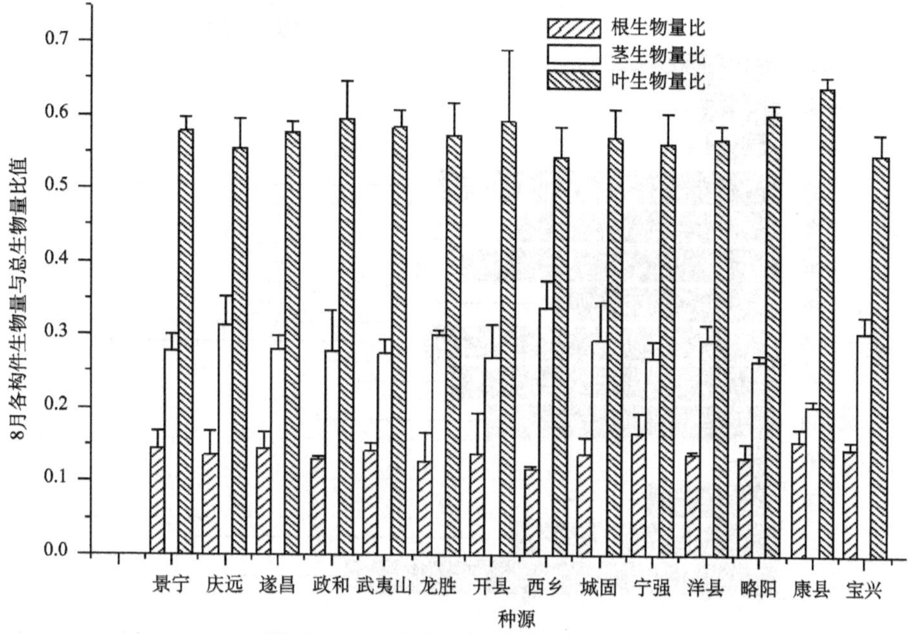

图 5-16　8 月各构件生物量的分配格局

Fig.5-16　Seedlings biomass allocation patterns of *Houpoëa officinalis* seedlings from different provenances in August

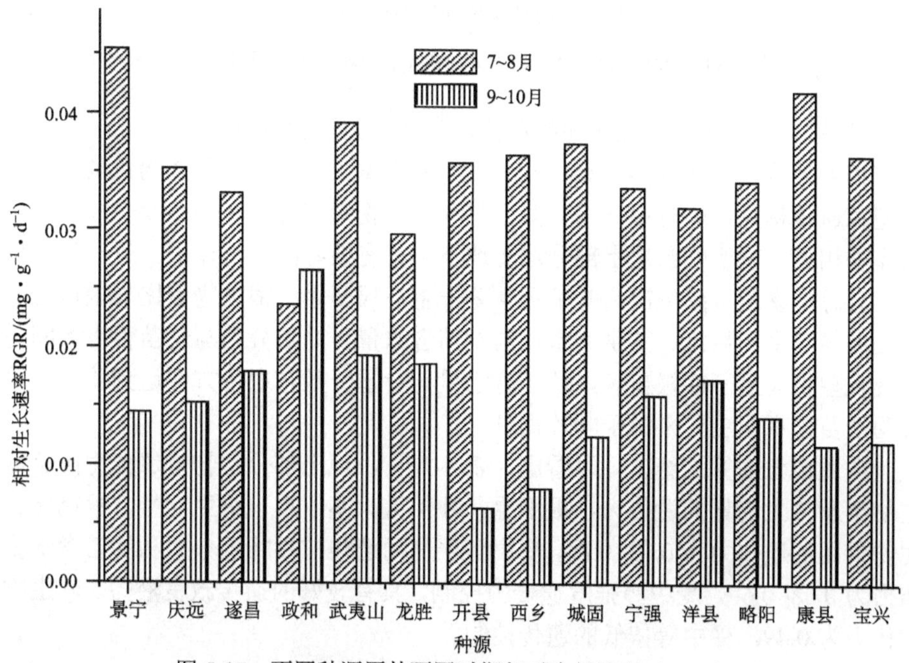

图 5-17　不同种源厚朴不同时期相对生长速率（RGR）

Fig.5-17　Relative growth rates of *Houpoëa officinalis* from different provenances in different stages

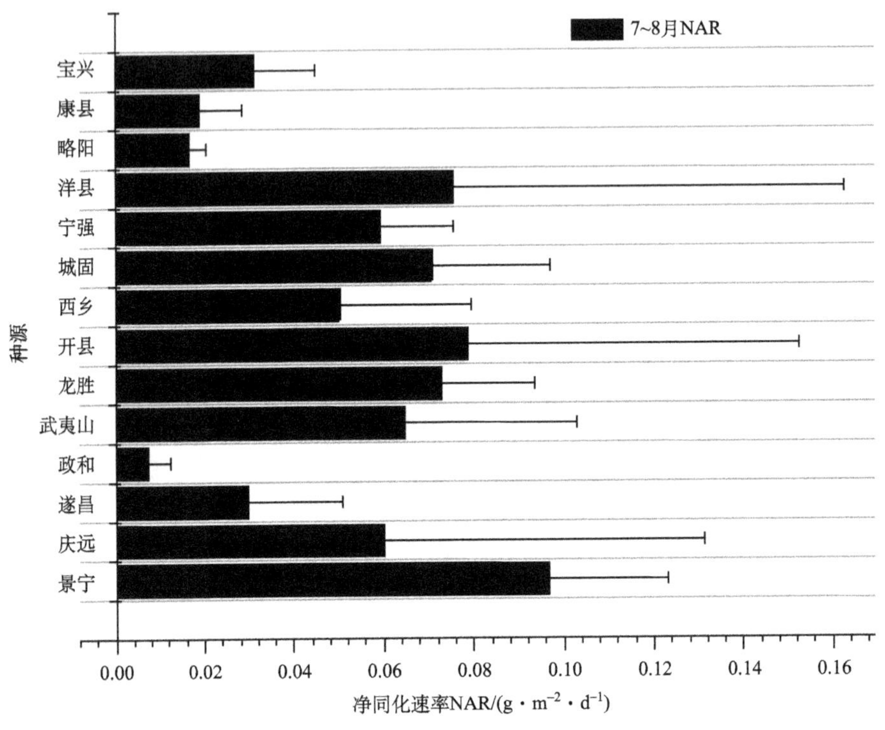

图 5-18　不同种源厚朴净同化速率（NAR）

Fig.5-18　Net assimilation rates of *Houpoëa officinalis* from different provenances

4）厚朴种源生物量性状间的遗传、表型相关及遗传力

相关分析表明（表 5-36），叶干重与根干重、茎干重及总生物量具有极显著表型和遗传相关，同时根干重、茎干重和总生物量三者间在遗传及表型方面存在极显著相关，说明幼苗地上部分对于地下部具有很好的指示作用。进一步分析发现，对总生物量贡献依次为叶干重＞茎干重＞根干重。根生物量比与根冠比、叶重分数与茎生物量比、茎生物量比与幼苗含水量、叶重分数与幼苗含水量间在遗传及表型相关显著或极显著，幼苗含水量与叶重分数在遗传方面达到显著相关，说明幼苗含水量主要来源于叶片提供。

从遗传力估算的结果可以看出（表 5-36），地上部分生物量遗传力高于地下生物量及总生物量的遗传力，根干重、叶干重、茎干重、总生物量、根冠比、茎生物量比的遗传力为 0.72~0.86，受高等强度的遗传控制叶重分数和幼苗含水量遗传力为 0.58~0.60，受中等强度遗传力控制，具有较好的遗传改良潜力。叶生物量遗传力为 0.49，受中等偏低的遗传控制。

表 5-36　厚朴苗期生物量各指标间遗传、表型相关及广义遗传力

Tab.5-36　Heritability，phenotype correlation and broad sense heritability of biomass indexes of *Houpoëa officinalis* seedlings from different provenances

性状	叶干重	根干重	茎干重	总生物量	根冠比	根生物量比	茎生物量比	叶生物量比	叶重分数	幼苗含水量
叶干重	0.81	0.87**	0.98**	0.99**	−0.39	−0.41	0.44	0.02	−0.34	−0.21
根干重	0.84**	0.73	0.85**	0.92**	0.03	0.03	0.21	−0.34	−0.32	−0.20
茎干重	0.96**	0.84**	0.86	0.98**	−0.48	−0.48	0.61*	−0.09	−0.53*	−0.43
总生物量	0.98**	0.91**	0.98**	0.82	−0.33	−0.34	0.45	−0.10	−0.41	−0.29
根冠比	−0.33	0.15	−0.37	−0.23	0.75	1.00**	−0.78**	−0.46	0.45	0.54*
根生物量比	−0.33	0.16	−0.37	−0.23	0.99**	0.74	-0.76**	−0.48	0.42	0.46
茎生物量比	0.23	0.05	0.47	0.27	0.33	−0.62	0.76	−0.20	−0.91**	−0.93**
叶生物量比	0.16	−0.25	−0.07	−0.02	−0.52*	−0.54*	−0.32	0.49	0.60*	0.57*
叶重分数	−0.08	−0.16	−0.36	−0.20	0.20	0.18	−0.88**	0.73**	0.58	1.00**
幼苗含水量	−0.27	−0.24	−0.41	−0.32	0.39	0.34	−0.57*	0.20	0.51*	0.60

注：上三角遗传相关，下三角表型相关，对角线广义遗传力

Note: genetic correlation (above diagonal), phenotypic correlation (below diagonal) and broad-sense heritability (diagonal line)

5.2.4　结论与讨论

5.2.4.1　不同种源的生长节律

近年来对于厚朴当前研究工作远远跟不上生产发展需求，尤其关于厚朴的种内变异及选择利用、育苗造林技术等方面的研究仍是相当薄弱，“S”型生长曲线用于描述某一种群受空间约束的生长过程（卢恩双等，2002），其特点是开始生长缓慢，随着环境条件的变化，某一时间段内生长速度较快，近于线性生长，达到一定界限之后，生长速度又趋于缓慢，直至停止生长。由于“S”型生长曲线具有这一特点，在林木生长动态变化规律研究中得到了广泛的应用（洪伟等，2004；麻文俊等，2010）。在符合“S”型生长曲线的林木生长过程中，近线性生长期，也就是通常所说的“速生期”是生长过程的关键阶段，这一阶段的生长量对总生长量起决定性作用。“S”型生长曲线有几个重要的参数：①生长极值，

它常常是培育的直接目标；②最大生长速度；③物候期参数，即速生期始点、终点、中点及速生持续期，这在林木培育上具有重要的价值。

应用“S”型生长曲线对于不同种源厚朴生长节律进行分析，获得以下结论。

a. 本文利用 Logistic 方程对 15 个厚朴种源苗期高生长动态变化进行拟合，Logistic 拟合曲线与实测值间的符合程度均达到极显著相关，说明利用 Logistic 方程拟合厚朴的生长节律是可行的。对不同种源的苗高生长节律的分析表明，不同种源的苗高生长节律基本一致，但对其生长过程中速生期的起止时间和持续时间进行量化分析发现，不同种源的速生期起止时间和持续时间存在较大差异，其中，种源间线性生长始期时间早晚相差 21d，线性生长末期时间早晚相差 22d，线性生长期持续时间长短相差达 18d。各种源苗高的生长参数也存在差异，线性生长量差异较大。一年生厚朴幼苗线性生长期内的生长量占整个生长量的 55%以上，说明线性生长期是厚朴幼苗生长的关键时期，因此要重点抓好线性生长期内的合理追肥、除草、病虫害防治等育苗措施，以促进苗木的生长。比较南北之间生长节律的差异性发现，种源区之间进入线性生长始期及末期差异显著，东南种源区进入线性生长始期时间较西北种源区晚 7d。线性生长末期结束的时间东南种源区较西北种源区晚 6d。最大生长速率、线性生长速率、线性生长期及线性生长量都有类似的变异趋势，即东南种源区＞西北种源区。但 Chuine 等（2001）利用两个地点的种源试验苗期材料分析小于松种源间的苗高生长参数差异时，两个试验点得到的种源间的苗高生长参数变化规律不一致。为此，课题组已在多点造林，进一步验证不同种源幼林高生长的动态变化规律。

b. 对不同种源幼苗地径的拟合发现，不同种源的 Logistic 拟合方程均达到了显著或极显著相关，Logistic 拟合曲线与实测值间的符合程度较高，说明利用 Logistic 方程拟合厚朴的生长节律是可行的。15 个种源地径的生长参数均有所差异，差异较大的是线性生长期、最大生长速率及线性生长速率。从线性生长期持续的时间来看，厚朴苗高所持续的时间均小于地径所持续的时间，所以在今后厚朴育苗时，可将地径作为判断幼苗是否已经停止生长的指标。最大生长速率、线性生长速率、线性生长期及线性生长量都有类似的变异趋势，即东南种源区＞西北种源区。这一结论与苗高生长参数的变化趋势相同。

5.2.4.2　厚朴种源的遗传稳定性

种源遗传稳定性一直是林学家研究的重点（徐有明等，2008；宋云民和张明生，1997；王军辉等，2000）。研究基因型与环境交互作用效应对林木遗传改良具有重要意义，了解各品种的生长适应性和遗传稳定性，可以确定品种的适宜推广范围，已成为林木遗传育种的一个重要组成部分（王军辉等，2000）。目前已对辐射松、火炬松、黑杨派无性系、刺槐等树种的遗传稳定性进行研究（饶龙兵，

2009；林思京，2010；李善文等，2004；张敦论等，2001）。遗传稳定性的研究方法和建立的模型也有多种，如线性回归分析、非线性回归分析、主分量分析、偶图法、多维标度法、主坐标分析、对应分析等，但是每一种方法都有其特色。

本章对浙江富阳和福建泰宁两个参试点的地径和苗高进行多点联合分析，苗高和地径在地点间及种源间均存在极显著差异，说明环境与基因型对最终的苗高和地径都有影响。苗高方面，基因型对苗高生长量的影响大于环境所起的作用；地径方面，环境对地径的影响大于基因型。在环境与基因型间也存在互作。

苗高遗传稳定性分析表明，略阳、城固、武夷山、西乡、洋县、景宁及政和种源其适应性较好，稳定性高，在不利环境条件下这些种源也能有一定的生长量，其中洋县、景宁及政和种源在有利的环境条件下会获得很高的生产力，属高产型，城固和略阳种源其苗高平均值较小，在有利的环境条件下也不会获得很大的增益。浦城、遂昌及庆元等种源在有利环境条件下种源有很大的丰产潜力，即具有特殊的适应性，在特定的环境条件下会有较大的增益。康县、宝兴、宁强、开县及龙胜种源稳定性中等，有较为广泛的适用区域。

地径遗传稳定性分析表明，城固、宝兴、西乡、洋县及武夷山种源其适应性较好，稳定性高，在不利环境条件下这些种源也能有一定的生长量，其中西乡、洋县及武夷山种源在有利的环境条件下会获得很高的生产力，属高产型，宝兴和城固种源在有利的环境条件下也不会获得很大的增益。浦城、遂昌、康县、龙胜及略阳等种源在有利环境条件下种源有很大的丰产潜力，即具有特殊的适应性，且遂昌、龙胜及浦城三个种源在特定的环境条件下会有较大的增益。宁强、庆元、政和、景宁及开县种源稳定性中等，有较为广泛的适用区域。

5.2.4.3　厚朴生物量性状变异及分配格局

周国模（1999）等通过对喜树种源苗期干物质积累和分配规律的研究，结合考虑喜树碱在不同器官中的分布情况，初选出丰产生物碱的优良种源。陈宗游等（2008）等对 4 个不同种源黄花蒿的生长发育状况和生物量分配进行比较，结合考虑青蒿素含量主要存在于叶片中，初步进行了筛选。对于药用植物的生物量分配问题，生产厚朴在选择生态型种源时，除了考虑厚朴酚与和厚朴酚因素之外还要考虑其各功能构件在总生物量中所占的比例，一方面选育干物质积累能力强的林木种源，另一方面可说明其药材生产力水平的高低。

本章利用种源苗期试验，系统研究厚朴干物质积累的种源差异及其分配规律。结果表明，不管是单株干物质积累量，还是根、茎、叶各器官干质量积累量，其种源区内种源效应达到显著或极显著水平。不同种源生物量分配格局存在差异性，景宁、庆元、政和、浦城、武夷山、龙胜、开县、西乡、城固、洋县、略阳及康县种源，分配情况为叶＞茎＞根，宁强种源分配情况为叶＞根＞茎，遂昌种源分配情况为茎＞叶＞根，宝兴种源分配情况为根＞叶＞茎。

对生物量指标进行遗传相关分析和广义遗传力估算结果表明，各指标的广义遗传力变化为 0.49~0.86，总体表现对总生物量贡献依次为叶干重＞茎干重＞根干重。与厚朴药材产量直接相关的功能构件的广义遗传力为 0.72~0.86，受高等强度的遗传控制，具有较好的遗传改良潜力。

参 考 文 献

陈宗游, 蒋运生, 韦霄, 等. 2008. 不同种源黄花蒿生长及生物量分配. 广西植物, 28(4): 544-548

初敏, 丁立文, 刘红, 等. 2003. 厚朴商品资源概述. 中草药, 34(6): 14-15

顾万春. 1990. 毛白杨优良无性系选育——生产力遗传稳定性和适应性评价. 林业科学研究, 3(3): 222-227

洪伟, 吴承祯, 闫淑君. 2004. 对种群增长模型的改进. 应用与环境生物学报, 10(1): 23-26

黄金桃. 2003. 凹叶厚朴材药两用林定向培育的密度控制. 福建林学院学报, 23(2): 168-172

江泽鹏, 刘善荣. 2008. 不同肉桂种源苗期生长差异及质量评价. 林业科技开发, 22(2): 74-76

康振兴, 钟怡, 钟亚铃, 等. 2007. 紫油厚朴的研究现状. 重庆中草药研究, 6: 36-39

李建民. 1992. 马尾松自由授粉家系与环境互作分析. 南京林业大学学报, 16(2): 63-70

李利红, 李先芳, 马锋旺. 2006. 杏树花芽分化期叶绿素含量·比叶重和叶绿素 a/b 的研究. 安徽农业科学, 34(19): 4917-4918

李鹏, 李占斌, 谵台湛. 2005. 黄土高原退耕还草地植被根系动态分布特征. 应用生态学报, 16(5): 849-853

李善文, 姜岳忠, 王桂岩, 等. 2004. 黑杨派无性系多性状遗传分析及综合评选研究. 北京林业大学学报, 26(3): 36-40

李有志, 黄继山. 2007. 光照和温度对小叶章种子萌发及其幼苗生长的影响. 湖南农业大学学报, 33(2): 187-190

梁有旺, 彭方仁. 2007. 不同种源香椿苗期生长差异比较. 林业科技开发, 21(2): 38-41

林思京. 2010. 抗病湿地松、火炬松家系评价及优良家系选择. 南京林业大学学报(自然科学版), 34(2): 51-54

刘寿强. 2001. 凹叶厚朴杉木混交林的水文特征. 福建林学院学报, 21(3): 245-248

卢恩双, 郭满才, 宋世德, 等. 2002. 一类非自治的 Logistic 生长曲线及其应用. 西北农林科技大学学报(自然科学版), 30(4): 127-129

麻文俊, 王军辉, 张守攻, 等. 2010. 楸树无性系苗期年生长参数的分析. 东北林业大学学报, 38(1): 4-7

邱尔发. 2002. 不同种源毛竹叶表叶绿素浓度动态. 福建林学院报, 22(4): 312-315

饶龙兵. 2009. 澳大利亚辐射松遗传育种及其借鉴. 世界林业研究, 22(4): 73-76

舒枭, 杨志玲, 杨旭, 等. 2009a. 不同种源厚朴叶片性状变异及幼苗生长量研究. 生态与农村环境学报, 25(4): 19-25

舒枭, 杨志玲, 段红平, 等. 2009b. 厚朴种源苗期生长差异及优良种源选择研究. 生态科学, 8(4): 311-317

舒枭, 杨志玲, 段红平, 等. 2010a. 不同产地厚朴种子性状的变异分析. 林业科学研究, 23(3): 457-461

舒枭, 杨志玲, 段红平, 等. 2010b. 濒危植物厚朴种子萌发特性研究. 中国中药杂志, 35(4): 419-422

舒枭, 杨志玲, 段红平, 等. 2010c. 不同种源厚朴苗期性状遗传变异及主成分分析. 武汉植物学研究, 25(5): 623-630

宋云民, 张明生. 1997. 火炬松种源遗传稳定性的研究. 林业科学研究, 10(6): 581-586

孙启中, 赵淑芬, 张志如, 等. 2007. 尖叶胡枝子地下生物量累积变化. 干旱区研究, 24(6): 805-809

涂育合, 叶功富, 林照授, 等. 2003. 凹叶厚朴材药两用林栽培试验及经营管理技术. 福建林学院学报, 23 (2): 145-149

王进, 陈叶. 2006. 光照、温度和土壤水分对孜然芹种子萌发和幼苗生长的影响. 植物生理学通讯, 42(6): 1106-1108

王军辉, 顾万春, 李斌. 2000. 桤木优良种源/家系的选择研究——生长的适应性和遗传稳定性分析. 林业科学, 36(3): 59-66

徐德聪, 吕芳德. 2006. 美国山核桃叶片性状及其与苗木生长量的关系. 经济林研究, 24(1): 16-20

徐德聪, 吕芳德, 粟彬, 等. 2005. 不同立地美国山核桃叶绿素荧光特性及叶性状比较. 经济林研究, 23 (4) : 17-20

徐有明, 林汉, 班龙海. 2008. 不同环境下火炬松种源造纸材材性遗传差异与遗传稳定性分析. 林业科学, 44(6): 157-163

续九如. 2006. 林木数量遗传学. 北京: 高等教育出版社: 103-105

杨胜. 1997. 饲料分析及饲料质量检测技术. 北京: 中国农业出版社: 45-50

杨志玲, 谭梓峰, 谢韵帆. 2004. 湖南永州市厚朴资源及产业化建设探讨. 药用植物研究与中药现代化——第四届全国药用植物学与植物药学术研讨会论文集. 南京: 东南大学出版社: 301-303

杨志玲, 杨旭. 2010. 厚朴种质资源研究. 北京: 林业出版社: 6-9

杨志玲, 杨旭, 谭梓峰, 等. 2009. 厚朴不同种源及家系种子性状的变异. 中南林业科技大学学报, 29(5): 49-55

于华会, 杨志玲, 谭梓峰, 等. 2010. 厚朴苗期性状及种源选择初步研究. 热带亚热带植物学报, 18(2): 189-195

张敦论, 张振芬, 李善文, 等. 2001. 刺槐无性系材性遗传变异及其建筑材无性系选择研究. 山东林业科技, (1): 1-7

张林, 罗天祥. 2004. 植物叶寿命及其相关叶性状的生态学研究进展. 植物生态学报, 28 (6) : 844-852

张萍, 金国庆, 周志春, 等. 2004. 木荷苗木性状的种源变异和地理模式. 林业科学研究, 17(2): 192-198

张万福, 王克勤, 王立群, 等. 2001. 恩施道地药材紫油厚朴的历史沿革与发展. 湖北民族学院学报(医学版), 18(2): 34-35

周国模, 吴家胜, 应叶青, 等. 1999. 喜树种源苗期生物量研究. 林业科学研究, (4): 389-391

宗文杰, 刘冲, 卜海燕, 等. 2006. 高寒草甸51种菊科植物种子大小变异及其对种子萌发的影响研究. 兰州大学学报(自然科学版), 42(5): 52-55

Chuine I, Aitken SN, Cheng C. 2001. Temperature threshold of shoot elongation in provenance of *Pinus contora*. Can J For Res, 31: 1444-1455

Gale MR, Grigal DE. 1987. Vertical root distribution of northern tree species in relation to successional status. Canadian Journal of Forest Research, 17: 829-834

Peng SB, Krieg DR, Girma FS. 1991. Leaf photosynthetic rate is correlated with biomass and grain production in grain sorghum lines. Photosynthesis Research, 28 (1) : 1-7

第六章　厚朴幼苗自然更新

6.1 引　　言

植物的自然更新是生态系统中资源再生产的一个自然生物学过程。在这个过程中，植物种群在时间和空间上不断延续、发展或发生演替，是种群得以增殖、扩散、延续和维持群落稳定的一个重要因素。这个过程受环境条件、自然干扰、人为干扰、更新树种的生理生态特征、现存树种与更新树种的关系、竞争植物和其他植物的特性等因素及其相互作用的影响（韩有志和王政权，2002）。自然更新失败是种群衰退、消失的直接原因（李小双等，2007）。幼苗阶段是个体生长最为脆弱、对环境变化最为敏感的时期（Parrish and Bazzaz，1985），幼苗的生长受生物和非生物等因素综合作用的影响，幼苗的定居和生长决定种群的格局和命运，是植物种群维持和实现更新的一个重要阶段。因此，对幼苗的成活和生长规律的研究具有重要的理论和实践的意义。

长期以来，对厚朴野生资源的采集利用，使其资源破坏到了空前严重程度，目前残存的厚朴野生种群和个体不断减少，早在20世纪90年代初被列为我国二级保护植物（傅立国，1991）。近年来，很多学者从繁育系统（杨旭等，2012a）、种实特性（杨旭等，2012b）、萌发特性（舒枭等，2010）、生殖细胞发育（王利琳等，2005）、受精障碍（王洁，2012）、遗传多样性（Yu et al.，2011）等方面对其濒危机制进行了研究，而对其更新的研究仅见林照熙等（2002）对不同林冠下厚朴更新幼树特征的简单报道，而对其种群更新特征、更新障碍的因子等方面还罕有研究。探讨被砍伐后的厚朴天然林更新过程，对于种群的恢复与重建具有重要意义。本章研究了不同群落厚朴种群的年龄结构、更新特征及更新障碍因子，为该植物的保护和可持续利用提供理论依据。

6.2 研 究 方 法

6.2.1 研究地概况

研究地位于浙江省遂昌县桂洋林场。地理位置119°08′31″E，28°21′01″N。海拔830~1516.3m，中山地貌，为浙闽山地组成部分，属武夷山仙霞岭山脉的分支，浙中华夏褶皱带中陈蔡—遂昌隆起地区。表壳岩石具双层结构模式，岩性以各种流纹质火山碎屑岩为主，地形切割强烈，河谷峻峭，险壑飞瀑。山地坡度一般为30°~35°，峡谷坡度达 45°~50°。气候为典型的中亚热带海洋性季风气候，四季分明，雨量充沛。年均温 12.3℃，极端最高气温为 30.2℃，极端最低气温为−12.5℃，年降雨量约 2400mm，降水集中在 4~6 月，占全年降水量的 80%。年日照 1515.5h，平均相对湿度 80%。林场森林覆盖率为 94.04%，主要以人工林为主，以黄山松（*Pinus taiwanensis*）、杉木为主要优势种群。

6.2.2 野外调查

6.2.2.1 不同群落类型中厚朴的分布

根据桂洋林场记载及林场工作人员经验，选择不同类型的群落，包括针阔叶混交林、针叶林、常绿阔叶林等，调查凹叶厚朴更新状况，群落特征见表 6-1。其中常绿阔叶林仅存于外蓬村土地庙，调查面积几乎囊括该场所有有厚朴分布的常绿阔叶林面积。

表 6-1　遂昌县桂洋林场厚朴群落基本特征

Tab.6-1　Community characteristics of *Houpoëa officinalis* from Guiyang forestry station in Suichang

群落类型	调查面积/m^2	海拔/m	坡度/（°）	坡向	郁闭度/%	土壤状况	人为影响
针阔叶混交林	2000	1038~1247	34~40	南	63	腐殖质厚，多碎石块，苔藓，土层厚	路边，影响大
针叶林	2000	1145~1220	36~52	东	79	腐殖质厚，少岩石，土层厚	人工林中，影响较小
常绿阔叶林	500	1046~1069	26~31	东	90	岩石背上，土层薄	几无

为了更全面地反映每一种群落中厚朴的生长状况，我们采用样带调查法。在每一群落中，沿山脚到山顶设置样带 4 条，样带间距离为 20m，每样带宽 5m，长 100m。常绿阔叶林由于调查面积的限制，设置样带三条，每条样带宽 5m，长 30~40m 不等，样带间距 10m。

将样带内所有厚朴植株挂牌（共计 134 株），于 2009~2011 年连续三年调查植株生长情况。包括植株高度、胸径、每年新长出的幼苗和死亡的植株。

6.2.2.2 年龄结构的确定

以大小级结构代替年龄结构研究种群动态得到广泛的应用，因此，本研究采用“以空间代替时间”的方法，根据厚朴生长特性及国际常用对乔木的分级方法，确定其大小级如下：Ⅰ级幼苗高度h≤0.33m；Ⅱ级幼树h>0.33m，胸径DBH≤2.5cm；Ⅲ级小树 h>0.33m，2.5cm<DBH≤7.5cm；Ⅳ级中树 h>0.3m，7.5cm<DBH≤22.5cm；Ⅴ级大树h>0.33m，DBH>22.5cm（刘春生，2010）。

6.2.2.3 更新幼苗的调查

调查样带内所有幼苗及幼树，即胸径≤2.5cm 的植株（为方便称呼，以下统称幼苗）。鉴别其是由种子长出的实生苗还是由母树基部生长出的萌生苗，其年龄可通过计算主茎上总的叶痕来精确鉴定，绘制更新幼苗的年龄结构图。不同群落中萌生和实生幼苗的分枝数、胸径、树高及年增长量，以 2009~2011 年三年调查数据的平均值计算。

6.2.2.4 林内微生境的调查

在各样带内用 TES1336A 测定林内光照，TSTO RC-HT601A 智能便携式数据仪记录林内的温湿度，便携式 TRIME-TDRZ 测定土壤含水量，以上数据每样带测量 5 次，为了减少误差，林内光照、温度、湿度等的测定在中午 12:00~13:00 的 1h 内完成。此外，调查林内枯落物盖度、枯落物厚度、草本层盖度、草本层厚度、腐殖质厚度等。

6.2.3 数据分析

采用 SPSS13.0 软件计算不同群落中幼苗的生长状况，并对环境因子进行相关分析。

6.3 结果与分析

6.3.1 厚朴在群落中的生长状况

调查的样地中除常绿阔叶林外，群落结构比较简单。计算群落中乔木层的重要值情况见表 6-2。从表 6-2 可以看出，人工栽培的杉木、黄山松等在针叶林及针阔叶混交林中有大量的分布，处于群落中的优势地位，几种栽培树种相加，可占群落 80%以上的面积，群落的高度达 9~13m。厚朴在群落占据一定的重要地位，重要值可达 14.17%~17.17%。灌木层主要由猴头杜鹃（*Rhododendron simiarum*）、杉木等的幼苗及山茶属（*Camellia* L.）、山矾属（*Symplocos* Jacp.）等植物组成，厚朴幼苗在灌木层也有一定的分布，生长状态良好，重要值较大。而在常绿阔叶林中，仍保持着原生植被特征，多种植物在群落中共同占据主导地位，厚朴重要值为 10.49%，但该群落中灌木层和草本层种类较少，也难以见到厚朴的幼苗。

表 6-2　遂昌县桂洋林场厚朴群落常见树种在样地乔木层的重要值（%）

Tab.6-2　Important values of main tree species in tree layers of *Houpoëa officinalis* from Guiyang forestry station in Suichang（%）

种类	针阔叶混交林	针叶林	常绿阔叶林
黄山松 *Pinus taiwanensis*	21.17	19.86	7.24
杉木 *Cunninghamia lanceolata*	17.48	21.75	—
甜槠 *Castanopsis eyrei*	16.74	5.44	8.62
枫香 *Liquidambar formosana*	15.43	3.52	11.32
厚朴 *Houpoëa officinalis*	14.17	17.17	10.49
柳杉 *Cryptomeria fortunei*	5.09	20.27	—
木荷 *Schima superba*	6.17	—	13.72
东南石栎 *Lithocarpus harlandii*	—	—	11.87
厚叶红淡比 *Cleyera pachyphylla*	—	—	11.31
薄叶山矾 *Symplocos anomala*	2.04	—	5.62
合轴荚蒾 *Viburnum sympodiale*	—	3.21	—
茅栗 *Castanea seguinii*	0.71	2.02	6.24
猴头杜鹃 *Rhododendron simiarum*	0.58	—	8.26
枳椇 *Hovenia acerba*	—	—	3.32

6.3.2　厚朴种群大小级结构分析

不同群落厚朴大小级结构如图 6-1。由图 6-1 可知，三种群落类型中，均缺乏Ⅴ级大树。人工栽培的厚朴生长 25 年以后，平均胸径在 20cm 以上，少数能达到 40cm 以上（张云跃等，1992），显然厚朴在林下不能形成大的胸径。除针阔叶混交林中存在少量Ⅰ级幼苗外，其他群落幼苗均未见，但各群落中均存在很高比例的Ⅱ级幼树。这是由于厚朴属于早期速生型树种，一年生的个体平均场圃增高量可达 40~60cm（于华会等，2010），从 3~4 月发芽，到 10 月调查时基本停止生长，大部分植株已进入Ⅱ级幼树生长阶段。但Ⅱ级幼树中并不只包括当年生的植株，甚至可见很多 10 年以上生植株。尽管径级存在一定的缺失，但各群落凹叶厚朴种群大小级呈现不典型的“J”型，种群能在较长的时间内保持稳定的发展。Ⅱ、

Ⅲ、Ⅳ级的小树和中树在各群落中差异未达到显著水平（*F*=5.57、2.22、2.79，*P*=0.63、0.19、0.14），群落内的差异要高于群落间，各年份内种群的大小级结构差异不明显。

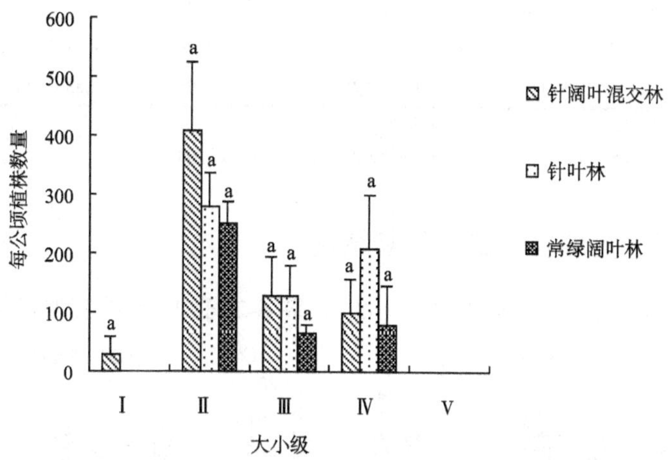

图 6-1 遂昌县桂洋林场不同群落中厚朴大小级结构

Fig.6-1 Size class structure of different populations of *Houpoëa officinalis* from Guiyang forestry station in Suichang

6.3.3 不同群落厚朴的幼苗特征

不同群落厚朴的幼苗特征见表 6-3。由表 6-3 可知，各群落中厚朴均以萌生更新为主，且随着群落郁闭度的增加，萌生苗的比例增高，但在平均萌枝数量、平均胸径及株高上无显著差异；而实生幼苗随着郁闭度的增加，植株呈现变矮、变细的趋势。

表 6-3 遂昌县桂洋林场不同群落厚朴的幼苗特征

Tab.6-3 Seedling characteristics of different populations of *Houpoëa officinalis* from Guiyang forestry station in Suichang

幼苗种类	群落类型	比例/%	分枝数	平均胸径/mm	平均高度/m	平均年龄
萌生苗	针阔叶混交林	60.00±4.4	2.95±0.51b	13.94±1.36	1.77±0.16ab	6.13±2.14
	针叶林	60.35±7.79	3.27±0.4a	15.63±1.3	1.97±0.00a	6.91±1.98
	常绿阔叶林	80.29±3.04	3.75±0.25a	11.87±0.12	1.56±0.10b	5.14±2.74
方差分析结果		*F*=5.46,*P*=0.06	*F*=20.36,*P*=0.02	*F*=12.91,*P*=0.07	*F*=10.46,*P*=0.01	*F*=0.44,*P*=0.66

续表

幼苗种类	群落类型	比例/%	分枝数	平均胸径/mm	平均高度/m	平均年龄
实生苗	针阔叶混交林	40.00±4.39b	1.34±0.23	14.64±2.28a	1.62±0.44	4.53±3.25
	针叶林	39.65±7.79b	1.20±0.13	8.77±0.91b	1.48±0.21	8.34±2.47
	常绿阔叶林	19.71±3.04a	1.05±0.00	8.9±0.56b	1.08±0.11	8±2.73
方差分析结果		F=11.93,P=0.01	F=2.65,P=0.15	F=16.564,P=0.04	F=2.83,P=0.14	F=1.66,P=0.27

注：同列不同小写字母表示5%水平差异显著

Note: the different small letters in the same column stand for 5% significant

6.3.4 不同群落厚朴幼苗的年龄结构

不同群落厚朴的年龄结构如图6-2。由图6-2可知，厚朴实生和萌生幼苗在不

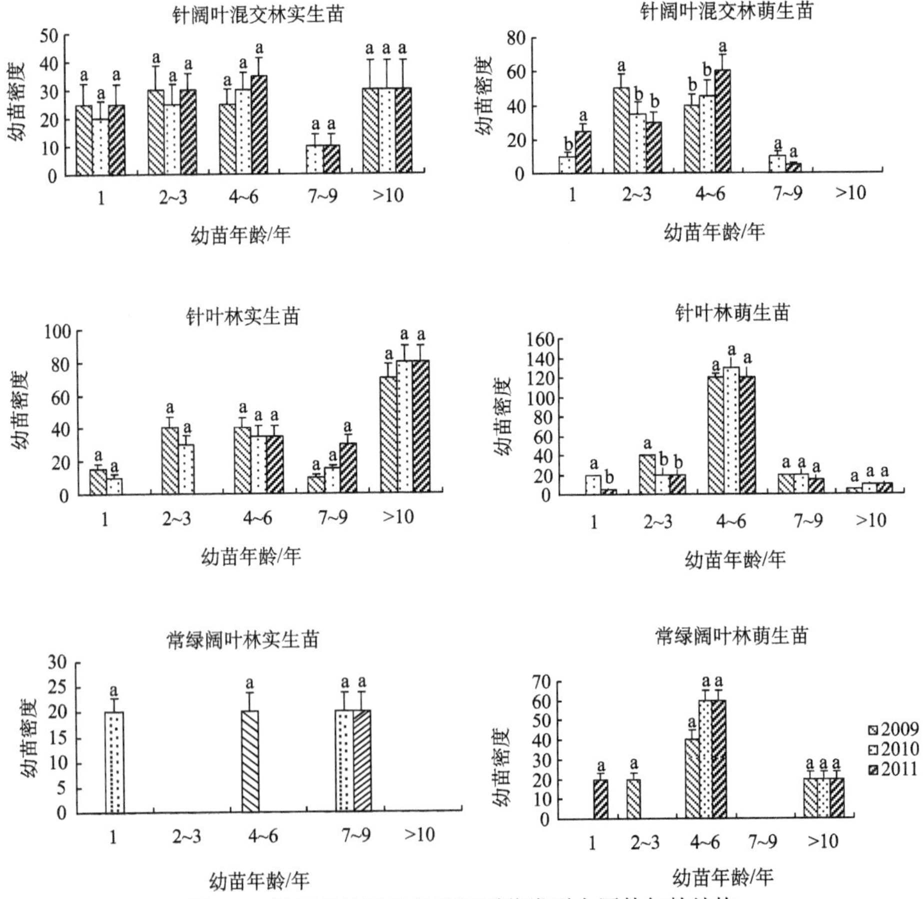

图6-2　遂昌县桂洋林场不同群落类型中厚朴年龄结构

Fig.6-2　Age structure of *Houpoëa officinalis* from Guiyang forestry station in Suichang

同群落中分布差异均极大。针阔叶混交林 1~3 年的幼苗高于针叶林和常绿阔叶林，且不同年份中均有一定数量的幼苗萌发，说明在该群落中，厚朴实生更新良好。此后，一部分幼苗迅速长大并逐渐进入乔木层，另一部分则保持缓慢增长的态势；针叶林中大量 10 年以上植株仍保持幼苗的生长状态，平均株高仅为 0.63m。萌生植株多是人为砍伐形成的，具有很大的随机性，针阔叶混交林和针叶林中 1~3 年萌生植株的数量不存在显著差异，但针叶林中 4 年以上植株数量显著高于针阔叶混交林，说明其在针阔叶混交林中可更快进入上层空间。三种群落中，萌生植株数量均以 4~6 年为多，此后急剧下降进入乔木层。常绿阔叶林中，低龄级的实生幼苗数量极少，大量 7~9 年生的植株保持幼苗生长的状态，存在严重的更新不良现象。

6.3.5　不同群落厚朴幼苗的生长动态

不同群落厚朴幼苗胸径和高增长量如图 6-3 所示。由图 6-3 可知，不同群落中，实生和萌生幼苗株高和胸径增长量均随郁闭度的增加呈现显著下降的趋势，其中实生幼苗的下降趋势更为明显。针阔叶混交林实生幼苗和萌生幼苗的苗高和胸径增长差异不显著，但随着郁闭程度的增高，萌生植株呈现更好的生长态势，这或许是因为在光照不足的情况下，萌生植株可由基株提供养分，为其在不利的生境条件下提供更大的竞争力。

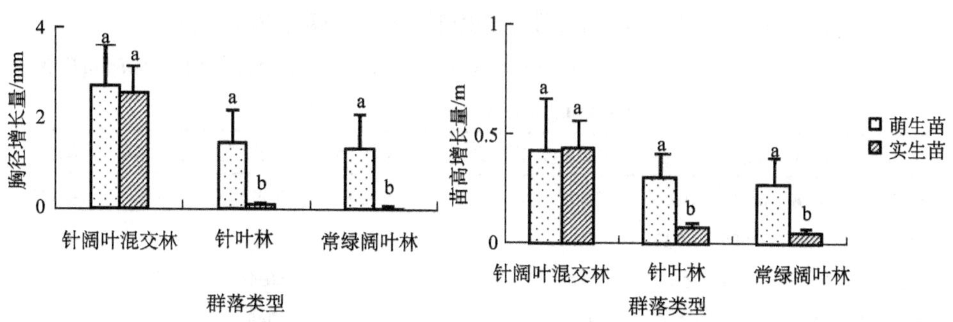

图 6-3　遂昌县桂洋林场不同群落厚朴幼苗生长

Fig.6-3　Seedling growth of different populations of *Houpoëa officinalis* from Guiyang forestry station in Suichang

6.3.6　厚朴更新的障碍因子分析

将不同群落厚朴的幼苗特征与群落的环境因子做相关分析（n=10），结果见表 6-4、表 6-5。由表可知，厚朴实生苗的分枝数与草本层及枯落物厚度呈显著的正相关；胸径与草本层盖度呈显著负相关；高度与草本层厚度、枯落物盖度及腐殖质厚度均呈显著的负相关；高度增长量与土壤含水率呈显著正相关。萌生苗的分枝数与群落温度、光照呈显著负相关，与群落湿度呈显著正相关；胸径增长量与光照、群落温度呈显著正相关，与群落湿度呈显著负相关；高增长量与光照和群落温度呈显著正相关。因此，影响实生更新的主要环境因子为草本层盖度和厚度、枯落物盖度、腐殖质厚度及土壤含水率；影响种群萌生更新的主要环境因子为群落的光照及温湿度。

表 6-4　遂昌县桂洋林场厚朴实生苗特征与群落环境因子相关性

Tab.6-4　Correlation coefficients of seedling characters and environment of *Houpoëa officinalis* from Guiyang forestry station in Suichang

	温度	湿度	光照	草本层盖度	草本层厚度	枯落物盖度	枯落物厚度	腐殖质厚度	土壤含水率
分枝数	0.056	−0.535	0.011	0.086	0.644*	0.189	0.509*	0.24	0.128
胸径	0.305	−0.047	0.305	−0.516*	0.307	−0.226	0.342	−0.006	0.215
高度	−0.347	0.429	−0.172	−0.09	−0.481*	−0.545*	−0.318	−0.542*	0.467
胸径增长量	0.582	-0.432	0.386	0.59	−0.088	0.175	0.056	0.1	−0.118
高增长量	0.205	−0.008	0.31	0.485	0.11	0.087	0.531	−0.037	0.515*

表 6-5　遂昌县桂洋林场厚朴萌生苗特征与群落环境因子相关性

Tab.6-5　Correlation coefficients of sprouts characters and environment of *Houpoëa officinalis* from Guiyang forestry station in Suichang

	温度	湿度	光照	草本层盖度	草本层厚度	枯落物盖度	枯落物厚度	腐殖质厚度	土壤含水率
分枝数	−0.599*	0.573*	−0.665*	−0.403	−0.291	−0.299	−0.393	−0.248	−0.121
胸径	0.063	0.095	−0.12	−0.158	−0.045	0.106	−0.261	0.11	−0.355
高度	0.173	0.19	0.12	−0.151	−0.356	0.421	0.036	−0.055	0.115
胸径增长量	0.724*	−0.668*	0.707*	0.661	−0.288	0.321	0.349	−0.099	0.408
高增长量	0.703*	−0.434	0.713*	0.653	−0.381	0.07	−0.241	−0.228	−0.353

6.4　结论与讨论

6.4.1　厚朴更新特点

厚朴由于其较高的药用价值，野生资源遭到人类长期无节制的盗砍，造成野生种群数量急剧下降。在其集中分布区浙江丽水，20 世纪 80 年代初曾拥有大面积的野生厚朴群落，仅龙泉、庆元、遂昌等县，分布有野生植株 583 360 株，其中大树 148 780 株，分布面积达 114 665hm^2（孙孟军和邱瑶德，2002）。但调查结果显示，目前残存的种群规模较小，多为零星分布，仅少数能达到 20~30 株的规模，所在群落残败。当地林业部门大量补栽松、杉等速生树种，造成厚朴难以与其竞争而个体衰退、生殖力下降。群落中后生长的厚朴植株矮小，与它生长年龄应达到的高度相去甚远，部分个体已到结实年龄而极少挂果或无挂果，种群更新缺乏必要的物质条件。厚朴在生殖上存在严重缺陷，自然状态下繁殖率低下（杨旭等，2012a）；野生种群中近一半的单株无挂果，结实母树单株结实率和单果出种率低（杨旭等，2012b）；种子富含油脂，易受到啮齿类的取食；种子在野生状态萌发不佳，成树附近幼苗不易成熟（舒枭，2010）；以上均造成种群实生更新的障碍。因此，萌生更新在实生更新受到限制时尤为重要（Bond and Midgley，2001）。厚朴以残桩萌枝或根蘖萌枝的方式对干扰做出反应，延续母体生活史从而保障种群的延续，本研究幼苗库中，萌生苗占有很高的比例。萌生作为种群繁衍和稳定的一种途径，可迅速补充幼树群体，是顺利通过种群更新瓶颈的一种策略（高贤明等，2001）。

厚朴以萌生更新为主，且萌生的植株在胸径与高度上都要高于实生更新的植株，由于萌枝可以通过物质交换传输的生理整合作用共同利用生境内的资源，与有性繁殖相比降低了生长代价，且萌枝占据较高的位置，从而使之不易被遮光（Bellingham et al.，1994）。在砍伐林中，萌枝可以吸收充足的水分和营养保证其健壮生长。因此，萌生更新可维持种群的数量，迅速恢复与完善种群的结构和功能，减少干扰对种群的影响，降低干扰导致遗传多样性丧失的风险。但如果长期依赖萌生更新，将导致丧失种群遗传多样性、种群整体活力和群落稳定性的风险。因此，应采取一定的措施促进其实生苗的更新。

6.4.2 厚朴种群的“坐待”策略

厚朴为中性偏喜光树种（任宪威，1997），幼年能耐一定的荫蔽。研究发现，厚朴具有较高的光合能力，但参照它的光合响应曲线的光补偿点和表观量子产量、暗呼吸等又证实它具有较好的耐阴性（刘奇峰等，2007）。也许正是这种较宽的光生态位特性，使得它能在阴生的环境下得以保存，造成大量高年龄级的植株保持幼苗生长的状态。这种耐阴性的意义可能在于提供一个稳定的幼苗库，保证其在干扰后的恢复，可能是一种“坐待”策略。通常认为降低上层林冠密度是促进栎林更新的有效手段（Larson et al.，1997），这些结论也适用于厚朴种群的更新。

6.4.3 厚朴种群更新的障碍因子

群落中枯落物、草本、腐殖质、土壤含水率等是影响厚朴实生苗生长最重要的环境因子。这是由于实生苗由种子萌发而来，枯落物、草本层、腐殖质层等直接影响种子萌发和幼苗生长所需的光环境，造成荫蔽的环境而阻碍幼苗生长；此外还通过改变地表的温湿度、土壤的生物理化性质如土壤的结构、pH 等微环境间接影响幼苗的生长；土壤含水量的变化，影响植物根系养分吸收及根呼吸等生理过程，同时影响枯落物分解和微生物活动，进而影响幼苗的生长（陈迪马等，2005）。而相对于实生苗，萌生苗由于从基株萌发，较少受到地表覆盖物的影响，生长大部分来源于基株贮存和根系吸收的营养，因而受土壤微环境的影响较少，更易受到群落中光照、温度、湿度等小气候的影响。

6.4.4　厚朴保护策略

光照是厚朴更新重要的限制因子，荫蔽环境导致其受到较大来自邻体的压抑，不能充分获得生长所必需的资源，在与其他树种竞争中处于劣势（伍泽文，2004），实生更新困难，植株生长缓慢，在林分中被淘汰的可能性较大。因此，可适当采取疏伐周围树木，减少蕨类等草本层及枯落物等对厚朴幼苗的遮蔽，加强抚育等措施增加群落透光度，人为辅助其更新，对于维持厚朴种群的发展，缓解其濒危状况具有重要的意义。

参 考 文 献

陈迪马, 潘存得, 刘翠玲, 等. 2005. 影响天山云杉天然更新与幼苗存活的微生境变量分析. 新疆农业大学学报, 28(3): 35-39

傅立国. 1991. 中国植物红皮书: 稀有濒危植物. 第一册. 北京: 科学出版社

高贤明, 王巍, 杜晓军, 等. 2001. 北京山区辽东栎林的径级结构、种群起源及生态学意义. 植物生态学报, 25(6): 673-678

国家药典委员会. 2010. 中国药典(第一部). 北京: 化学工业出版社

韩有志, 王政权. 2002. 森林更新与空间异质性. 应用生态学报, 13(5): 615-619

李小双, 彭明春, 党承林. 2007. 植物自然更新研究进展. 生态学杂志, 26(12): 2081-2088

林照熙, 田有圳, 黄金桃, 等. 2002. 不同林分林冠下天然更新的凹叶厚朴幼树特性研究. 福建林业科技, 29(6): 31-33

刘春生. 2010. 九龙山自然保护区珍稀濒危植物黄山木兰种群生态学研究. 浙江师范大学硕士学位论文

刘奇峰, 梁宗锁, 蔡靖, 等. 2007. 4 种药用植物光合特性的研究. 西北林学院学报, 22(6): 10-13

任宪威. 1997. 树木学. 北京: 中国林业出版社

舒枭, 杨志玲, 杨旭, 等. 2010. 濒危植物厚朴种子萌发特性研究. 中国中药杂志, 35(4): 419-425

孙孟军, 邱瑶德. 2002. 浙江林业自然资源(野生植物卷). 北京: 中国农业科学出版社

王洁. 2012. 凹叶厚朴繁育系统研究及其濒危的生殖生物学原因分析. 中国林业科学研究院硕士学位论文

王利琳, 胡江琴, 庞基良, 等. 2005. 凹叶厚朴大、小孢子发生和雌、雄配子体发育的研究. 实验

生物学报, 38(6): 490-500
伍泽文. 2004. 杉木、厚朴混交林邻体干扰效应研究. 河南科技大学学报(农学版), 1(4): 63-66
杨旭, 杨志玲, 王洁, 等. 2012a. 濒危植物凹叶厚朴的花部综合特征和繁育系统. 生态学杂志, 31(3): 551-556
杨旭, 杨志玲, 王洁, 等. 2012b. 濒危植物凹叶厚朴种实特性. 生态学杂志, 31(5): 1077-1081
于华会, 杨志玲, 谭梓峰, 等. 2010. 厚朴苗期性状及种源选择初步研究. 热带亚热带植物学报, 18(2): 189-195
张云跃, 李佩瑜, 王克仁, 等. 1992. 厚朴生长特性的研究. 湖南林业科技, 19(3): 9-15
Bellingham PJ, Tanner EVJ, Healey JR. 1994. Sprouting of trees in Jamaican montane forests after a hurricane. Journal of Ecology, 82(4): 747-758
Bond WJ, Midgley JJ. 2001. Ecology of sprouting in woody plants: the persistence niche. Trends in Ecology & Evolution, 16(1): 45-51
Larson DR, Metzger MA, Johnson PS. 1997. Oak regeneration and overstory density in the Missouri Ozarks. Canadian Journal of Forest Research, 27(6): 869-875
Parrish JAD, Bazzaz FA. 1985. Ontogenetic niche shifts in old-field annuals. Ecology, 66(4): 1296-1302
Yu HH, Yang ZL, Sun B, et al. 2011. Genetic diversity and relationship of endangered plant *Magnolia officinnalis*(Magnoliaceae) assessed with ISSR polymorphisms. Biochem Syst Ecol, 39(2): 71-78

第七章 厚朴种群遗传多样性和遗传结构

7.1 引 言

近年来，受利益的驱使，人们对厚朴资源的乱砍滥伐日益严重，致使目前仅在我国四川、陕西（南部）、贵州（北部和东北部）、湖北（西部）、湖南（西南、西北）、江西（北部）等省的高山区能发现零散分布或块状分布的野生资源（郭承则等，2004），厚朴种群生境呈现典型的破碎化。破碎化生境的形成，不但会影响生物种群间的交流，阻断基因流，对其遗传多样性产生影响，还会影响到生态系统的结构，甚至会影响到当地生态系统的稳定（Templeton et al.，1990）。处于破碎化生境条件下的种群生存将变得困难，存在物种灭绝的风险。短期内，杂合性的丢失会降低个体的适合度（近交衰退）和残余种群的生活力；长期内，等位基因丰富度的下降则会限制物种对选择压力改变的反应能力（Frankel and Soule，1981）。王峥峰等（2005）通过对南亚热带厚壳桂（*Cryptocarya chinensis*）的研究，发现森林的破碎化导致了种群遗传多样性降低，种群间基因流受阻，并认为人为干扰和破坏造成了生物种群个体数量减少，导致种群遗传多样性丧失，影响到种群后代适应性；武正军和李义明（2003）的研究表明，生境破碎化可引起面积效应、隔离效应和边缘效应而影响到种群的存活，遗传多样性也受到不同程度的影响。生境破碎化在一定程度上对所有物种都有影响，特别是那些种群数量少、对生活环境要求相当严格的濒危和脆弱物种，受生境破碎化的影响会更加明显。野外调查显示，厚朴种群生境已严重破碎化，这是否已影响到其种群遗传多样性及遗传结构的变化，并成为其濒危的一个重要因素，目前国内尚未开展相关研究，我们意欲就此作一些积极性的探索。同时，针对厚朴生产中部分地区不顾当地生态条件是否适应，就盲目发展厚朴种植，致使部分地区药材质量差，不能完全满足医药卫生需求的现状，开展厚朴 DNA 分子标记诊断技术研究，从分子水平阐述其道地性与非道地性的区别，探索“道地基因”，揭示厚朴道地药材的本质，为生产实践提供理论指导。

现代遗传学观点认为，一个物种的遗传多样性高低与其适应能力、生存能力和进化潜力密切相关，遗传变异是有机体适应环境变化的必要条件（蒙子宁等，2003）。因此，研究物种的遗传结构和遗传分化，揭示其遗传多样性水平，是生物资源恢复和持续利用的前提和基础（许广平等，2005）。对濒危物种遗传多样性和群体遗传结构的研究，是揭示其适应潜力的基础，也为进一步探讨濒危物种的濒危机制，制定相应的保护措施提供科学依据（葛颂等，1997）。检测遗传多样性的方法随着生物学，尤其是遗传学和分子生物学的发展，而不断提高和完善，从形态学水平、细胞学水平（染色体）、生理生化水平逐渐发展到现在的分子水平。ISSR （inter simple sequence repeats） 由 Zietkiewicz 等（1994）创立，它是在简单序列重复（SSR）分子标记技术和聚合酶链反应（PCR）技术基础上发展起来的一种检测方法，具有效率高、显性标记、符合孟德尔遗传规律、DNA 样品用量少、退火温度高、引物无种属界限的特点（Caldeira et al.，2001；Michael，2006）。ISSR 已在物种的遗传结构与遗传多样性分析（钱韦等，2000；Barth et al.，2002）、品种鉴定（Fang and Roose，1997）、基因标签及植物基因组作图（Ratnaparkhe et al.，1989；Kojima et al.，1998）等研究领域得到了广泛的应用。基因间隔序列（internal transcribed spacer, ITS）是核糖体 DNA 中介于 18S 和 5.8S 之间（ITS1），以及 5.8S 和 26S 之间（ITS2）的非编码转录间隔区，由于 ITS 存在于高度重复的核糖体 DNA 中，进化速度快，其片段大小在被子植物中一般小于 700bp，加上协调进化，使该片段在基因组不同重复单元间十分一致，因而适合于进行各种分子操作，在物种群体遗传多样性（喻达辉和朱嘉濠，2005；李太武等，2006）、真伪鉴别（Ding et al.，2000；Ma et al.，2000；车建等，2007）、物种亲缘关系（刘建全等，2000；戴小军等，2007；田敏等，2008）上发挥了十分突出的作用，尤其是近年来，ITS 序列分析被广泛运用到药用植物真伪鉴别及道地性鉴定中（刘建全等，2000；徐红等，2001；丁小余等，2002），更是促进了 ITS 序列分析技术在药用植物研究中的发展应用。

目前应用 ISSR 技术和 ITS 技术对植物进行遗传多样性或系统发育、种质资源鉴定的研究已有较多报道。Camacho 和 Liston（2001）利用 ISSR 研究了瓶尔小草（*Ophioglossum vulgatum*）的种群结构和遗传多样性；高丽和杨波（2006）进行了湖北野生春兰（*Cymbidium goeringii*）资源遗传多样性的 ISSR 分析；彭云滔等（2005）用 ISSR 研究了野生罗汉果（*Siraitia grosvenorii*）的遗传多样性；罗晓莹等（2005）用 ISSR 标记分析了山茶科（Theaceae）三种中国特有濒危植物的遗传多样性；Baldwin 等（1995）分析了 ITS 序列在 22 个被子植物科中的应用情况，结果表明：该序列在不同植物类群中可用来解决科内不同等级的系统发育和分类问题，包括科的界限、科内属间关系、属下分类系统、近缘种关系甚至种下等级的划分；刘文志等（2008）通过分析金铁锁（*Psammosilene tunicoides*）不同居群的核糖体 ITS 碱基序列，为鉴别不同产地金铁锁提供分子依据；余永邦等（2003）对不同产区太子参（*Pseudostellaria heterophylla*）的 rDNA ITS 区序列进行比较，从分子生物学角度说明了它们的变异程度，为利用 ITS 区序列的差异鉴别不同产区的太子参提供了依据；韦阳连等（2007）基于 ITS 序列分析对 7 个产区 18 个明党参（*Changium smyrnioides*）样品进行道地性鉴别，通过序列比对得出的变异位点，可对 7 个产区的明党参样品进行准确的来源鉴别；张宏意和石祥刚（2007）也通过研究不同产地何首乌（*Polygonum multiflorum*）的 ITS 片段遗传差异性，分析该片段在何首乌道地性的 DNA 分子鉴别和野生资源品种的鉴定及种质资源研究中的意义。

虽然随机扩增多态性 DNA（RAPD）技术（郭宝林等，2000）、任意引物 PCR（arbitrarily primed PCR, AP-PCR）技术（苏应娟等，2002）及扩增片段长度多态性（AFLP）技术（王有为等，2007）等先后在厚朴的研究中得到应用，并取得了不错的成果，但 ISSR 技术和 ITS 技术在厚朴研究中的相关报道仍为空白。因此，鉴于厚朴的重要药用价值及濒危性，本章主要开展厚朴种群遗传多样性及不同产区厚朴碱基差异的研究，旨在通过分析种群间和种群内的遗传多样性水平和遗传分化程度，从分子水平阐述其濒危的原因并提出相应的保护策略，这对濒危植物保护遗传学和分子生态学研究方法的探讨起到促进作用，同时也丰富了保护遗传学和分子生态学的相关理论。

7.2 研 究 方 法

7.2.1 试验材料

28 个种源自然条件详见表 7-1，分别采摘 28 个野生厚朴种群的叶片，采样地理位置见图 7-1，并立即用硅胶干燥保存，同时采果带回试验基地进行种子播种。提取 DNA 所用厚朴叶片来自中国林业科学研究院亚热带林业研究所试验基地种子培育成的幼苗，采摘无病虫害的新鲜嫩叶，采下后一部分马上放冰盒中，另一部分放变色硅胶中；带回实验室后冰盒中的叶片保存于–70℃冰箱中，硅胶干燥的叶片于室温保存。保存时间均为 30d，鲜叶为对照。

表 7-1 28 个厚朴种群取样地地理因子

Tab.7-1 Geographical factors of *Houpoëa officinalis* from 28 provenances

地点	样本数	编号	纬度（N）	经度（E）	海拔/m
湖北建始 JS	24	1~24	30°38′	109°42′	954
四川沐川 MC	30	25~54	28°55′	103°54′	492
重庆城口 CK	30	55~84	31°55′	108°37′	900
湖北鹤峰 HF	24	85~108	29°51′	110° 01′	668
江西铜鼓 TG	20	109~128	28°34′	114°11′	426
湖南道县 DX	20	129~148	25°23′	111°25′	475
广西龙胜 LS	24	149~172	24°25′	107°50′	502

续表

地点	样本数	编号	纬度（N）	经度（E）	海拔/m
陕西西乡 XX	29	173~201	33°10′	108°04′	649
浙江遂昌 SC	30	202~231	28°30′	119°18′	685
四川什邡 SF	23	232~254	31°07′	103°54′	677
陕西洋县 YX	30	255~284	33°20′	107°39′	1028
陕西宁强 NQ	24	285~308	32°52′	106°06′	929
陕西城固 CG	14	309~322	33°00′	107°26′	710
四川宝兴 BX	30	323~352	30°16′	102°49′	1032
重庆开县 KX	20	353~372	29°34′	106°25′	638
福建武夷山 WYS	20	373~392	27°31′	117°37′	708
四川彭州 PZ	23	393~415	30°51′	103°57′	547
重庆奉节 FJ	10	416~425	31°03′	109°32′	639
湖南永州 YZ	15	426~440	26°27′	111°23′	370
浙江景宁 JN	32	441~472	27°57′	119°31′	768
安徽潜山 QS	12	473~484	30°42′	116°31′	310
四川大邑 DY	30	485~514	30°36′	103°31′	614
福建光泽 GZ	33	515~547	27°41′	117°27′	580
湖南洪江 HJ	20	548~567	27° 04′	109°54′	309
湖南桑植 SZ	16	568~583	29°39′	110° 05′	657
贵州习水 XS	31	584~614	28°19′	106°00′	1028
江西庐山 LUS	29	615~643	29°32′	115°58′	855
四川龙泉 LQ	23	644~666	30°33′	104°16′	524

Note: JS, Jianshi; MC, Muchuan; CK, Chengkou; HF, Hefeng; TG, Tonggu; DX, Daoxian; LS, Longsheng; XX, Xixiang; SC, Suichang; SF,Shifang; YX, Yangxian; NQ, Ningqiang; CG, Chenggu; BX, Baoxing; KX, Kaixian; WYS, Wuyishan; PZ, Pengzhou; FJ, Fengjie; YZ, Yongzhou; JN, Jingning; QS, Qianshan; DY, Dayi; GZ, Guangze; HJ, Hongjiang; SZ, Sangzhi; XS, Xishui; LUS, Lushan; LQ, Longquan

7.2.2 试验方法

7.2.2.1 不同方法对厚朴叶片总 DNA 提取效果的影响

1. 主要药品与试剂配制

1）药品

EDTA、CTAB、SDS、Tris、PVP、氯化钠、氯仿：异戊醇（24：1）、琼脂糖、硼酸、5×TBE、1×TE 等购自上海生工生物工程技术服务有限公司；高保真

Taq 酶、dNTP、10×Buffer、DL2000 Marker 等购自宝生生物有限公司；荧光染料 SYBR GREEN1（USA）购自索莱尔博奥生物技术有限公司。

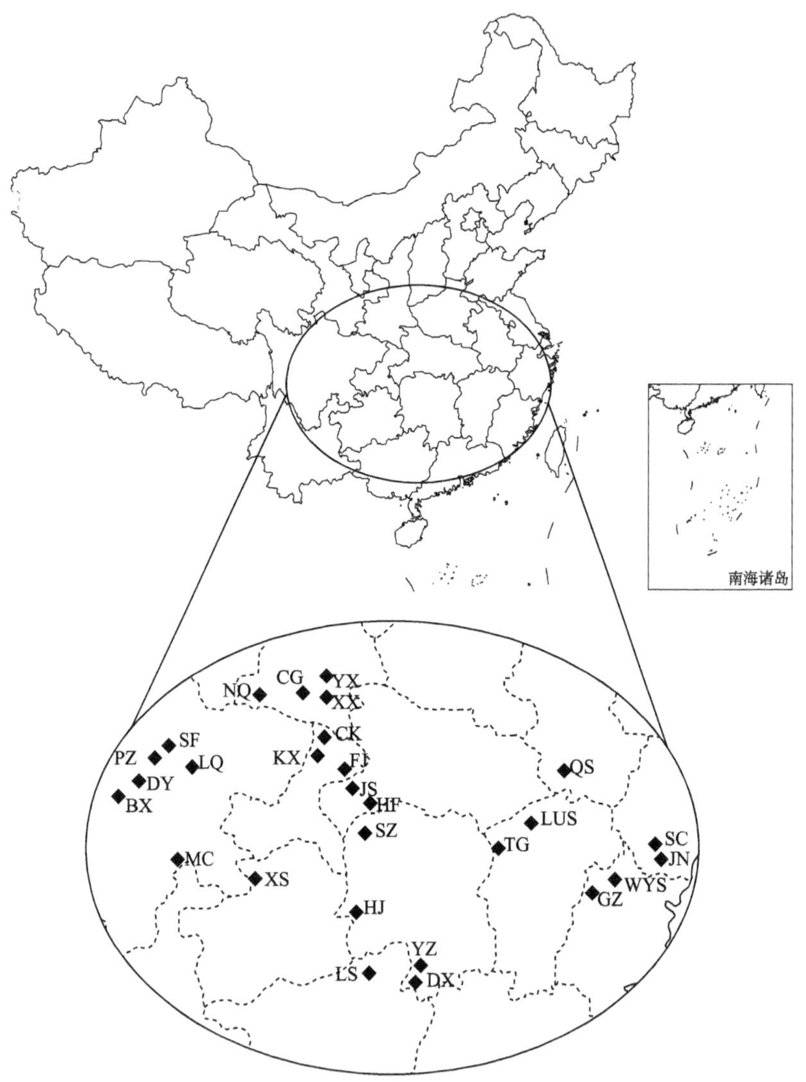

图 7-1　28 个厚朴种群采样地理位置（详见表 7-1）

Fig.7-1　Geographic distribution of *Houpoëa officinalis* from 28 provenances（see Tab.7-1 for details）

2）主要试剂配制

EDTA（pH8.0，0.5mol/L）：700ml 蒸馏水中溶解 186.1g $Na_2EDTA \cdot 2H_2O$，用 NaOH 调 pH 至 8.0，补蒸馏水至 1000ml，高温高压灭菌，室温保存。

Tris·Cl （pH8.0，1.0mol/L）：700ml 蒸馏水中溶解 121g Tris-碱，用浓 HCl 调 pH 至 8.0，补蒸馏水至 1000ml，高温高压灭菌，室温保存。

2% CTAB 提取液：2%CTAB；2% PVP；1.4mol/L NaCl；0.1mol/L Tris-HCl（pH 8.0）；0.02mol/L EDTA（pH 8.0）。

2% SDS 提取液：2% SDS，2% PVP，1.0mol/L NaCl，0.1 mol/L Tris-HCl（pH 8.0）；0.05 mol/L EDTA（pH 8.0）。

高盐低 pH 提取液（pH 5.5）：0.1 mol/L NaAc，pH 4.8；0.05 mol/L EDTA（pH 8.0）；0.5mol/L NaCl；1.4% SDS；2% PVP。

2. DNA 提取方法与步骤

取 0.3g 新鲜叶片或冷冻叶片，0.05g 硅胶干燥叶片，加入适量石英砂和 4% PVP 溶液快速研磨成糊状待用。采用 SDS-CTAB 结合法（黄绍辉和方炎明，2007）、高盐低 pH 法（邹喻苹等，1994）、SDS 法（傅荣昭等，1994）、简易 CTAB 法（吴臻等，2003）提取厚朴叶片总 DNA，提取过程中对以上各方法进行了适当的修改。

1）SDS-CTAB 结合法

将研磨好的材料迅速加入到 700μl 65℃预热的 2% SDS 提取液中，加入 100μl β-巯基乙醇，充分振荡混匀，65℃水浴 2h，期间不断上下颠倒数次，取出，加入 1/2 体积 4mol/L NaAc(pH 4.8)，振荡混匀后放于–20℃冰箱中 1h；4℃ 10 800r/min 离心 10min，取上清液，加 1/2 体积 65℃预热的 2% CTAB 提取液，充分混匀，65℃水浴 30min，然后加入 RNase 37℃水浴 40min；冷却至室温，加入等体积氯仿：异戊醇（24：1），充分混匀，4℃ 10 800r/min 离心 10min，取上清，重复两次。上清加 2 倍体积–20℃预冷无水乙醇，–20℃冰箱中放 1h；4℃ 12 000r/min 离心 10min，去上清，沉淀用 70%乙醇洗涤三次，DNA 干燥仪干燥 5~7min，加 100μl 1×TE 溶解，4℃保存备用。

2）高盐低 pH 法

将研磨好的材料迅速加入到 600μl 65℃预热的高盐低 pH 提取液中，加入 100μl β-巯基乙醇，充分振荡混匀，65℃水浴 2h，期间不断上下颠倒数次，取出，加入 1/2 体积 4mol/L NaAc（pH 4.8），振荡混匀后放于–20℃冰箱中 1h。4℃ 10 800r/min 离心 10min，取上清液，然后加入 RNase 37℃水浴 40min，加入等体积氯仿：异戊醇（24：1），充分混匀，4℃10 800r/min 离心 10min，取上清，重复两次。上清加 2 倍体积–20℃预冷无水乙醇，–20℃冰箱中放 1h。4℃ 12 000r/min 离心 10min，去上清，沉淀用 70%乙醇洗涤三次，DNA 干燥仪干燥 5 ~7min，加 100μl 1×TE 溶解，4℃保存备用。

3）SDS 法

除将高盐低 pH 提取液换为 SDS 提取液外，其他操作步骤同高盐低 pH 法。

4）简易 CTAB 法

将研磨好的材料迅速加入到 700μl 65℃预热的 2% CTAB 提取液中，加入 100μl β-巯基乙醇，充分混匀，65℃水浴 1h；室温下 10 800r/min 离心 10min，取上清，加入 RNase 37℃水浴 40min，期间不断上下颠倒数次；加入等体积氯仿∶异戊醇（24∶1），充分混匀后，4℃ 10 800r/min 离心 10min，取上清，重复两次。上清加 2 倍体积–20℃预冷无水乙醇，–20℃冰箱中放 1h。4℃ 12 000r/min 离心 10min，去上清，沉淀用 70%乙醇洗涤三次，DNA 干燥仪干燥 5~7min，加 100μl 1×TE 溶解，4℃保存备用。

3. DNA 检测

1） DNA 纯度检测

用 UV3200 紫外分光光度计测定 DNA 在波长 260nm 与 280nm 处的吸收值，根据 A_{260}/A_{280} 值来判断 DNA 的纯度。

2） DNA 电泳检测

通过 1%琼脂糖凝胶电泳检测提取的总 DNA 片段大小及 DNA 降解情况，紫外凝胶成像仪上观察并拍照。

3）ISSR-PCR 扩增检测

对提取的厚朴 DNA 用 ISSR 引物[UBC842，引物序列为（GA）$_8$YG，由上海生工合成]进行 PCR 扩增。PCR 扩增反应体系为 25μl，包括 10×PCR Buffer 2.5μl，25mmol/L $MgCl_2$ 2.0μl，10μmol/L 引物 1μl，2.5mmol/L dNTP 2μl，灭菌水 16.3μl，5U/μl *Taq* 酶 0.2μl 和模板 DNA 1μl。PCR 扩增程序为 94℃预变性 5min；94℃变性 30s，55.0℃退火 45s，72℃延伸 90s，40 个循环；最后 72℃延伸 8min。PCR 产物经 1.5%琼脂糖电泳检测 DNA 扩增情况，紫外凝胶成像仪观察并拍照。

7.2.2.2　厚朴 ISSR 引物筛选及反应条件优化

1. 试验仪器及药品

试验所需主要仪器及药品详见表 7-2 及 7.2.2.1 中“主要药品与试剂配制”部分。

2. 试验方法

1）厚朴叶片总 DNA 的提取

利用优化的厚朴总 DNA 提取方法（SDS-CTAB 结合法），提取厚朴基因组 DNA，并对其进行紫外分光光度计检测和琼脂糖凝胶电泳检测。

表 7-2 试验仪器

Tab.7-2 Instruments of experimentation

仪器名称	生产商
PTC-100 Thermal Cycler	America Bio-RAD 美国伯乐
GeneAmp PCR System 9700	America ABI 美国 ABI
5417R High Speed Refrigerated Centrifuge	Germany eppendorf 德国艾本德
Gel-Document 2000	America Bio-Rad 美国伯乐
AM100 Electronic Balance	Switzerland METTLER 瑞士梅特勒
MLS－3750 Autoclave	Japan SANYO 日本三洋
A full set of adjustable micro-pipette	Germany eppendorf 德国艾本德
702 REL#3 Ultra-low temperature refrigerator	America Thermo 美国热电公司
DNA Dryer	America Thermo 美国热电公司
Thermomixer comfort Automatic mixing instrument	Germany eppendorf 德国艾本德
PowerPac Basic Electrophoresis instrument	America Bio-Rad 美国伯乐
Vario pH meter	Germany WTW 德国 WTW
UV3200spectrophotometer	Shanghai Meipuda 上海美谱达
ventilation	Japan SANYO 日本三洋

2）厚朴 ISSR-PCR 原初扩增体系及扩增程序

ISSR 引物设计参照加拿大英属哥伦比亚大学网站公布的序列（University of British Columbia, Set No. 9, No. 801-900），由上海生工生物工程技术服务有限公司合成。原初的扩增反应体系为 25μl，包括 2.0mmol/L $MgCl_2$，0.4μmol/L 引物，0.04U/μl *Taq* 酶，0.2mmol/L dNTP，3ng/μl 模板 DNA，1×Buffer；扩增程序为：94℃预变性 5min，94℃变性 30s，50~60℃（退火温度随引物不同而定）退火 45s，72℃延伸 90s，共 40 个循环，然后 72℃延伸 8min。扩增产物经过 1.5%琼脂糖凝胶电泳，SYBR Green1 染色，Bio-Rad 凝胶成像仪拍照、观察；通过 BandScan 5.0 软件对凝胶电泳图进行泳道校正、数据提取，然后用凝胶分析软件 Gel-Pro 4.5 分析并统计目的条带长度及其他相关信息。

3） 厚朴 ISSR-PCR 反应体系的正交优化设计

采用 $L_{16}(4^5)$的正交设计，在 4 个水平上进行优化试验。所用引物为 UBC810，扩增体系及扩增程序同本小节 2），退火温度根据其 T_m 值初步确定为 55℃。以 DL2000 Marker（宝生生物有限公司）作为分子质量标记。因素水平表见表 7-3，L_{16}（4^5）正交设计方案见表 7-4。

4）温度梯度 PCR

采用温度梯度 PCR 模式，将温度设定为 47~57℃，自动生成 8 个温度梯度，由高到低分别为 57.0℃、56.2℃、54.9℃、53.0℃、50.7℃、48.9℃、47.7℃和 47.0℃，PCR 体系中的 Mg^{2+}浓度、dNTP 浓度、*Taq* 酶浓度、引物浓度和模板 DNA 浓度根据优化试验的结果而定，PCR 扩增程序同本小节 2），以确定此引物最合适的退火温度。

表 7-3　PCR 反应因素水平表

Tab.7-3　Factors and levels of PCR reaction

因素	水平			
	1	2	3	4
Mg^{2+} /（mmol/L）	1	1.5	2	2.5
dNTP/（mmol/L）	0.1	0.15	0.2	0.25
Taq 酶/（U/μl）	0.02	0.03	0.04	0.05
引物/（μmol/L）	0.2	0.3	0.4	0.5
模板 DNA/（ng/μl）	2	3	4	5

表 7-4　ISSR-PCR 反应正交试验设计 L_{16}（4^5）

Tab.7-4　Orthogonal design for ISSR-PCR reaction L_{16}（4^5）

编号	Mg^{2+} /（mmol/L）	dNTP /（mmol/L）	*Taq* 酶 /（U/μl）	引物 /（μmol/L）	模板 DNA /（ng/μl）
1	1	0.1	0.02	0.2	2
2	1	0.15	0.03	0.3	3
3	1	0.2	0.04	0.4	4
4	1	0.25	0.05	0.5	5
5	1.5	0.1	0.03	0.4	5
6	1.5	0.15	0.02	0.5	4
7	1.5	0.2	0.05	0.2	3
8	1.5	0.25	0.04	0.3	2
9	2	0.1	0.04	0.5	3
10	2	0.15	0.05	0.4	2
11	2	0.2	0.02	0.3	5
12	2	0.25	0.03	0.2	4
13	2.5	0.1	0.05	0.3	4
14	2.5	0.15	0.04	0.2	5
15	2.5	0.2	0.03	0.5	2
16	2.5	0.25	0.02	0.4	3

5）厚朴 ISSR 引物筛选

利用优化的反应体系从加拿大英属哥伦比亚大学公布的 100 个 ISSR 引物中筛选出能够应用于厚朴相关研究的 ISSR 引物，并利用筛选到的部分 ISSR 引物对厚朴的 12 个个体进行遗传多样性检测，以确定所筛选引物的可用性。

3. 数据处理

1）正交试验数据

对每个因素处理产生的可识别的条带数进行计数；计算每个因素同一水平下的试验值之和 K_i（i=1，2，3，4），极差 R（K_{max}–K_{min}）（R 值反映了影响因素对 ISSR-PCR 反应体系影响程度，R 值越大，说明该因素对试验结果影响越显著）；对不同因素在不同水平下产生的条带数进行多因素方差分析。文中涉及的数据处理及差异性分析均在软件 SPSS 11.5 和 Excel 中进行，$P \leqslant 0.05$ 为显著差异，$P \leqslant 0.01$ 为极显著差异，$P > 0.05$ 为差异不显著。

2）遗传数据分析

将 ISSR 琼脂糖凝胶电泳图谱记录后进行人工读带，以 DNA Marker DL2000 作为相对分子质量标准，对照反应产物在凝胶上的对应位置，有带记为 1，无带记为 0，得到 ISSR 分析的原始数据矩阵（金则新和李钧敏，2007）。用 POPGENE 软件（Yeh and Boyle，1997）对所选厚朴个体进行遗传参数分析。

7.2.2.3 厚朴种群遗传多样性及遗传关系分析

1. 试验仪器及药品

实验所需主要仪器及药品详见表 7-2 及 7.2.2.1“主要药品与试剂配制”部分。

2. 试验方法

1）厚朴叶片总 DNA 的提取

采用优化的厚朴总 DNA 提取方法（SDS-CTAB 结合法），提取厚朴基因组 DNA。

2）厚朴种群遗传学分析的 ISSR 引物

参照 7.2.2.1 厚朴 ISSR 引物筛选。

3）PCR 扩增

参照 7.2.2.1 厚朴 ISSR 引物筛选及反应条件优化所获得的条件对厚朴个体进行 PCR 扩增。

4）产物检测及条带录入

扩增产物经过 1.5%琼脂糖凝胶电泳分离，经 SYBR Green1 染色后，Bio-Rad 凝胶成像仪拍照、观察；对获取的凝胶电泳图先通过 BandScan 5.0 软件进行泳道校正、数据提取，然后用凝胶分析软件 Gel-Pro 4.5 分析并统计目的条带长度及其他相关信息。

3. 数据分析

汇总分析软件 Gel-Pro 4.5 统计的条带数目及长度，然后人工检测不同种群个体条带的有无。清晰可见的条带全部用于统计分析。按条带的有无进行计数，当某一扩增位点出现条带时，计数为“1”，不存在则为“0”，构建“01”矩阵，以此把图形数据转化为二元数据。

采用 POPGENE1.32 软件（Francis CY）计算引物的多态位点百分比（PPB），每个位点的观察等位基因数（N_a），有效等位基因数（N_e），Nei's 遗传多样性（H）（Nei，1973）和 Shannon 多样性信息指数（I）（Lewontin，1972），以反映种群的遗传多样性指标；同时利用该软件计算物种种群总的基因多样性（H_t）、种群内的基因多样性（H_s）、基因分化系数（G_{ST}）、遗传一致度（genetic identity，GI）及 Nei's 遗传距离（genetic distance，D）（Nei，1972），用于反映种群间的遗传分化程度。基于公式 N_m=0.5（1–G_{ST}）/G_{ST} 估算种群间的基因流（McDermott and McDonald，1993）。

Structure 2.2（Pritchard et al.，2000；Falush et al.，2003）软件对厚朴种群进行群体遗传结构分析，使用马尔科夫链（Markov's chain Monte Carlo, MCMC）的统计方法，将 Structure 参数“Burnin Period”和“after Burnin”设置为 10 000 次，K 值取 1~20，每个 K 值独立运行 10 次，计算每个 K 值对应的似然值（log likelihood），选择最佳 K 值，即为群体遗传结构的群体数（Evanno et al.，2005）。

利用 Arlequin3.11 软件（Excoffier et al.，2005）对厚朴种群进行遗传结构的分子变异分析（AMOVA）。

通过分子软件 Mega（version 4.0）对 Nei's 遗传距离进行 NJ 聚类（Tamura et al.，2007），同时利用 NTSYS-pc（Version 2.02）软件（Rohlf，1998）对种群中的所有个体进行主坐标分析；通过 TFPGA 软件包中的 Mantel 检验（Saitou and Nei，1987；Burns et al.，2004）程序分析种群间地理距离与遗传距离之间的相关性。

7.3 不同方法对厚朴叶片总 DNA 提取效果的影响

7.3.1 DNA 纯度检测

由表 7-5 可以看出：4 种提取方法在去除蛋白质、多糖及酚类杂质方面存在差异。SDS-CTAB 结合法效果最好（A_{260}/A_{280} 为 1.736~1.788），说明 DNA 受损程度不高，且蛋白质、酚类及多糖类杂质去除较完全，基本无氯仿、乙醇等小分子残留；其次为高盐低 pH 法（A_{260}/A_{280} 为 1.678~1.690），而 SDS 法和简易 CTAB 法，与前两种方法相比较，A_{260}/A_{280} 值明显偏小（为 1.539~1.625），对厚朴叶片

DNA 的提取适用性较差，尤其是叶片保存后出现褐化，这两种方法对酚类及多糖等杂质的去除能力更显得不足，提取的 DNA 纯度也相对较低。

表 7-5　4 种 DNA 提取方法和两种保存方法的紫外消光值

Tab.7-5　The extraction percentage of four DNA extraction methods and two conservation methods

保存方法	A_{260}/A_{280} 值			
	SDS-CTAB 结合法	高盐低 pH 法	SDS 法	CTAB 法
鲜叶	1.788	1.690	1.625	1.607
–70℃超低温冰箱保存	1.736	1.681	1.613	1.552
硅胶干燥保存	1.776	1.678	1.604	1.539

两种保存方法相比较，硅胶干燥处理和–70℃冷冻处理样品所提取 DNA 总体效果相差不大，但应用 SDS-CTAB 结合法前者比后者效果更好，在进行厚朴野外采样及样品 DNA 处理方面可优先选择。

7.3.2　琼脂糖凝胶电泳检测

从图 7-2 可以看出：4 种方法所提取的 DNA，均无明显的拖尾现象，且在点样孔附近都有一条高分子质量条带，说明各种方法都能提取相对完整的 DNA，但部分点样孔内有杂质残留。其中，简易 CTAB 法和 SDS 法的点样孔相对较亮，说

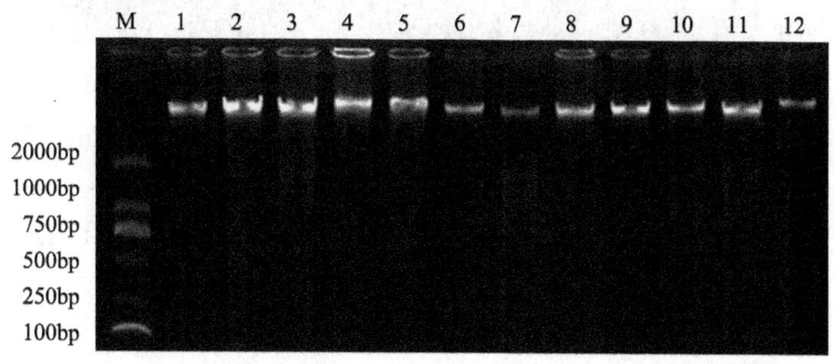

图 7-2　厚朴叶片 DNA 不同提取方法和保存方法扩增效果图

Fig.7-2　Agarose gel electrophoresis of DNA of *Houpoëa officinalis* leaf in different extraction and preserved methods

M，Marker；1~3，SDS 法；4~6，CTAB 法；7~9，高盐低 pH 法；10~12，SDS-CTAB 结合法；1、4、7、10 为新鲜叶片；2、5、8、11 为–70℃冰箱保存的叶片；3、6、9、12 为硅胶干燥的叶片

M,Marker; 1~3, SDS method; 4~6, CTAB method; 7~9, high salt and low pH method; 10~12, SDS-CTAB method. 1, 4, 7, 10,fresh leaves; 2, 5, 8, 11, –70℃ refrigerator preserved leaves; 3, 6, 9, 12, silica gel dried leaves

明这两种方法提取的 DNA 样品中含有未被去除的蛋白质、多糖及一些其他次生代谢产物；而高盐低 pH 法部分点样孔内虽也存有杂质，但总体上 DNA 条带整齐明亮，提取效果相对前两者好；与之相比，SDS-CTAB 结合法点样孔内无杂质残留，且提取 DNA 电泳条带清晰明亮，效果最好。

对不同样品保存方法进行比较发现：硅胶干燥处理和−70 ℃冷冻处理叶片所提 DNA 的电泳谱带均较清晰，完整性好，和鲜叶无明显差异。

7.3.3 PCR 扩增检测

由引物 UBC842 进行 PCR 扩增反应的结果（图 7-3）可以看出：以 4 种不同提取方法处理所得的 DNA 为模板进行扩增，均获得了清晰的扩增图谱。相比较而言，SDS-CTAB 结合法、高盐低 pH 法、SDS 法所得谱带基本无差异，简易 CTAB 法相对于其他方法，虽然 PCR 产物条带也较清晰，但是条带亮度明显弱于前者，并且也稍有拖尾现象，应该为该方法提取 DNA 中残余酚类及多糖杂质相对较多，对 PCR 反应产生影响所致。

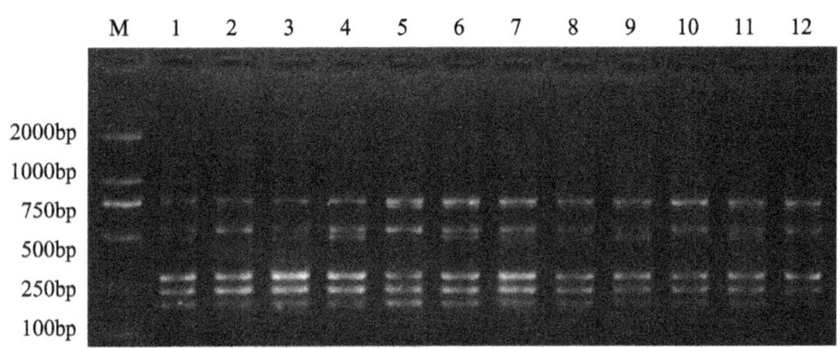

图 7-3　引物 UBC842 对 4 种方法提取的 DNA 扩增电泳图谱

Fig.7-3　Agarose gel electrophoresis of DNA extracted with four methods using UBC842 primer

M，Marker；1~3，高盐低 pH 法；4~6，SDS-CTAB 结合法；7~9，SDS 法；10~12，CTAB 法

M, Marker; 1~3, high salt and low pH method; 4~6, SDS-CTAB method; 7~9, SDS method; 10~12, CTAB method

7.3.4 小结与讨论

7.3.4.1 小结

4 种方法均能从厚朴叶片中获得高质量的 DNA，其中以 SDS-CTAB 结合法所得的 DNA 纯度最高，高盐低 pH 法次之，CTAB 法提取的厚朴叶片 DNA 纯度最低。高浓度 NaAc 的引入及相应的冻融，可以提高所得厚朴基因组 DNA 的纯度，建议在提取厚朴等次生代谢物质含量高的植物基因组 DNA 时采用。通过加入适量石英砂和 4%PVP 溶液来代替液氮研磨叶片，也可达到较好效果，能够提取完

整性及浓度较高的 DNA。硅胶干燥和-70℃超低温保存的样品与鲜叶相比，所提 DNA 的质量无明显差异，均能满足 PCR 扩增的要求。利用硅胶干燥保存样品将为解决野外采样及保存和运输上的困难提供很大的方便，具有重要的实践意义。

7.3.4.2 讨论

建立在 PCR 基础上的分子标记技术，在核酸和蛋白质水平上阐明生命系统与环境系统的相互作用规律（阮成江等，2005），以微观的视角解释宏观方法现在无法解决的问题。但由于 PCR 扩增对模板 DNA 的质量要求较高，DNA 质量便成为影响分子试验成败的关键因素之一（汪永庆等，2001；蔡振媛等，2006）。由于不同植物及同一植物不同组织的结构及生化成分含量均有差异，这些差异对 DNA 的不同提取方法往往会造成不同程度的影响，导致所得的 DNA 在纯度和质量上产生明显差异（侯义龙等，2003）。木兰科植物尤其是厚朴叶片中含有大量的色素、酚类及多糖等物质，这些次生物质容易与核酸形成复合物，影响叶片保存及所提 DNA 的含量和纯度。因此，在实际工作中，应根据试验材料的特点，建立适当的提取方法。

现在的提取方法，多采用加入 β-巯基乙醇和 PVP 来达到分离叶片中酚类氧化物质及多糖的目的。β-巯基乙醇可防止叶片中的多酚物质氧化而使 DNA 呈褐色，有利于 DNA 与多糖和其他次生代谢产物的分离（李宏和王新力，1999），能有效地去除植物叶片中的多糖、多酚类和 RNA 等物质；PVP 也可以防止酚类物质和其他次生代谢物质所引起的 DNA 褐变（Katterman and Shttuck，1983）。本研究发现：采用 4 种提取方法都加入了以上试剂，但是对厚朴 DNA 提取的效果表现出明显的差异。SDS-CTAB 结合法，采取两次冻融步骤，利用热胀冷缩的原理使绝大部分细胞破裂（程华等，2005），提高 DNA 的提取量，并在中期去除杂质时加入高浓度的 NaAc（4mol/L），通过低温冻融，达到去除多糖类物质的效果，经过连续两次抽提后，两相界面中间已没有由蛋白质等物质形成的白色层；后期使用无水乙醇沉淀 DNA，DNA 的产量及质量都相对较好；高盐低 pH 法及 SDS 法中，也采用了两次冻融步骤，并且都有高浓度的 NaAc 加入，利用高盐成分使细胞碎片及其他杂质析出并沉淀下来，因而提高了基因组 DNA 的纯度，使得基因组 DNA 析出后能够集结成絮状；而采用简易 CTAB 法在提取的过程中没有高浓度 NaAc 的加入，提取过程虽然相对简单，但得到的 DNA 提取物呈胶状，并且颜色呈褐色，不易溶解，DNA 纯度相对较差，对其进行电泳检测，DNA 有轻微降解，PCR 扩增也受到杂质残留的影响，相对其他方法效果差。由此可见，高浓度 NaAc 的引入及相应的冻融，可以提高所得厚朴基因组 DNA 的纯度，建议在提取厚朴等次生代谢物质含量高的植物基因组 DNA 时采用。

本试验没有使用液氮研磨，而是加入适量石英砂和 4% PVP 溶液来代替，但

SDS-CTAB 法及高盐低 pH 法已经提取到了完整性较好、浓度较高的 DNA，说明这两种方法在提取厚朴 DNA 上的适用性明显高于 SDS 法和 CTAB 法。相比而言，改良的 SDS-CTAB 法虽然提取的 DNA 产量、纯度较好，但操作程序复杂，耗时较多，对于进行大批量样品分析的群体分子遗传学研究而言，不宜选择此方法。高盐低 pH 法操作简便，并且对各种方法保存的叶片都可得到较好的 DNA 提取物，该法对厚朴叶片 DNA 提取的适用性更好，值得推广。

各种提取方法中，以硅胶干燥法保存的叶片为材料提取的 DNA，其质量与从鲜叶和–70℃低温冷冻叶片中提取的基本上无差异，这与黄建安等（2003）的研究结论相一致。李学营等（2006）的研究还表明，用硅胶保存 15d 和 6 个月的部分枣属（*Ziziphus*）植物所提取的 DNA 和 PCR 扩增产物几乎没有差异，所以利用硅胶干燥保存样品将为解决野外采样及保存和运输上的困难提供很大的方便，具有重要的实践意义。

7.4　厚朴 ISSR 引物筛选及反应条件优化

7.4.1　DNA 质量

高质量的 DNA 是进行 ISSR-PCR 反应的基础。经紫外分光光度计检测，所提取的厚朴 DNA 的 260nm/280nm OD 值为 1.80~1.85，平均值为 1.832，表明所提取的 DNA 纯度较好；琼脂糖凝胶电泳结束后在点样孔附近都有单一的高分子质量条带（图 7-4），利用凝胶分析软件 Gel-Pro Analyzer 4.5 对提取的基因组 DNA 条带长度进行计算判读，发现条带长度为 20kb 左右，所提 DNA 较完整，质量高，可用于后续 ISSR-PCR 反应。

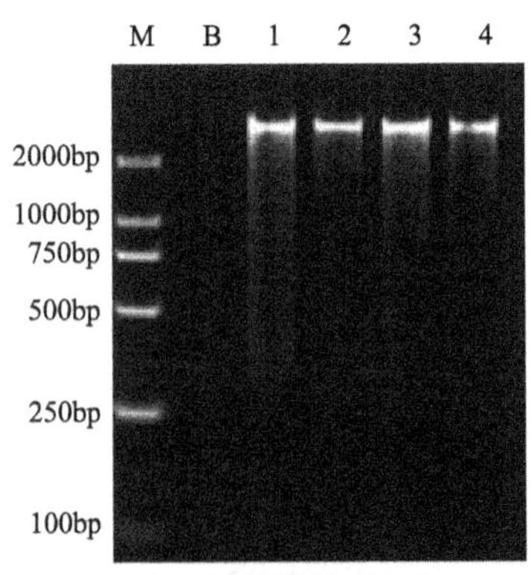

图 7-4　部分厚朴样品基因组 DNA

Fig.7-4　Genomic DNA of *Houpoëa officinalis*

M，DL2000 DNA 分子质量标准；B，阴性对照；1~4，厚朴样品编号

M, DL2000 Marker; B, negative; 1~4, number of samples

7.4.2　ISSR-PCR 正交试验的直观分析

厚朴 ISSR-PCR 正交试验的电泳结果如图 7-5，数据统计结果见表 7-6。经软件 Gel-Pro Analyzer 4.5 分析电泳结果，确定条带数。发现，处理 2、3、4、6、8、9、10 和 15 扩增条带数较多，相比之下，处理 3、4、9 的主带更为明显，且条带明亮清晰。因此，这三个处理在厚朴 ISSR-PCR 扩增中效果较好。

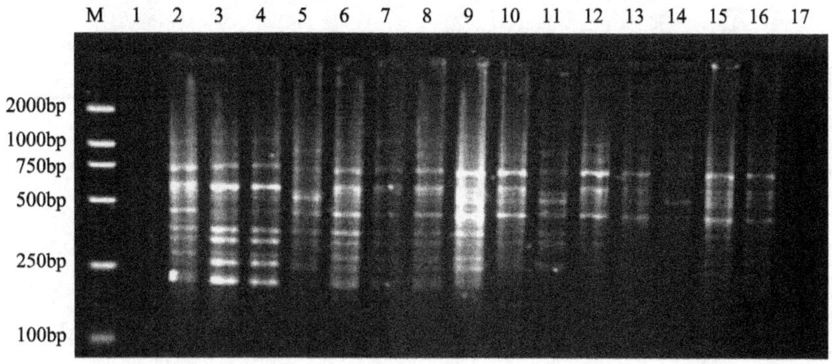

图 7-5　正交试验 PCR 产物电泳图

Fig.7-5　Electrophoresis map of PCR products of the orthogonal tests

M, DL2000 DNA 分子质量标准；1~16 为正交试验中的 16 个处理；17 为阴性对照

M, DL2000 Marker; 1~16, 16treatment in orthogonal tests; 17, negative

表 7-6　正交试验数据分析

Tab.7-6　Data analysis of orthogonal tests

编号	Mg^{2+} /（mmol/L）	dNTP /（mmol/L）	*Taq* 酶 /（U/μl）	引物 /（μmol/L）	模板 DNA /（ng/μl）	扩增片段
1	1	1	1	1	1	3
2	1	2	2	2	2	8
3	1	3	3	3	3	8
4	1	4	4	4	4	9
5	2	1	2	3	4	7
6	2	2	1	4	3	9
7	2	3	4	1	2	7
8	2	4	3	2	1	8
9	3	1	3	4	2	9
10	3	2	4	3	1	8

续表

编号	Mg^{2+} /（mmol/L）	dNTP /（mmol/L）	*Taq* 酶 /（U/μl）	引物 /（μmol/L）	模板 DNA /（ng/μl）	扩增片段
11	3	3	1	2	4	7
12	3	4	2	1	3	6
13	4	1	4	2	3	6
14	4	2	3	1	4	4
15	4	3	2	4	1	9
16	4	4	1	3	2	5

7.4.3 各因素对厚朴 ISSR-PCR 反应的影响

在正交试验结果分析中，常根据电泳条带数、亮度和背景对每个处理进行打分，然后再计算分析（周凌瑜等，2008），然而这种主观的打分方法会直接影响最终的分析结果（穆立蔷等，2006）。为使结果更加客观，可根据每个处理产生的可识别的条带数进行极差分析（表 7-7）。由表 7-7 可知，引物浓度对厚朴 ISSR-PCR 反应的影响最大，其次为 Mg^{2+}，而 *Taq* 酶和 dNTP 作用相当，DNA 模板对厚朴 ISSR 扩增影响最小。

表 7-7　扩增片段数总和及极差分析

Tab.7-7　Sum of the amplified bands and range analysis

项目	Mg^{2+} /（mmol/L）	dNTP /（mmol/L）	*Taq* 酶 /（U/μl）	引物 /（μmol/L）	模板 DNA /（ng/μl）
K_1	28	25	24	20	28
K_2	31	29	30	29	29
K_3	30	31	29	28	29
K_4	24	28	30	36	27
R	7	6	6	16	2

注：K_i 表示每个因素在同一水平下的试验值之和（i=1，2，3，4）；R 表示极差

Note: K_i indicates sum of each factor at the same level; R indicates range

由于极差分析不能估计试验误差，因此降低了试验结果的精度，为了准确判断各因素对厚朴 ISSR-PCR 反应的影响是否显著，进一步进行方差分析（表 7-8），发现，除 DNA 浓度对试验结果的影响未达到显著水平（F=0.5556，P＞0.05）外，其他因素均达到极显著水平（P＜0.01），由大到小依次为：引物、Mg^{2+}、*Taq* 酶、

dNTP 和 DNA 模板。这一结果与极差分析的结果相同。

表 7-8　ISSR-PCR 正交试验各因素间的方差分析

Tab.7-8　Variance analysis for factors of orthogonal tests of ISSR-PCR

变异来源	方差	自由度	均方	*F* 值
Mg^{2+}	19.2500	3	6.4167	8.5556**
dNTP	13.0000	3	4.3333	5.7778**
Taq 聚合酶	18.7500	3	6.2500	8.3333**
引物	61.7500	3	20.5833	27.4444**
DNA	1.2500	3	0.4167	0.5556
误差	12.0000	16	0.7500	
总和	126.0000	31		

7.4.4　各因素的不同水平对厚朴 ISSR-PCR 扩增的影响

7.4.4.1　引物浓度对 ISSR-PCR 扩增的影响

引物浓度对 ISSR-PCR 的带型和背景会产生明显的影响（周凌瑜等，2008），极差分析（表 7-7）和方差分析（表 7-8）都表明引物浓度不但能够显著影响试验结果，而且是所有因素中影响最明显的。从图 7-6A 可以看出，随引物浓度的增加，扩增条带数呈先增后减再增的趋势，当浓度为 0.5μmol/L 时，扩增条带数达到最大值。虽然引物浓度在 0.5μmol/L 产生的条带数最多，但在 0.5μmol/L 下条带背景相对较差，并且稍微出现非特异性扩增条带，因此，在本试验条件下，引物浓度确定为 0.3μmol/L。

7.4.4.2　Mg^{2+}浓度对 ISSR-PCR 扩增的影响

Mg^{2+}的作用主要是与反应液中的 dNTP、引物及模板相结合，影响引物与模板的结合效率，同时对 *Taq* 酶的活性产生影响（席嘉宾等，2004）。图 7-6B 表明，4 个 Mg^{2+}浓度下，产生的条带数呈先增加，然后趋于平缓，最后减少的趋势，由于 Mg^{2+}浓度过高易产生非特异性扩增，因此在 Mg^{2+}浓度 1.5mol/L 与 2.0mol/L 扩增效果相当的情况下，选择 1.5mmol/L 较为适宜。

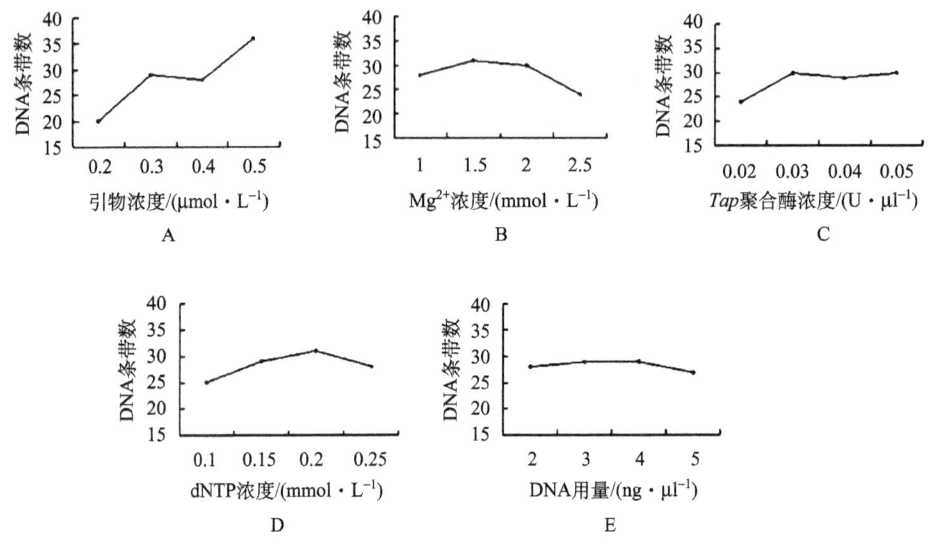

图 7-6　各因素不同水平对 ISSR-PCR 的影响

Fig.7-6　Influence of different levels of the factors on ISSR-PCR reaction

7.4.4.3　*Taq* 酶浓度对 ISSR-PCR 扩增的影响

在 PCR 反应体系中，*Taq* 酶用量过高不仅增加成本，还会产生非特异性扩增，过低则会降低产物合成效率甚至不能扩增。从图 7-6C 可以看出，*Taq* 酶浓度在 0.02~0.03U/μl 所产生的条带数有明显增加的趋势，当达到 0.03U/μl 后，条带数便不再增加，变化范围也相对较小，图 7-5 显示 *Taq* 酶浓度在 0.04U/μl 产物的稳定性明显好于 0.03U/μl 和 0.05U/μl，因此，综合考虑确定厚朴 ISSR-PCR 反应体系中酶的浓度为 0.04U/μl。

7.4.4.4　dNTP 浓度对 ISSR-PCR 扩增的影响

dNTP 是 *Taq* 酶的底物，其浓度直接影响到扩增反应的效率。由图 7-6D 可知，在 dNTP 浓度为 0.1~0.25mmol/L 时，扩增条带数随引物浓度增大而先增加再减少。当 dNTP 浓度达到 0.2mmol/L 时，条带数目最多，同时，图 7-3 也显示此浓度下扩增产物的亮度及其稳定性最高，背景颜色相对较浅，因此，确定 0.2mmol/L 为厚朴扩增的最适 dNTP 浓度。

7.4.4.5　模板 DNA 浓度对 ISSR-PCR 扩增的影响

从图 7-6E 可以看出，虽然模板 DNA 浓度不同，但是扩增产生的条带数相差不大。方差分析差异也不显著（$P>0.05$）（表 7-8），且极差值（表 7-6）也是所有因素中最低的。可见，DNA 浓度在 2~5ng/μl 对试验结果影响不显著。这也与谢运海等（2005）及曹福亮等（2008）的研究结果一致。

7.4.5　最适退火温度的确定

PCR 反应中，引物序列和物种的不同都会对退火温度产生影响（Zeng et al., 2002），这也使退火温度成为影响 ISSR-PCR 稳定扩增的重要因素。由图 7-7 可以看出，第 4 和第 5 泳道背景清晰，扩增条带数最多，且主带明显，因此退火温度以 50.7~53.0℃最佳。由于较高的退火温度可降低非特异性扩增，因此选取 54.9℃为最适宜的退火温度。

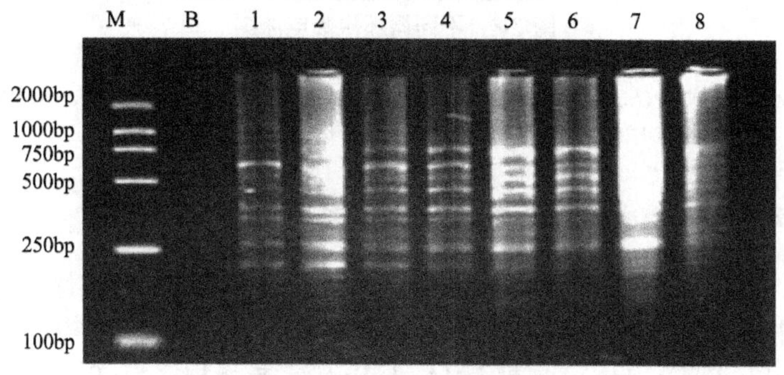

图 7-7　梯度 PCR 电泳图

Fig.7-7　Electrophoresis patterns of gradient PCR

M，DL2000 DNA 分子质量标准; B，阴性对照；1~8 退火温度分别为 57.0℃、56.2℃、54.9℃、53.0℃、50.7℃、48.9℃、47.7℃和 47.0℃

M, DL2000 Marker; B, negative; 1~8, annealing temperature was 57.0℃, 56.2℃, 54.9℃, 53.0℃, 50.7℃, 48.9℃, 47.7℃ and 47.0℃, respectively

7.4.6　循环次数对 ISSR-PCR 的影响

选择适宜的循环次数将会获得良好的扩增图谱（穆立蔷等，2006）。从理论上说，循环次数越多，扩增产物产率越高，但实际上会受到各反应成分的用量限制。在原来的反应程序的基础上，其他条件不变，分别试验了 30、35、40、45 个循环对扩增结果的影响（图 7-8）。发现随着循环次数的增加，扩增产物的量也增多，但是非特异性条带和涂带也开始较为严重，因此，相比之下，40 个循环得到的条带强弱合适，清晰可辨，为最佳循环次数。

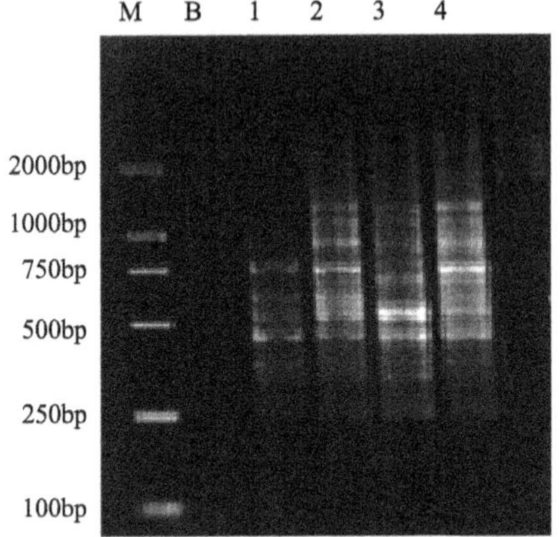

图 7-8 不同循环次数电泳图

Fig.7-8 Gel electrophoresis in different cycles

M，DL2000 DNA 分子质量标准; B，阴性对照；1~4 循环次数分别为 30、35、40、45

M, DL2000 Marker; B, negative; 1~4, different cycles, 30, 35, 40, 45

7.4.7 厚朴特异 ISSR 引物筛选及遗传多样性检测

通过厚朴模板 DNA 进行反复试验，最终确定厚朴 ISSR-PCR 反应的适宜体系及扩增条件。其 25μl 反应体系为：1.5mmol/L $MgCl_2$，0.3μmol/L 引物，0.04 U/μl *Taq* 酶，0.2mmol/L dNTP，4ng/μl 模板 DNA，1×Buffer。扩增程序为：94℃预变性 5min，94℃变性 30s，50~60℃（退火温度随引物不同而定）退火 45s，72℃延伸 90s，共 40 个循环，然后 72℃延伸 8min，4℃终止反应。利用此反应体系，对 100 条加拿大英属哥伦比亚大学网站公布的 ISSR 引物进行筛选，成功筛选到 21 条可用于厚朴 PCR 扩增的 ISSR 引物（表 7-9）。

表 7-9 ISSR 引物名称及序列

Tab.7-9 Sequences and name of primers

引物名称	引物序列（5′→3′）	退火温度/℃	引物名称	引物序列（5′→3′）	退火温度/℃
UBC807	$(AG)_8T$	53.0	UBC836	$(AG)_8YA$	51.9
UBC810	$(GA)_8T$	54.9	UBC841	$(GA)_8YC$	53.7
UBC811	$(GA)_8C$	51.9	UBC842	$(GA)_8YG$	56.1
UBC812	$(GA)_8A$	47.7	UBC844	$(CT)_8RC$	53.7
UBC815	$(CT)_8G$	53.7	UBC846	$(CA)_8RT$	53.7
UBC817	$(CA)_8A$	55.0	UBC848	$(CA)_8RG$	53.7
UBC818	$(CA)_8G$	59.2	UBC856	$(AC)_8YA$	53.7
UBC824	$(TC)_8G$	51.9	UBC857	$(AC)_8YG$	53.7
UBC827	$(AC)_8G$	51.9	UBC864	$(ATG)_6$	45.7
UBC829	$(TG)_8C$	58.0	UBC868	$(GAA)_6$	46.9
UBC835	$(AG)_8YC$	56.1			

注：R 代表 A，G；Y 代表 C，T

Note: R indicates A and G; Y indicates C and T

随机选取引物 UBC810、UBC827、UBC835、UBC836、UBC842、UBC848、UBC857 对 12 个厚朴个体的 DNA 进行扩增，7 个 ISSR 引物对厚朴 12 个个体共扩增出 56 条带，其中 39 条是多态带，多态带百分率为 69.64%。有效等位基因数（N_e）为 1.2610~1.6004，平均为 1.4355；Nei's 基因多样性指数（H）为 0.1530~0.3603，平均为 0.2557；Shannon's 多态信息指数为 0.2330~0.5415，平均为 0.3809（表 7-10）。

表 7-10　由 ISSR 检测的厚朴 12 个个体的遗传多样性

Tab.7-10　Genetic diversity detected by ISSR in 12 *Houpoëa officinalis* individuals

引物名称	观察等位基因 N_a	有效等位基因 N_e	Nei's 遗传多样性 H	Shannon 指数 I
UBC810	1.7500±0.1637	1.5934±0.1384	0.3283±0.0733	0.4715±0.1042
UBC827	2.0000±0.0000	1.6004±0.0938	0.3603±0.0364	0.5415±0.0407
UBC835	1.8889±0.1111	1.5522±0.1114	0.3250±0.0548	0.4846±0.0741
UBC836	1.5000±0.1890	1.2610±0.1363	0.1530±0.0721	0.2330±0.1029
UBC842	1.5000±0.1890	1.2996±0.1172	0.1857±0.0713	0.2786±0.1062
UBC848	1.6250±0.1830	1.3567±0.1369	0.2122±0.0728	0.3210±0.1039
UBC857	1.5714±0.2020	1.3610±0.1530	0.2111±0.0816	0.3146±0.1172
平均	1.6964±0.0620	1.4355±0.0488	0.2557±0.0259	0.3809±0.0369

7.4.8　小结与讨论

7.4.8.1　小结

本研究以厚朴 DNA 为模板，通过正交试验分别对影响厚朴 ISSR-PCR 反应的 *Taq* 酶浓度、dNTP 浓度、引物浓度、Mg^{2+}浓度、模板 DNA 浓度进行了优化，最终确定 0.3μmol/L 为引物最佳浓度；Mg^{2+}与 dNTP 浓度分别为 1.5mmol/L 和 0.2mmol/L 对本试验较为适宜；*Taq* 酶最佳反应浓度为 0.04U/μl，而模板 DNA 浓度在 2~5ng/μl 对试验结果影响不显著，但是过高或过低的模板 DNA 浓度都不利于扩增反应，故而厚朴 ISSR-PCR 体系中 DNA 模板浓度最终确定为 4ng/μl。循环次数对 PCR 扩增产生影响。本章节结果显示 40 个循环得到的条带强弱合适，清晰可辨，为最佳循环次数。梯度 PCR 显示退火温度对 ISSR-PCR 扩增有显著影响，引物不同，其退火温度亦不相同。

此外，通过优化的反应体系成功筛选出 21 条适合厚朴遗传学分析的 ISSR 引物，并利用其中 7 条引物（UBC810、UBC827、UBC835、UBC836、UBC842、UBC848、UBC857）对 12 个厚朴个体进行了遗传多样性分析，所得 ISSR 标记位点清晰，反应稳定，检测多态性能力较强，为今后厚朴 ISSR 分子标记研究提供一定的参考。

7.4.8.2 讨论

ISSR 标记研究的原理十分简单，只要获得不同物种的适用引物和 PCR 反应条件就可进行，但对于未开展过 ISSR 研究的物种来讲，所选的 ISSR 引物并不一定适合，并且反应体系不同也可产生不同的结果（姜静等，2003）。因此，开展 ISSR 相关研究之前，对 ISSR-PCR 反应条件优化和引物的筛选非常必要。

目前，对 ISSR-PCR 扩增体系的优化主要采用单因素试验或正交试验两种方法。但与单因素试验相比，正交试验可减小试验规模，又不使信息损失太多，从而可以快速找到最佳水平组合，并可分析各因素的主次顺序，为进一步试验明确方向，克服盲目性（盖钧镒，2000）；并且，正交试验设计具有均衡分散、综合可比及可伸可缩、效应明确的特点，可以了解各因素之间的内在规律，较快地找到最优的水平组合（续九如和黄智慧，1998）。

本研究参照周凌瑜等（2008）的方法，设计了 5 因素 4 水平的正交试验，同时，为了获得重复性和可靠性较高的 ISSR 带谱，也对各因素浓度的选取进行了综合的考虑，参考了永瓣藤（*Monimopetalum chinense*）（谢国文等，2007）、紫椴（*Tilia amurensis*）（穆立蔷等，2006）、银杏（*Ginkgo biloba*）（曹福亮等，2008）、乐昌含笑（*Michelia chapensis*）（邱英雄等，2002）及三尖杉（*Cephalotaxus fortune*）（李因刚等，2008）等 ISSR 反应体系。总体来看，引物是本研究中影响最为明显的一个因素。由于引物浓度不宜偏高或过低，过高的引物浓度易引起错配和产生非特异性扩增，过低则会无法进行有效扩增（宣继萍和章镇，2002；张志红等，2004），针对这种情况，本试验确定 0.3μmol/L 为最佳引物浓度；其次是 Mg^{2+}、dNTP 和 *Taq* 酶。Mg^{2+}是 *Taq* 酶的激活剂，其浓度不仅影响酶的活性及合成的可靠性，而且影响引物与模板的结合效率、模板与 PCR 产物的解链温度，dNTP 分子中的磷酸基团能定量地与 Mg^{2+}结合，使游离的 Mg^{2+}浓度降低，这二者之间具有相互制约的作用，通过比较扩增条带数，以及扩增条带的背景，最终确定 Mg^{2+}与 dNTP 浓度分别为 1.5mmol/L 和 0.2mmol/L 对本试验较为适宜，*Taq* 酶最佳反应浓度为 0.04U/μl，与冯夏连等（2006）最佳的 *Taq* 酶浓度结论相同，在这个浓度下，既保证了试验结果的可靠性，又节省试验成本；而模板 DNA 浓度在 2~5ng/μl 对试验结果影响不显著，但是过高或过低的模板 DNA 浓度都不利于扩增反应，故而厚朴 ISSR-PCR 体系中 DNA 模板浓度最终确定为 4ng/μl。

另外，引物不同，物种不同，其退火温度亦不相同，如余艳等（2003）用 ISSR 技术检测沙冬青（*Ammopiptanthus mongolicus*）时，引物 880 和 889 的退火温度分别为 52℃和 50℃，而席嘉宾等（2004）在运用 ISSR 引物检测地毯草（*Axonopus compressus*）样品时发现这两个引物的最佳退火温度分别是 62℃和 59℃。本试验也证实了这一点。以引物 UBC835 和 UBC856 为例，在华木莲（*Sinomanglietia glauca*）中（廖文芳等，2004），退火温度分别为 49℃和 48℃，但在本研究中其退火温度分别为 56.1℃和 53.7℃。因此，对于不同引物，必须各自筛选其退火温度，不能一概而论。

本研究利用最终确定的ISSR-PCR反应体系成功筛选到21条可以在厚朴中稳定扩增的 ISSR 引物，并利用其中的 7 条引物对 12 个厚朴个体进行扩增，简单分析了其遗传多样性，所产生的 ISSR 标记位点清晰，反应稳定，检测多态性能力较强，并且不同引物显示的遗传多样性指标各不相同。可见，所筛选的 ISSR 引物可以用于厚朴遗传多样性的相关研究，为今后厚朴 ISSR 分子标记研究提供了一定的参考。

7.5 厚朴种群遗传多样性

7.5.1 厚朴种群 PCR 扩增结果

以优化后的 PCR 反应体系，对 28 个厚朴种群个体进行扩增，琼脂糖凝胶电泳后发现 12 条 ISSR 引物均能在所有个体中稳定扩增，片段长度为 150~2000bp（图 7-9~图 7-15 给出了部分 ISSR 引物在不同厚朴种群的扩增结果）。12 条 ISSR 引物共扩增出 137 条带（表 7-11），平均每条引物扩增出 11 条带，在种的水平上有 114 条带呈现多态性，即种水平上多态位点百分比为 83.21%。其中，引物 UBC848 和 UBC857 所扩增的 12 条中有 11 条为多态性条带，多态性比例达到 91.67%，为所有引物中最高；其次为引物 UBC868（PPB 为 90.91%），而引物 UBC812 多态性比率最低，仅为 75.00%。各引物多态信息含量变化范围较小，为 0.237~0.303，平均为 0.268（表 7-11）。

表 7-11 12 条 ISSR 引物扩增条带数与多态性比率

Tab.7-11 Numbers and polymorphic ratios of the bands amplified by 12 ISSR primers

引物	扩增位点	多态性位点	多态信息含量	多态性比率/%
UBC810	10	8	0.287	80.00
UBC812	12	9	0.237	75.00
UBC815	13	10	0.240	76.92
UBC818	11	9	0.249	81.82
UBC827	10	8	0.276	80.00
UBC835	13	10	0.248	76.92
UBC842	12	10	0.241	83.33
UBC846	11	9	0.275	81.82

续表

引物	扩增位点	多态性位点	多态信息含量	多态性比率/%
UBC848	12	11	0.297	91.67
UBC857	12	11	0.288	91.67
UBC864	10	9	0.303	90.00
UBC868	11	10	0.282	90.91
物种水平	137	114	—	83.21

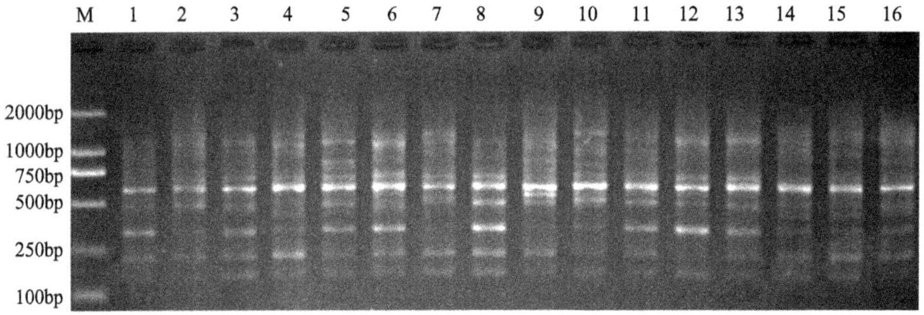

图 7-9　引物 UBC812 对什邡部分个体的扩增图

Fig.7-9　The amplification of primer UBC812 in Shifang population

M，DL2000 DNA 分子质量标准；1~16，厚朴个体

M, DL2000 Marker; 1~16, individual of *Houpoëa officinalis*

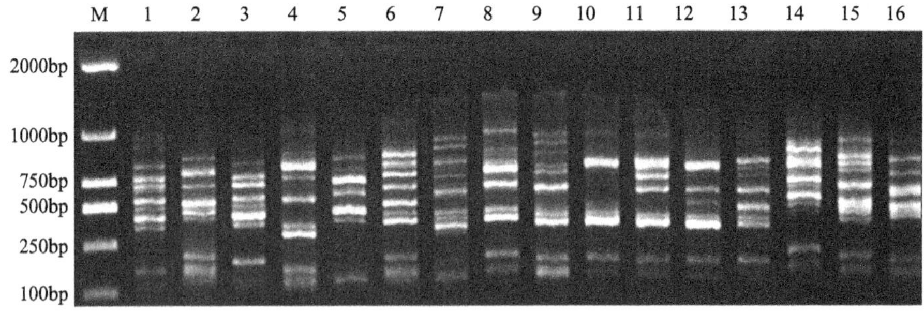

图 7-10　引物 UBC815 对洋县部分个体的扩增图

Fig.7-10　The amplification of primer UBC815 in Yangxian population

M，DL2000 DNA 分子质量标准；1~16，厚朴个体

M, DL2000 Marker; 1~16, individual of *Houpoëa officinalis*

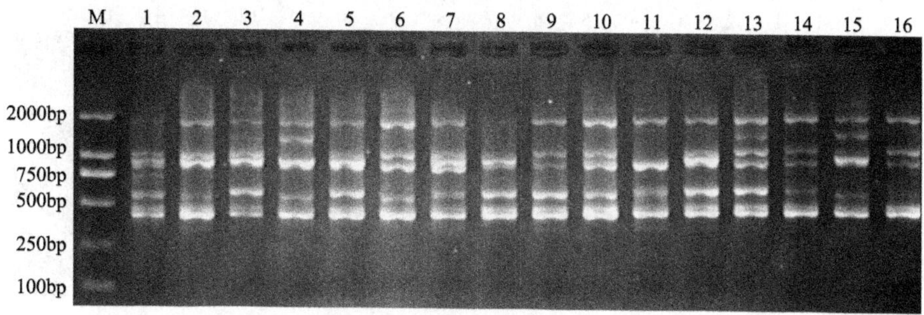

图 7-11　引物 UBC818 对彭州部分个体的扩增图

Fig.7-11　The amplification of primer UBC818 in Pengzhou population

M，DL2000 DNA 分子质量标准；1~16，厚朴个体

M, DL2000 Marker; 1~16, individual of *Houpoëa officinalis*

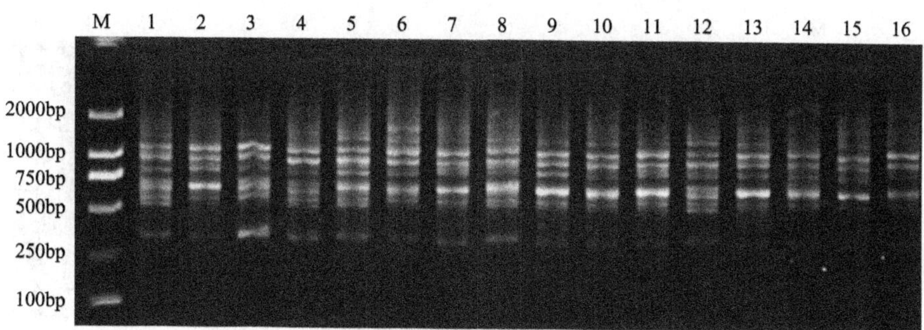

图 7-12　引物 UBC827 对建始部分个体的扩增图

Fig.7-12　The amplification of primer UBC827 in Jianshi population

M，DL2000 DNA 分子质量标准；1~16，厚朴个体

M, DL2000 Marker; 1~16, individual of *Houpoëa officinalis*

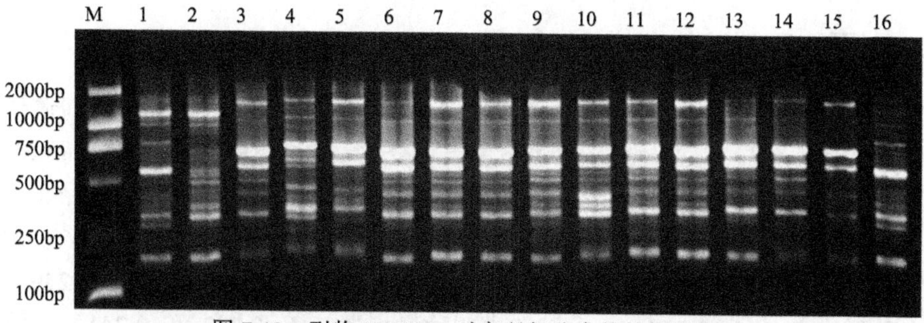

图 7-13　引物 UBC835 对宝兴部分个体的扩增图

Fig.7-13　The amplification of primer UBC835 in Baoxing population

M，DL2000 DNA 分子质量标准；1~16，厚朴个体

M, DL2000 Marker; 1~16, individual of *Houpoëa officinalis*

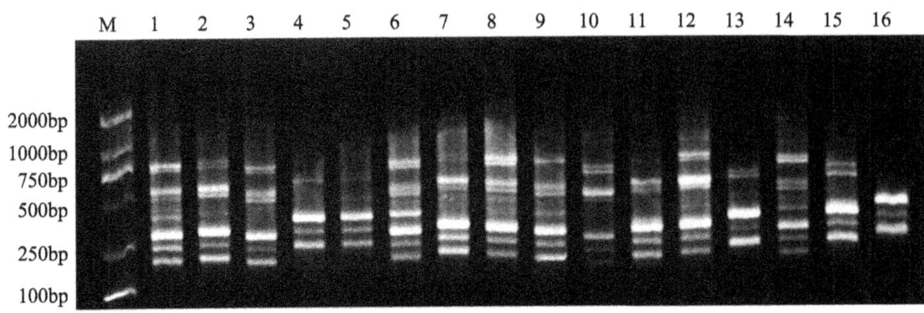

图 7-14　引物 UBC842 对桑植个体的扩增图

Fig.7-14　The amplification of primer UBC842 in Sangzhi population

M，DL2000 DNA 分子质量标准；1~16，厚朴个体

M, DL2000 Marker; 1~16, individual of *Houpoëa officinalis*

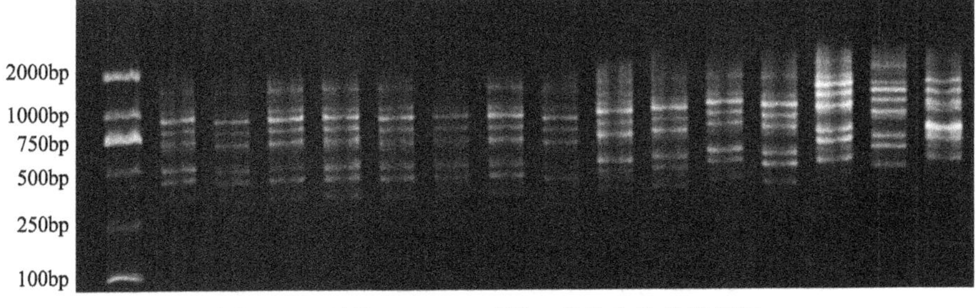

图 7-15　引物 UBC846 对城口部分个体的扩增图

Fig.7-15　The amplification of primer UBC846 in Chengkou population

M，DL2000 DNA 分子质量标准；1~16，厚朴个体

M, DL2000 Marker; 1~16, individual of *Houpoëa officinalis*

7.5.2　厚朴种群遗传多样性

对 28 个厚朴自然种群 666 个样本的遗传多样性分析表明，厚朴种群间遗传多样性指标呈现差异（表 7-12）。从多态位点百分比看，永州种群（YZ）最高（PPB，63.50%），其次为龙胜（LS）（PPB，61.31%）和西乡（XX）（PPB，60.58%），庐山种群（LUS）最低（35.77%），其他种群多态位点百分比为 35.77%~63.50%；而从 Nei's 遗传多样性指数看，洋县种群（YX）遗传多样性最高（*H*，0.249），西乡种群次之（*H*，0.245），龙胜和永州种群相当（*H*，0.243 和 0.241），而庐山种群仍然为最低（*H*，0.139）。除此之外，其他指标大小变化趋势与种群多态位点百分比基本一致，Shannon's 多态信息指数为 0.205~0.362，有效等位基因数则为 1.25~1.44。

表 7-12　28 个厚朴种群遗传多样性（括号内为标准差）

Tab.7-12　The genetic diversity of *Houpoëa officinalis* from 28 provenances（standard deviation in bracket）

种群	样本数	N_a	N_e	H	I	PPB/%
JS	24	1.50（0.502）	1.35（0.378）	0.202（0.208）	0.296（0.301）	50.36
MC	30	1.51（0.502）	1.36（0.372）	0.209（0.210）	0.305（0.304）	51.09
CK	30	1.50（0.502）	1.36（0.380）	0.204（0.210）	0.298（0.304）	50.36
HF	24	1.58（0.496）	1.38（0.348）	0.227（0.200）	0.335（0.292）	57.66
TG	20	1.58（0.495）	1.38（0.358）	0.223（0.200）	0.331（0.290）	58.39
DX	20	1.53（0.501）	1.34（0.343）	0.203（0.199）	0.301（0.291）	52.55
LS	24	1.61（0.489）	1.42（0.367）	0.243（0.202）	0.357（0.292）	61.31
XX	29	1.61（0.491）	1.42（0.365）	0.245（0.204）	0.359（0.295）	60.58
SC	30	1.59（0.493）	1.41（0.387）	0.235（0.209）	0.344（0.299）	59.12
SF	23	1.55（0.499）	1.38（0.377）	0.220（0.207）	0.323（0.299）	55.47
YX	30	1.60（0.492）	1.44（0.398）	0.249（0.213）	0.362（0.305）	59.85
NQ	24	1.55（0.499）	1.38（0.385）	0.221（0.209）	0.323（0.301）	55.47
CG	14	1.37（0.483）	1.26（0.372）	0.150（0.203）	0.218（0.293）	36.50
BX	30	1.39（0.491）	1.24（0.349）	0.143（0.193）	0.214（0.280）	39.42
KX	20	1.53（0.501）	1.34（0.356）	0.200（0.200）	0.298（0.292）	53.28
WYS	20	1.47（0.501）	1.28（0.337）	0.169（0.193）	0.254（0.283）	46.72
PZ	23	1.47（0.501）	1.31（0.366）	0.181（0.203）	0.267（0.294）	47.45
FJ	10	1.48（0.502）	1.32（0.380）	0.185（0.207）	0.273（0.298）	48.18
YZ	15	1.64（0.483）	1.41（0.371）	0.241（0.200）	0.356（0.286）	63.50
JN	32	1.56（0.498）	1.37（0.377）	0.213（0.205）	0.314（0.295）	56.20
QS	12	1.39（0.491）	1.26（0.359）	0.148（0.197）	0.220（0.285）	39.42
DY	30	1.53（0.501）	1.35（0.380）	0.203（0.208）	0.298（0.299）	52.55
GZ	33	1.45（0.500）	1.31（0.371）	0.179（0.206）	0.264（0.298）	45.26
HJ	20	1.37（0.483）	1.24（0.355）	0.140（0.196）	0.207（00.283）	36.50
SZ	16	1.44（0.498）	1.27（0.363）	0.161（0.199）	0.239（0.287）	43.80
XS	31	1.39（0,491）	1.26（0.353）	0.154（0.198）	0.228（0.288）	39.42
LUS	29	1.36（0.481）	1.24（0.35）	0.139（0.194）	0.205（00.282）	35.77
LQ	23	1.37（0.485）	1.25（0.360）	0.146（0.198）	0.214（0.287）	37.23
种群水平		1.50	1.33	0.194	0.286	49.76
物种水平	666	1.83（0.375）	1.62（0.362）	0.342（0.181）	0.496（0.249）	83.21

由表 7-12 还可以看出，厚朴自然种群在物种水平拥有较高的遗传多样性，多态位点百分比（PPB）达 83.21%，有效等位基因数（N_e）为 1.62，Nei's 遗传多样性指数（H）为 0.342，Shannon's 多态信息指数（I）为 0.496；而种群水平相对较低，种群平均多态位点百分比（PPB）仅为 49.76%，平均有效等位基因数（N_e）、Nei's 遗传多样性指数（H）及 Shannon's 多态信息指数（I）也均较低，分别为 1.33、0.194 和 0.496。

7.5.3 厚朴种群遗传多样性与经纬度、海拔的关系

对厚朴不同种群海拔、经纬度与其遗传多样性指标（N_a、N_e、H、I、PPB）进行 Pearson 相关性检验（表 7-13），发现，N_a、N_e、H、I、PPB 与经纬度、海拔均无显著相关关系（$P>0.05$），也就是说厚朴的遗传多样性不受以上三种因素的影响。

表 7-13 多样性指标与经纬度、海拔间的 Pearson 相关性检验

Tab.7-13 The Pearson test between genetic index and Latitude, Longitude, Altitude

多样性指标	纬度（N）	经度（E）	海拔
N_a	−0.098（0.621）	0.067（0.736）	−0.067（0.733）
N_e	0.037（0.852）	0.014（0.944）	0.012（0.951）
H	0.001（0.997）	−0.046（0.814）	−0.028（0.887）
I	−0.022（0.911）	0.017（0.933）	−0.016（0.934）
PPB	−0.093（0.638）	0.061（0.758）	−0.057（0.774）

注：括号内为 P 值，括号前 Pearson 值

Note: P value in bracket, Pearson value before bracket

7.5.4 厚朴种群间遗传分化及基因流

Nei's 分析结果表明（表 7-14），28 个厚朴种群总的基因多样性（H_t）为 0.339，种群内的基因多样性（H_s）为 0.194，其遗传多样性相对较低。种群间基因分化系数（G_{ST}）为 0.4278，即 42.78%的遗传分化发生在种群间，57.22%的遗传分化发生在种群内部，种群内的遗传分化大于种群间。AMOVA 分析结果表明种群间遗传变异所占比率（F_{ST}）为 35.15%（$P<0.001$）（表 7-15），与 POPGENE 软件分析的基因分化系数（G_{ST}）结果接近，说明厚朴的遗传变异主要存在于种群内。但种群间的遗传分化也达到了显著性水平（$P<0.001$），说明厚朴自然种群间也已出现一定程度的遗传分化。

表 7-14　厚朴种群遗传多样性 Nei's 分析

Tab.7-14　Nei's analysis of genetic diversity of *Houpoëa officinalis* from 28 provenances

项目	总基因多样性 H_t	种群内的基因多样性 H_s	基因分化系数 G_{ST}	基因流 N_m
平均值	0.3390	0.1940	0.4278	0.6687
标准差	0.0330	0.0140		

表 7-15　厚朴种群间和种群内分子变异的 AMOVA 分析

Tab.7-15　Analysis of molecular variance（AMOVA）within and among *Houpoëa officinalis* from 28 provenances

变异来源	自由度	总方差	变异组分	变异百分比/%	P 值
种群间	27	5 984.628	8.669	35.15	<0.001
种群内	638	10 203.272	15.993	64.85	<0.001
总计	665	16 187.889	24.662		

基于 G_{ST} 值估算基因流公式 $N_m=0.5(1-G_{ST})/G_{ST}$（McDermott and McDonald, 1993），所计算的种群间基因流 N_m 为 0.669（表 7-14），说明厚朴自然种群间存在着一定的基因流，但是相对较弱。

7.5.5　厚朴种群间的遗传距离（*D*）及遗传一致度（GI）

表 7-16 反映了不同种群间的遗传距离和遗传一致度。由表 7-16 可知，种群间遗传距离的变化范围为 0.0935~0.3282，平均为 0.2072。其中大邑种群（DY）和潜山（QS）种群之间的遗传距离最远，分化程度最高，其次为洪江（HJ）和建始种群（JS）（*D*，0.3158），而龙泉（LQ）和桑植（SZ）种群的遗传距离最小，分化程度相对较低；种群间遗传一致度变化范围则为 0.7202~0.9107，平均为 0.8139，各种群间遗传一致度和遗传距离的变化趋势相符。

7.5.6　小结与讨论

7.5.6.1　小结

12 条 ISSR 引物均能在所有个体中稳定扩增，共扩增出 137 条带，其中 114 条为多态性条带，种水平上多态位点百分比（PPB）为 83.21%；12 条 ISSR 引物 PPB 均相对较高（为 75.00%~91.67%），适合用来研究厚朴种群遗传学相关问题。

表 7-16　厚朴种群间 Nei's 遗传距离和遗传相似度

Tab.7-16　Genetic identity and genetic distance among 28 *Houpoëa officinalis* provenances

种群	JS	MC	CK	HF	TG	DX	LS	XX	SC	SF	YX	NQ	CG	BX
JS	****	0.7898	0.7963	0.8386	0.8025	0.7643	0.7927	0.7889	0.7830	0.7843	0.7934	0.7787	0.7820	0.7941
MC	0.2360	****	0.8382	0.8052	0.8108	0.8184	0.8214	0.8037	0.7732	0.7935	0.7989	0.7919	0.8287	0.7891
CK	0.2278	0.1765	****	0.8088	0.7752	0.7851	0.7816	0.7660	0.7471	0.7510	0.7869	0.7861	0.8064	0.7715
HF	0.1760	0.2167	0.2122	****	0.7897	0.8054	0.8109	0.8024	0.8047	0.8069	0.8270	0.8134	0.7736	0.7919
TG	0.2200	0.2097	0.2546	0.2361	****	0.8298	0.8439	0.8429	0.7971	0.8320	0.8320	0.8135	0.7469	0.7473
DX	0.2688	0.2003	0.2420	0.2165	0.1866	****	0.8461	0.8687	0.8380	0.8756	0.8551	0.8450	0.7985	0.7784
LS	0.2323	0.1968	0.2464	0.2096	0.1697	0.1671	****	0.9058	0.8332	0.8472	0.9107	0.8946	0.8437	0.7931
XX	0.2371	0.2186	0.2666	0.2201	0.1709	0.1407	0.0989	****	0.8772	0.8885	0.9173	0.8679	0.8150	0.7890
SC	0.2446	0.2572	0.2916	0.2173	0.2268	0.1768	0.1825	0.1310	****	0.8668	0.8419	0.8327	0.7942	0.7814
SF	0.2429	0.2312	0.2864	0.2146	0.1840	0.1329	0.1658	0.1182	0.1430	****	0.9050	0.8480	0.8000	0.7888
YX	0.2315	0.2245	0.2396	0.1899	0.1839	0.1565	0.0936	0.0863	0.1721	0.0998	****	0.9056	0.8225	0.8250
NQ	0.2501	0.2333	0.2407	0.2066	0.2064	0.1685	0.1114	0.1417	0.1831	0.1648	0.0992	****	0.7694	0.7979
CG	0.2458	0.1879	0.2151	0.2567	0.2918	0.2251	0.1700	0.2046	0.2305	0.2232	0.1954	0.2622	****	0.8211
BX	0.2305	0.2368	0.2594	0.2333	0.2913	0.2506	0.2318	0.2370	0.2467	0.2372	0.1924	0.2257	0.1971	****
KX	0.2835	0.1926	0.2397	0.2096	0.2306	0.1791	0.1248	0.1558	0.2061	0.1533	0.1397	0.1805	0.1056	0.2209
WYS	0.3090	0.2373	0.2598	0.2625	0.2799	0.2064	0.1834	0.1822	0.2302	0.1857	0.1970	0.2428	0.1309	0.2293
PZ	0.2532	0.2417	0.2236	0.2641	0.2376	0.2294	0.2283	0.1883	0.2387	0.1802	0.1521	0.2230	0.1744	0.1755
FJ	0.2221	0.2464	0.2778	0.2168	0.2913	0.2776	0.1949	0.1916	0.1935	0.1691	0.1527	0.2291	0.1481	0.2182

续表

种群	JS	MC	CK	HF	TG	DX	LS	XX	SC	SF	YX	NQ	CG	BX
YZ	0.2477	0.2129	0.2425	0.2268	0.2127	0.1921	0.1232	0.1491	0.1642	0.1325	0.1251	0.1489	0.1793	0.2355
JN	0.2838	0.3222	0.3103	0.2429	0.2511	0.2329	0.2284	0.2015	0.1954	0.1929	0.2030	0.2227	0.2890	0.2767
QS	0.3024	0.2612	0.2877	0.2823	0.2318	0.2127	0.2014	0.1911	0.2662	0.1905	0.1890	0.2707	0.2362	0.2781
DY	0.2801	0.3152	0.3037	0.2722	0.3072	0.2942	0.2400	0.2301	0.2342	0.2479	0.2230	0.2383	0.2491	0.2978
GZ	0.2650	0.2055	0.2367	0.2611	0.2403	0.1415	0.1455	0.1243	0.1786	0.1300	0.1587	0.2307	0.1311	0.2264
HJ	0.3158	0.2230	0.2568	0.2894	0.2400	0.1505	0.1536	0.1469	0.2364	0.1949	0.1510	0.2143	0.1645	0.2439
SZ	0.2983	0.2341	0.2769	0.2316	0.2452	0.1570	0.1304	0.1458	0.2001	0.1502	0.1298	0.2026	0.1377	0.1907
XS	0.2758	0.2588	0.2622	0.2724	0.2747	0.1988	0.2002	0.1762	0.2477	0.1460	0.1593	0.2310	0.1680	0.2116
LUS	0.2691	0.2372	0.2403	0.2099	0.2435	0.1819	0.1665	0.1410	0.2259	0.2057	0.1619	0.2325	0.1991	0.2113
LQ	0.2531	0.2256	0.2710	0.2462	0.2360	0.1495	0.1714	0.1528	0.2088	0.1401	0.1246	0.2062	0.1583	0.2250

注：上三角为遗传一致度（GI），下三角为 Nei’s 遗传距离

Note: Nei’s genetic identity (above diagonal), genetic distance (below diagonal)

续表 7-16　厚朴种群间 Nei's 遗传距离和遗传相似度

Tab.7-16　Genetic identity and genetic distance among 28 *Houpoëa officinalis* provenances

种群 P	KX	WYS	PZ	FJ	YZ	JN	QS	DY	GZ	HJ	SZ	XS	LUS	LQ
JS	0.7532	0.7342	0.7763	0.8008	0.7806	0.7529	0.7391	0.7557	0.7672	0.7292	0.7420	0.7590	0.7640	0.7764
MC	0.8248	0.7887	0.7853	0.7816	0.8082	0.7245	0.7701	0.7296	0.8143	0.8001	0.7913	0.7720	0.7889	0.7981
CK	0.7869	0.7712	0.7997	0.7575	0.7846	0.7333	0.7500	0.7381	0.7892	0.7735	0.7581	0.7694	0.7864	0.7627
HF	0.8109	0.7692	0.7679	0.8051	0.7971	0.7843	0.7541	0.7617	0.7702	0.7487	0.7933	0.7616	0.8107	0.7817
TG	0.7941	0.7558	0.7885	0.7473	0.8084	0.7779	0.7931	0.7355	0.7864	0.7866	0.7826	0.7598	0.7839	0.7898
DX	0.8360	0.8135	0.7950	0.7576	0.8252	0.7923	0.8084	0.7451	0.8680	0.8602	0.8547	0.8197	0.8337	0.8611
LS	0.8827	0.8324	0.7958	0.8229	0.8841	0.7958	0.8176	0.7866	0.8646	0.8576	0.8777	0.8186	0.8466	0.8425
XX	0.8557	0.8335	0.8284	0.8256	0.8615	0.8175	0.8261	0.7945	0.8832	0.8634	0.8643	0.8385	0.8685	0.8583
SC	0.8137	0.7944	0.7876	0.8240	0.8486	0.8225	0.7663	0.7912	0.8364	0.7895	0.8186	0.7806	0.7978	0.8116
SF	0.8578	0.8306	0.8351	0.8444	0.8759	0.8246	0.8265	0.7805	0.8781	0.8229	0.8605	0.8642	0.8141	0.8693
YX	0.8697	0.8212	0.8589	0.8584	0.8824	0.8163	0.8278	0.8001	0.8533	0.8598	0.8783	0.8527	0.8505	0.8828
NQ	0.8348	0.7845	0.8001	0.7953	0.8617	0.8004	0.7628	0.7880	0.7939	0.8071	0.8166	0.7937	0.7925	0.8137
CG	0.8997	0.8773	0.8400	0.8624	0.8359	0.7490	0.7896	0.7795	0.8771	0.8483	0.8714	0.8454	0.8194	0.8536
BX	0.8018	0.7951	0.8390	0.8040	0.7902	0.7582	0.7572	0.7424	0.7974	0.7836	0.8264	0.8093	0.8095	0.7985
KX	****	0.9027	0.8436	0.8545	0.8631	0.7711	0.8141	0.7913	0.8786	0.8519	0.8970	0.8560	0.8077	0.8750
WYS	0.1023	****	0.8369	0.8401	0.8307	0.7759	0.8007	0.7448	0.8487	0.8635	0.8777	0.8391	0.8337	0.8370
PZ	0.1701	0.1781	****	0.8366	0.8148	0.7910	0.7606	0.7614	0.8477	0.8249	0.8441	0.8307	0.7857	0.8532
FJ	0.1572	0.1743	0.1785	****	0.8233	0.7641	0.7951	0.7573	0.8223	0.8092	0.8421	0.8148	0.7984	0.8079

续表

种群 P	KX	WYS	PZ	FJ	YZ	JN	QS	DY	GZ	HJ	SZ	XS	LUS	LQ
YZ	0.1473	0.1854	0.2048	0.1944	****	0.8480	0.8357	0.8176	0.8453	0.8404	0.8437	0.8407	0.8047	0.8291
JN	0.2599	0.2537	0.2345	0.2690	0.1649	****	0.7729	0.8457	0.8239	0.7958	0.7798	0.7905	0.7565	0.7835
QS	0.2057	0.2223	0.2736	0.2293	0.1795	0.2576	****	0.7202	0.8551	0.8795	0.8572	0.8703	0.8577	0.8295
DY	0.2341	0.2947	0.2726	0.2780	0.2014	0.1676	0.3282	****	0.7873	0.7432	0.7417	0.7855	0.7373	0.7739
GZ	0.1295	0.1640	0.1653	0.1957	0.1681	0.1937	0.1566	0.2392	****	0.8805	0.9088	0.8872	0.8366	0.8737
HJ	0.1603	0.1468	0.1925	0.2117	0.1738	0.2284	0.1284	0.2968	0.1273	****	0.8966	0.8307	0.8722	0.8786
SZ	0.1086	0.1305	0.1694	0.1718	0.1700	0.2487	0.1541	0.2989	0.0956	0.1092	****	0.8700	0.8693	0.9107
XS	0.1555	0.1755	0.1855	0.2048	0.1736	0.2351	0.1389	0.2415	0.1197	0.1854	0.1393	****	0.8147	0.8425
LUS	0.2135	0.1819	0.2412	0.2251	0.2172	0.2791	0.1535	0.3048	0.1784	0.1368	0.1401	0.2050	****	0.8584
LQ	0.1335	0.1779	0.1588	0.2133	0.1874	0.2439	0.1870	0.2563	0.1350	0.1294	0.0935	0.1714	0.1527	****

厚朴野生种群在物种水平拥有较高的遗传多样性（PPB=83.21%，*H*=0.342），而其种群水平遗传多样性却相对较低（PPB=49.76%，*H*=0.194），这可能与厚朴形成的特殊历史原因有关；28 个厚朴自然种群间遗传多样性指标呈现差异，但各种群间的遗传多样性指标均与海拔、经纬度的变化无关[Pearson 相关性检验（Pearson correlation test），$P>0.05$]。以 PPB 为例评价种群间遗传多样性高低，则永州种群（YZ）最高（PPB=63.50%），庐山种群（LUS）最低（35.77%）。其他指标（*H*，*I*）大小变化趋势与种群 *PPB* 变化基本一致。

28 个厚朴种群间已经产生一定程度的分化，且种群内的遗传分化大于种群间（G_{ST}=0.4278）。AMOVA 的分析结果与其相吻合，并且表明厚朴种群间和种群内均发生了显著的遗传分化（AMOVA 分析，$P<0.001$）；基于 G_{ST} 值估算的 N_m = 0.669，显示厚朴种群间存在较弱的基因流，对厚朴种群的遗传分化产生了一定的影响。种群间遗传距离（*D*）的变化范围为 0.0935~0.3282，平均为 0.2072；遗传一致度（GI）变化范围则为 0.7202~0.9107，平均为 0.8139，各种群间遗传一致度和遗传距离的变化趋势相符。

7.5.6.2　讨论

珍稀濒危植物常具有较低的遗传多样性，如 *Ammopiptanthus nanus*、*Sinopodophyllum hexandrum*、*Piperia yadonii* 等（Ge et al.，2005；Xiao et al.，2006；Sheeja et al.，2009），但现在有许多研究表明，濒危植物或者特有种也能保持较高的遗传多样性（Qiu et al.，2004；Gonzalez-Astorga and Castillo-Campos，2004）。

本研究发现，厚朴物种水平遗传多样性为 PPB=83.21%，*H*=0.342，*I*=0.496，显著高于同科的华木莲（*Sinomanglietia glauca*）（H_{ISSR}=0.0649）（廖文芳等，2004）、长蕊木兰（*Magnolia cathcartii*）（H_{AFLP}=0.122）（Zhang et al.，2009）及观光木（*Tsoongiodendron odorum*）（H_{RAPD}=0.2597）（黄久香和庄雪影，2002），也高于同样基于 ISSR 技术分析的其他濒危物种，具有较高的遗传多样性水平。这可能与该种形成的特殊历史原因有关。厚朴属木兰科，是现存被子植物中最原始的类群之一（Figlar and Nooteboom，2004；孟爱平等，2006），广布于第三纪古热带区，其祖先拥有较丰富的遗传基础和遗传变异，虽然受第四纪冰川的影响，其分布范围逐渐减少，但幸存个体仍然较广泛分布于中国长江流域和陕西、甘肃南部等地区（中国科学院中国植物志编辑委员会，2004），其祖先丰富的遗传基础得以继承和保留，因而在其物种水平上具有较高的遗传多样性。现在研究也认为广布种趋向于具有较高的遗传多样性水平（Hamrick et al.，1991），如 *Murraya paniculata*（栽培种，*H*=0.2668；野生型，*H*=0.2326）（Verma et al.，2009）、*Pllanthus emblica*（*H*=0.2471）（李巧明和赵建立，2007）及 *Osmanthus fragrans*（*H*=0.2536）（李梅，2009）等广布物种的遗传多样性水平显著高于狭域种 *Piperia yadonii*

（H=0.059）（Sheeja et al.，2009）和 *Sinopodophyllum hexandrum*（H=0.092）（Xiao et al.，2006）。

相对而言，厚朴种群水平遗传多样性相对较低（PPB=49.76%，H=0.194，I= 0.496），明显低于 Nybom（2004）所统计的植物种群水平遗传多样性平均值（H_{RAPD} = 0.22，H_{AFLP}=0.23，H_{ISSR}=0.22），仅高于一年生（H =0.13）或自交物种（H=0.12）RAPD 检测的群体遗传多样性的平均值（Nybom and Bartish，2000），揭示出厚朴种群内部遗传多样性不足。这可能是多方面综合影响的结果。首先，厚朴种子萌发条件相对苛刻，发芽率较低，野外调查也发现土壤中存在大量往年未萌发的种子，加之成树附近幼苗不宜成活（舒枭等，2010），直接降低了厚朴个体更新换代的实际效率；其次厚朴作为名贵中药材，所遭受的人为干扰破坏程度比其他植物类群要严重得多，尤其是 20 世纪 60 年代至 80 年代，野生厚朴资源被严重破坏，甚至一些分布区厚朴被采挖至绝迹（斯金平和童再康，2001），致使目前野生厚朴种群的数目和种群规模不断变小，呈散生状态，生境逐渐片断化。片断化生境中植物近交及遗传漂变的概率明显增加（Frankham，1997），抵御外界环境变化的能力降低，这也直接致使其种群遗传多样性迅速丧失。

厚朴种群间的遗传多样性不受海拔及经纬度的影响（表 7-13），但各自然种群的遗传多样性水平仍存在较大差异（表 7-12）。以 Nei's 遗传多样性指标为例，最高的洋县 H=0.249，而最低的庐山 H 仅为 0.139。这在一定程度上可能是由人为采挖方式和破坏程度的差异所造成。统计表 7-12 不难发现，所研究的 28 个厚朴种群，洋县（YX）、龙胜（LS）、宁强（NQ）、遂昌（SC）等遗传多样性相对较高的种群，都是一些相对偏远山区或经济欠发达地区，人为干扰程度较轻，野生资源保存相对较好；而庐山（LS）、武夷山（WYS）、潜山（QS）等遗传多样性较低的种群，受当地旅游开发及道地性产区产业化的推动，人为采挖厚朴资源严重，也间接造成了不同厚朴种群遗传多样性的差异。

7.6　厚朴种群间遗传结构

7.6.1　聚类分析

基于 Nei's 遗传距离（D）的 NJ 聚类分析结果表明（图 7-16），厚朴自然种群可以明显分为三组。其中沐川（MC）和城口（CK），建始（JS）和鹤峰（HF）种群先分别聚在一起，然后与铜鼓（TG）、道县（DX）种群聚为一组（a）；龙胜（LS）、宁强（NQ）、洋县（YX）、西乡（XX）、什邡（SF）、遂昌（SC）、永州（YZ）、大邑（DY）、景宁（JN）这 9 个种群聚为一组（b），其余 13 个种群聚为一组（c）。总体来看，陕西和湖北种群基本上各自聚在一起，呈地域性分布，而四川和重庆种群则相对分散，在不同种群组中均有分布，无地域性表现。

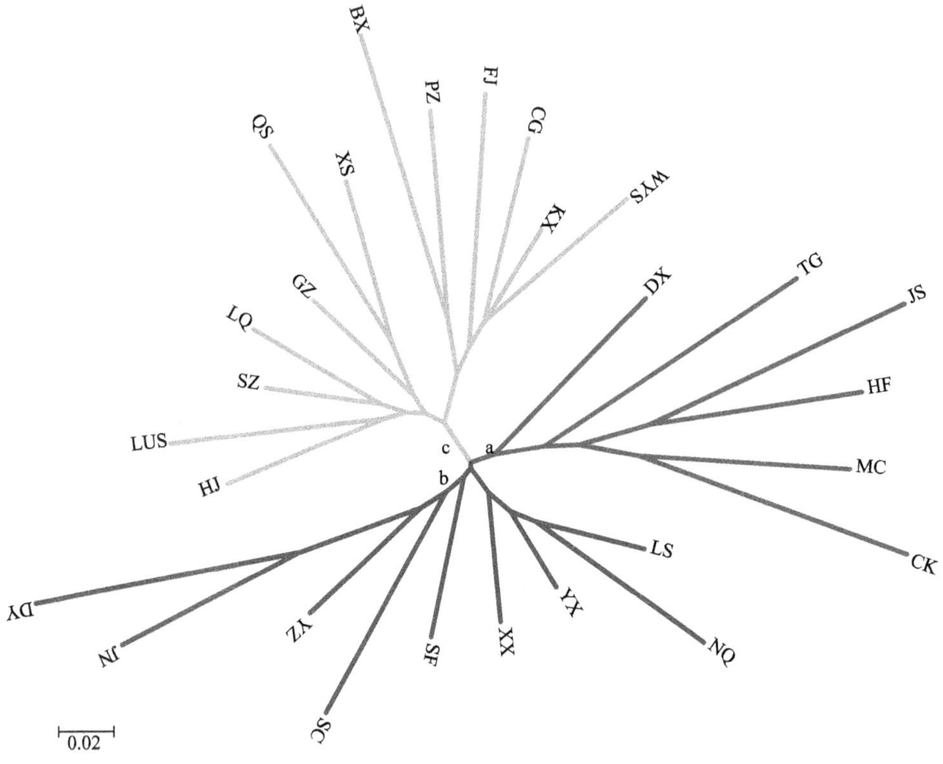

图 7-16　基于 Nei's 遗传距离厚朴种群 NJ 聚类

Fig.7-16　Neighbour-joining tree of 28 *Houpoëa officinalis* provenances based on Nei's genetic distance

7.6.2　厚朴种群遗传结构分析

采用 Structure 2.2 软件分析了 28 个厚朴种群的遗传结构，当 K=3 时，似然值（log likelihood）取得最大值，并且 alpha 值变化相对稳定，显示出厚朴种群被分为三大类群（图 7-17）。其中类群 I 包括沐川（MC）和城口（CK）种群大部分材料（80%以上），60%左右的建始（JS）、鹤峰（HF）、铜鼓（TG）材料，以及城固（CG）、宝兴（BX）、开县（KX）等种群部分材料，其共同组成了以四川、重庆、湖南为中心的种群辐射区；类群 II 包括了龙胜（LS）、西乡（XX）、遂昌（SC）、什邡（SF）、洋县（YX）、宁强（NQ）种群的大部分材料（75%以上）和 55%~65%的大邑（DY）、景宁（JN）、永州（YZ）种群材料，形成以四川北部、陕西、浙江为主的集群区；而潜山（QS）、光泽（GZ）、洪江（HJ）、桑植（SZ）、习水（XS）、庐山（LUS）、龙泉（LQ）绝大部分材料（95%以上）及城固（CG）、宝兴（BX）、开县（KX）等种群 70%以上的材料被分配到类群Ⅲ中，群组中个体来源相对复杂，成混合型分布。各种群中个体资源的具体分配见图 7-18。

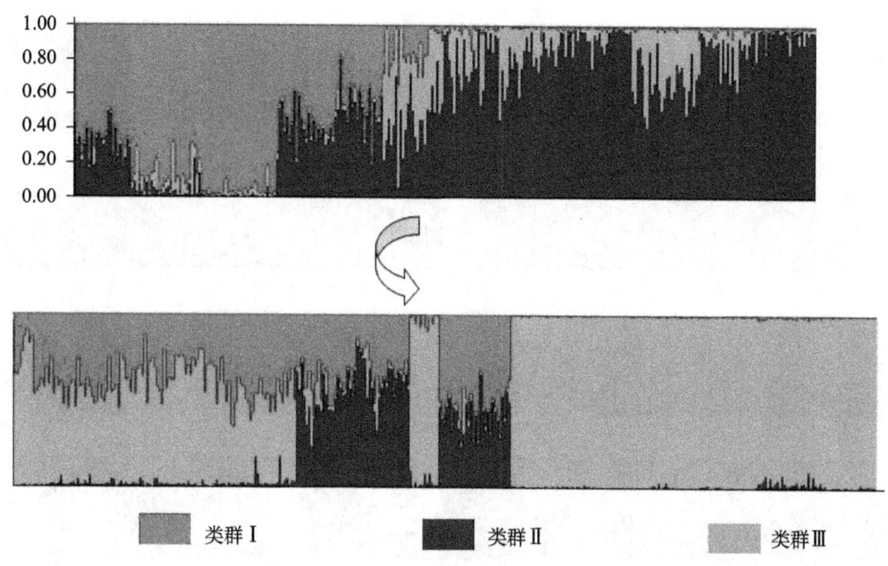

图 7-17 厚朴种群群体结构分组（彩图请扫封底二维码）

Fig.7-17 Estimated population structure for *Houpoëa officinalis*

图中不同颜色表示不同的组群，每条彩色竖线代表一份种质，不同颜色所占比例越大，则该种质被划分到相应组群的可能性就越大

Each individual is represented by a single color line, the more proportion of the color, the more possibility of the represented individual by the color divided into the corresponding group

7.6.3 主坐标分析

以 666 个厚朴个体 01 矩阵为原始数据，对 ISSR 标记结果进行二维（图 7-19）和三维（图 7-20）主坐标分析（principal coordinate analysis, PCoA），前三个主坐标所解释的变异分别为 15.32%、8.73%和 8.35%，合计占总变异的 32.40%。从二维主坐标分析来看（图 7-19），666 个厚朴个体大体被划分为三组，其中，组 1（Group 1）以 1~120 号个体为主，并伴有 420~500 号部分个体（个体编号代表不同的种群，编号所代表的种群见表 7-1，下同）；组 2（Group 2）集中了 120~310 的大部分个体，其他种群个体掺入较少；组 3（Group 3）个体相对较多，以 310~420、500~666 号个体为主。将不同个体还原为其所在的种群，发现依个体进行的群组

划分与 NJ 系统聚类结果完全一致，也与 Structure 遗传结构分析结果相吻合，肯定了 28 个厚朴种群间的遗传关系划分。但从个体编号及聚集程度来看，组 3 还可细分为组 4（Group 4，个体编号 310~420）和组 5（Group 5，个体编号 500~666），可以说是对 NJ 聚类的补充及细化，从个体水平揭示了厚朴种群的遗传关系。

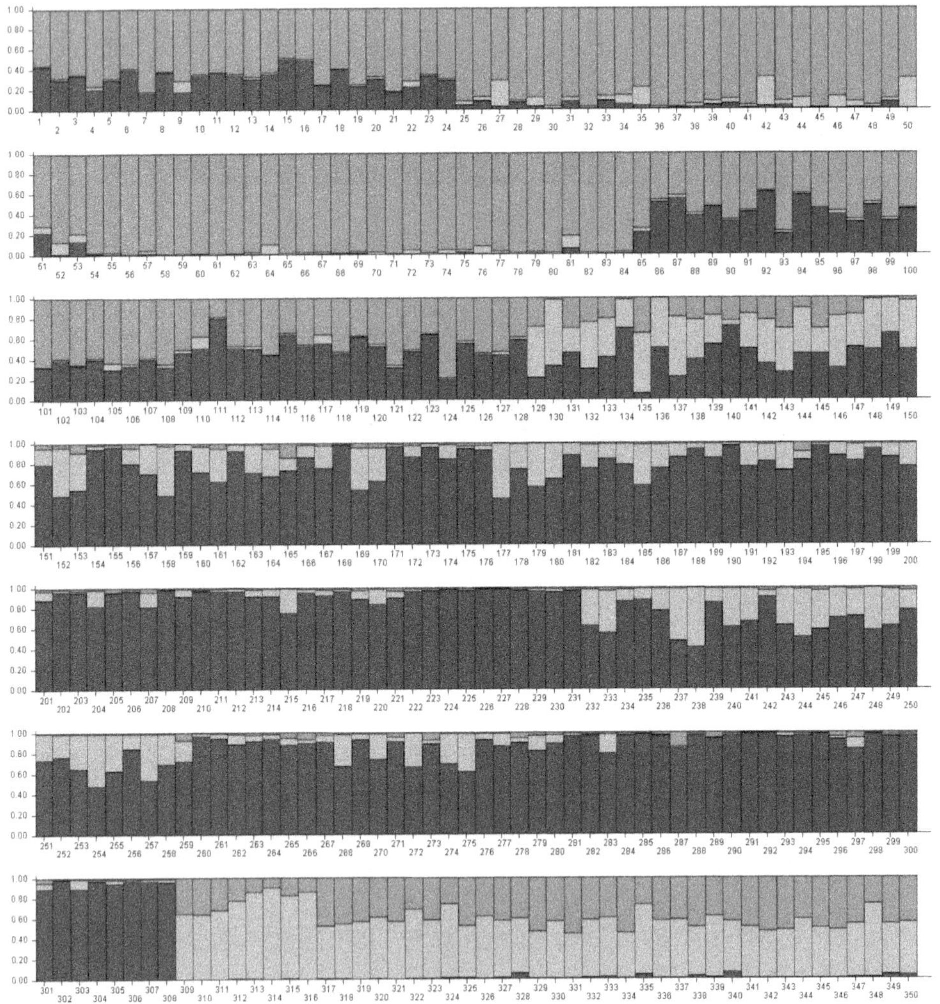

图 7-18 厚朴种群中个体资源的具体分配情况（彩图请扫封底二维码）

Fig.7-18 The specific allocation of individual resources of *Houpoëa officinalis* from 28 provenances

图中个体编号见表 7-1

Individual numbers were shown in Tab.7-1

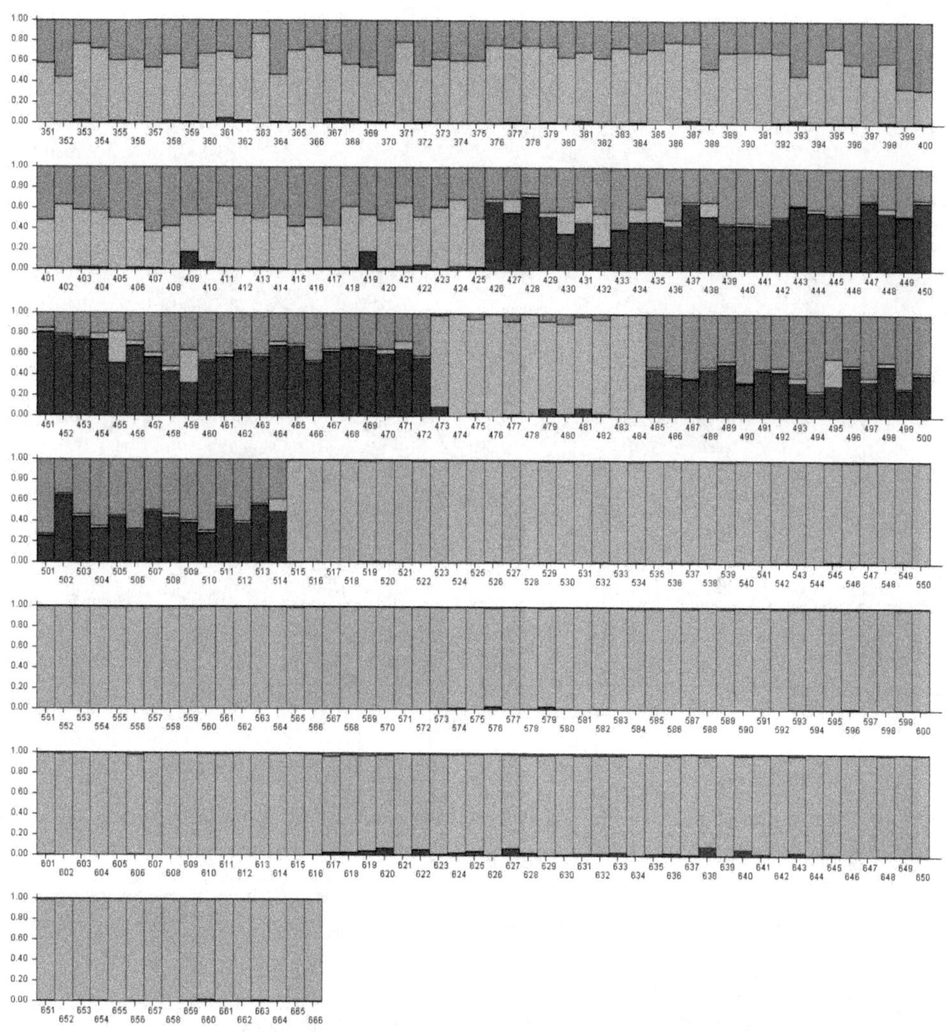

续图 7-18　厚朴种群中个体资源的具体分配情况（彩图请扫封底二维码）

Continued Fig.7-18　Specific allocation of individual resources of *Houpoëa officinalis* from 28 provenances

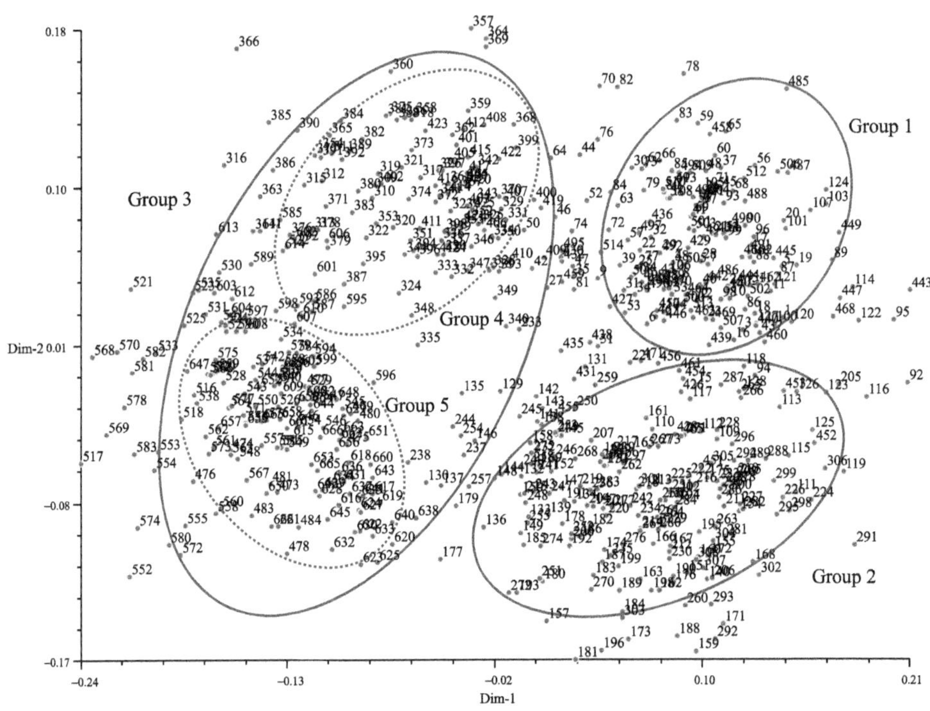

图 7-19　厚朴种群二维主坐标散点图（彩图请扫封底二维码）

Fig.7-19　Scatter plot of the second principal coordinates analysis （PCoA） of *Houpoëa officinalis* from 666 plants

三维主坐标个体的分布情况与二维主坐标分析结果一致（图 7-19），其直观显示了厚朴种群间及个体间遗传关系的空间分布。

7.6.4　地理距离与遗传分化、遗传距离的相关性分析

根据 GPS 测定的各厚朴种群取样地经纬度计算它们之间的地理距离（表 7-17）。利用 TFPGA 软件包中的 Mantel 相关性检验分析不同种群地理距离的自然对数和遗传距离间的相关性（Burns et al.，2004）。通过 Mantel 相关性检验分析发现（图 7-21），不同种群间的地理距离和遗传距离不存在显著相关关系（R=−0.0054，P=0.5120）。

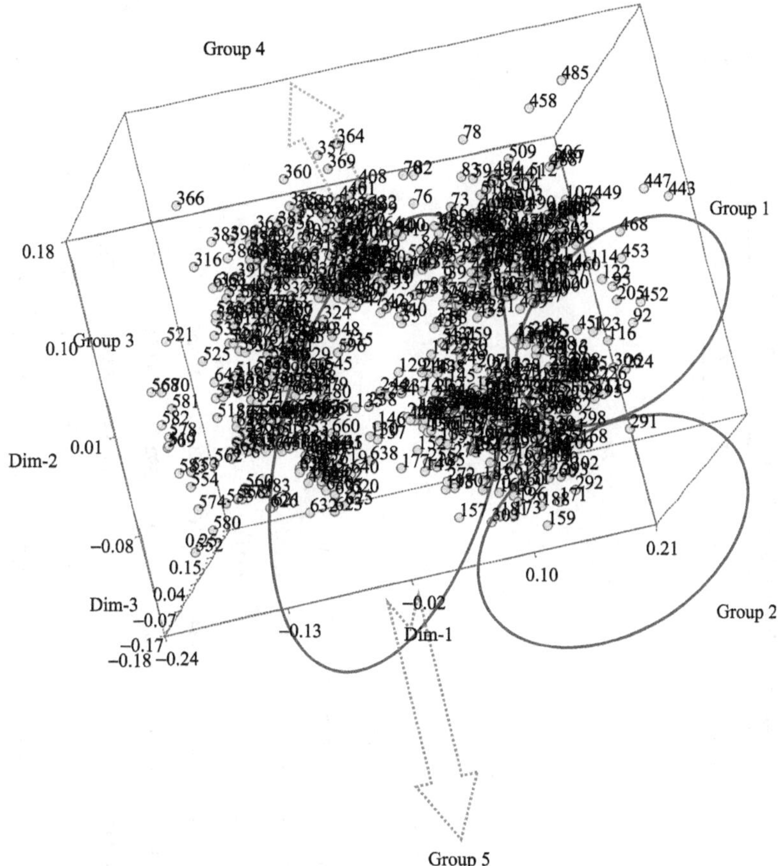

图 7-20　厚朴种群三维主坐标散点图（彩图请扫封底二维码）

Fig.7-20　Three dimensional plot of principal coordinates analysis （PCoA） of *Houpoëa officinalis* from 666 plants

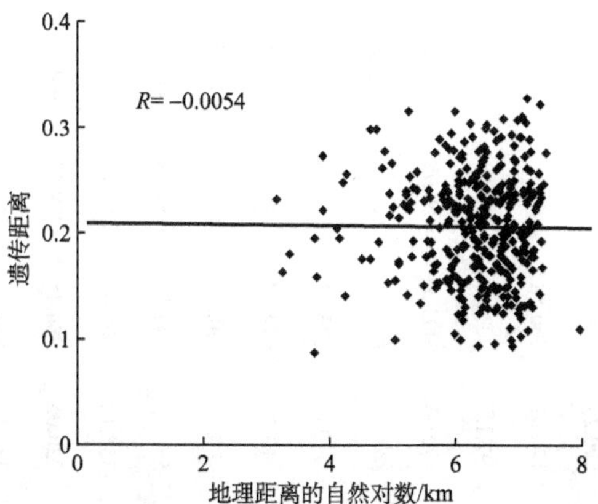

图 7-21　地理距离自然对数和遗传距离 Mantel 检验

Fig.7-21　Mantel test between geographical distance and genetic distance

表 7-17　厚朴不同种群间地理距离（km，1 组）

Tab.7-17　Geographical distance between *Houpoëa officinalis* provenances（km, Group 1）

种群	JS	MC	CK	HF	TG	DX	LS	XX	SC	SF	YX	NQ	CG	BX
JS	0													
MC	590.28	0												
CK	176.03	560.58	0											
HF	92.13	603.26	265.48	0										
TG	490.04	1003.54	650.98	427.22	0									
DX	605.99	841.12	770.55	513.98	446.04	0								
LS	710.6	633.13	831.04	639.1	779.77	376.04	0							
XX	319.37	614.47	146.69	410.56	773.88	921.33	966.73	0						
SC	958.2	1502.77	1094.63	912.88	500.38	852.86	1224.18	1190.19	0					
SF	554.83	242.16	454.66	602.51	1030.23	972.76	833.86	452.19	1512.31	0				
YX	356.12	605.84	181.11	446.56	815.79	954.44	986.65	42.83	1233.06	430.11	0			
NQ	420.05	484.45	258.58	500.08	906.89	976.84	948.71	186.14	1351.16	283.27	154.54	0		
CG	339.51	563.13	163.51	427.13	810.79	929.56	949.38	62.01	1239.03	392.13	43.54	124.51	0	
BX	659.74	181.42	581.08	694.89	1115.39	1004.5	813.57	590.31	1607.77	139.84	569.96	423.77	531.3	0
KX	336.79	254.1	334.89	350.36	762.83	678.14	585.63	428.31	1258.17	295.35	434.99	367.18	393.01	396.24
WYS	843.85	1353.63	997.2	784.11	357.41	600.08	1034.34	1109.47	197.34	1387.36	1152.37	1255.46	1151.95	1483.17
PZ	549.8	218.35	458.21	593.35	1019.14	951.55	807.55	463.51	1504.98	28.93	444.81	301.41	405.32	103.48

续表

种群	JS	MC	CK	HF	TG	DX	LS	XX	SC	SF	YX	NQ	CG	BX
FJ	49.52	592.03	130.08	140.65	525.78	655.11	751.87	271.51	983.93	536.17	309.42	381.68	293.77	654.94
YZ	491.44	789.95	659.7	400.36	361.71	119.18	420.13	809.24	812.97	892.77	843.71	875.24	820.17	970.93
JN	997.01	1531.25	1139.24	947.11	527.47	853.33	1227.08	1238.79	63.91	1549.58	1281.52	1396.73	1286.28	1655.35
QS	651.95	1233.46	758.88	630.17	325.85	771.73	1100.32	843.19	363.11	1203.81	885.31	1013.62	895.99	1307.7
DY	591.08	188.6	505.22	630.02	1054.52	968.04	803.93	514.03	1542.93	67.82	494.55	350.26	455.25	104.71
GZ	819.93	1333.45	972.16	761.37	334.75	650.93	1023.44	1084.28	202.39	1364.66	1126.92	1230.71	1126.86	1438.47
HJ	394.48	624.18	549.01	309.55	427.87	241.15	357.68	697.62	937.57	734.81	727.72	739.12	699.23	796.57
SZ	114.34	605.47	288.03	23.76	416.02	491.68	618.65	433.46	905.36	613.78	469.33	519.8	448.79	714.35
XS	439.29	215.88	471.48	426.7	799.42	628.64	466.73	571.56	1300.51	370.18	579.42	504.73	537.13	443.69
LUS	615.26	1174.75	751.85	575.69	204.57	641.98	982.36	852.34	342.93	1171.51	894.69	1009.52	899.08	1289.24
LQ	520.13	183.47	440.21	558.97	984.08	907.64	763.61	460.41	1471.93	70.89	445.25	309.86	404.03	148.37

表 7-17 厚朴不同种群间地理距离（km，2 组）

Continues Tab.7-17 Geographical distance between *Houpoëa officinalis* provenances（km, Group 2）

种群 P	KX	WYS	PZ	FJ	YZ	JN	QS	DY	GZ	HJ	SZ	XS	LUS	LQ
BX	0													
KX														
WYS	1122.41	0												
PZ	287.7	1377.11	0											
FJ	371.59	876.37	533.44	0										
YZ	605.46	629.09	874.15	540.85	0									
JN	1297.65	193.17	1541.3	1025.38	821.68	0								
QS	975.85	193.21	1200.79	667.66	687.16	421.03	0							
DY	266.17	369.36	49.64	576.4	894.68	1578.46	1242.93	0						
GZ	1094.29	25.93	1354.77	852.13	615.76	206.37	344.85	1389.36	0					
HJ	387.03	763.99	715.34	442.39	162.01	953.57	758.68	734.18	747.75	0				
SZ	1266.35	773.45	603.91	163.94	376.67	939.26	629.81	639.27	750.86	2862.8	0			
XS	155.66	1145.02	344.73	456.94	570.08	1326.33	1051.35	348.82	1125.56	408.42	423.62	0		
LUS	898.09	275.32	1165.21	641.16	565.73	387.46	138.66	1204.16	249.51	654.14	570.69	980.43	0	
LQ	228.88	1340.82	45.24	506.73	830.67	1507.41	1172.55	71.04	1318.71	671.51	568.39	299.69	1132.96	0

7.6.5　小结与讨论

7.6.5.1　小结

基于 Nei's 遗传距离进行的 NJ 聚类，28 个厚朴自然种群明显地被分为三组，其中陕西（西乡 XX，洋县 YX，宁强 NQ）、湖北（建始 JS，鹤峰 HF）和浙江（景宁 JN，遂昌 SC）种群基本上各自聚在一起，呈地域性分布，而四川和重庆种群则相对分散，在不同种群组中均有分布，无地域性表现。

Structure 遗传结构分析中（K=3），厚朴种群被分为三大类群。其中，类群Ⅰ以四川、重庆、湖南为中心的种群辐射区，类群Ⅱ为四川中部、陕西、浙江的集群区，类群Ⅲ则为混合型分布区。各种群中个体资源的分配情况一定程度上显示出种群间的杂交情况。总体来看，除潜山（QS）、光泽（GZ）、洪江（HJ）、桑植（SZ）、习水（XS）、庐山（LUS）、龙泉（LQ）种群受到外来种群个体干扰较少外，其他种群均有不同程度的外来个体掺入，这也显示出对厚朴野生资源保护迫在眉睫。

PCA 分析（二维和三维）从个体水平揭示了厚朴种群的遗传关系，与 Structure 种群结构分析结果一致，其直观显示了厚朴种群间及个体间遗传关系的空间分布。

基于种群地理距离自然对数和遗传距离的 Mantel 检测表明，厚朴自然种群的遗传分化（R=–0.0054，P=0.5120）不符合距离产生分化模型，说明除随机遗传漂变与地理隔离外，厚朴种群的遗传分化还存在其他因素的影响。

7.6.5.2　讨论

厚朴种群间基因分化系数（G_{ST}）为 0.4278，明显低于近交物种的平均水平（RAPD，G_{ST} =0.625）（Bussell，1999），但是却显著高于 Nybom（2004）统计的植物 ISSR 遗传分化的平均值（G_{ST}=0.34），可见厚朴种群间已经产生了一定程度的分化。影响植物种群间遗传分化的因素很多，基因流一向被视为使种群遗传结构均质化的主要因素之一，具有有限基因流的物种往往较那些具有广泛基因流的物种有较大的遗传分化（金则新和李钧敏，2007）。由于对厚朴资源的人为破坏，现在的厚朴分布区已经明显减小，并呈现典型的片断化（郭承则等，2004），不同种群间的基因交流变得困难。Slatkin（1985）认为若每代迁入个体数 $N_m>1$，基因流就足以抵制遗传漂变的作用，同时也可以防止种群分化的发生；若 $N_m<1$，漂变就成为划分种群遗传结构的主导因素。本研究中种群间基因流 N_m 仅为 0.669，是对厚朴种群间已经产生分化的最有利的证据。

表 7-18　不同濒危植物物种水平遗传多样性比较

Tab.7-18　Comparison of genetic diversity on endangered plants in species

物种	生态现状	PPB/%	N_e	H	I	N_m	G_{ST}	文献
思茅木姜子 *Litsea baviensis* var. *szemois*	En, Na, Eg	87.01	1.4006	0.2466	0.3826	0.8513	0.3700	陈俊秋等，2006
明党参 *Changium smyrnioides*	En, Eg	84.70	1.4	0.24	0.37	0.446	0.529	Qiu et al.，2003
黄山梅 *Kirengeshoma palmate*	En, Na, Eg	79.00	1.55	0.31	0.45	—	0.1669	Zhang et al.，2009
四合木 *Tetraena mongolica*	En, Eg	63.30	1.368	0.213	0.324	—	0.1691	Ge et al.，2005
长果秤锤树 *Sinojackia dolichocarpa*	En, Eg	72.99	1.3726	0.2255	0.3453	—		Gao et al.，2005
Antirhea aromatica	En, Eg	—	—	—		0.26	0.51	Gonzalez-Astorga and Castillo-Campos，2004
全缘冬青 *Ilex integra*	En, Na, Eg	57.7	1.391	0.222	0.326	—	0.316	冷欣等，2005
银杏 *Ginkgo biloba*	Rp	70.45	1.4155	0.2408	0.3599	—	0.1476	葛永奇等，2003
夏蜡梅 *Sinocalycanthus chinensi*	En	23.65	—	0.1987	0.3097	0.3651	0.5779	金则新和李钧敏，2007
永瓣藤 *Monimopetalum chinense*	En, Na, Eg	39.2	0.101	—	0.183	—	0.5672	谢国文等，2007b

续表

物种	生态现状	PPB/%	N_e	H	I	N_m	G_{ST}	文献
长叶红砂 *Reaumuria trigyna*	En	89.47	—	0.3083	0.4688	4.1787	0.144	张颖娟和王玉山，2008
绞股蓝 *Gynostemma pentaphyllum*	En	96.39	—	0.0257	0.0405	0.0622	0.8894	Wang et al.，2008
香果树 *Emmenopterys henryi*	En	56.05	1.325	0.191	0.287	0.235	0.6803	Li and Jin，2007
桃儿七 *Sinopodophyllum hexandrum*	En	38.85	1.151	0.092	0.142	0.361	0.6225	Xiao et al. ，2015
景东报春 *Primula interjacens*	En, Na, Eg	75.47	—	0.3205	0.4618	0.71	0.2613	Xue et al.，2004
沙冬青 *Ammopiptanthus mongolicus*	En, Eg	39.39	—	—	0.1832	0.418	0.3743	Ge et al.，2005
新疆沙冬青 *A. nanus*	En, Eg	25.89	—	—	0.1026	0.805	0.2162	Ge et al.，2005
Piperia yadonii	En, Na, Eg	—	—	0.062（2006） 0.059（2007）	—	—	0.424（2006） 0.394（2007）	Sheeja et al.，2009

注：　En，特有种；Nr，狭域种；Eg，濒危种；Rp，孑遗植物

Note: En, endemic species; Nr, narrowly distributed species; Eg, endangered species; Rp, relict plant

种群的遗传结构从一定意义上说是基因流和遗传漂变两种力量相互作用的结果（Hutchison and Templeton，1999；吴会芳等，2006），可以说是基因和基因型在时间和空间上的分布式样。有些研究显示，生态小环境的变异可导致不同种群间在遗传结构上的显著差异（Taylor and Aarssen，1990）。厚朴为同株异花植物，容易产生自交，从而易引发近交衰退（Geber et al.，1999）和两性功能的冲突（Barrett，2002），小范围内种群间便可产生一定的分化，AMOVA 分析结果（F_{ST}=35.15%）显示了厚朴种群间和种群内均出现显著遗传分化（$P<0.01$），也与厚朴现在片断化的生存环境相吻合。

相比较于一些濒危植物（表 7-18），厚朴种群间的遗传分化处于中等水平，这可能与厚朴自身的分类地位有关。厚朴作为第三纪孑遗物种，与木兰科中其他种相似，自身的进化机制相对保守（Figlar and Nooteboom，2004；孟爱平等，2006），形态结构和生理机制方面也较原始，虽然这种特性容易限制它们自身的发展（田昆等，2003），但也使其不同种群不易因环境因素或地理位置的变化产生较大变异，因而其种群间变异相对其他濒危物种来讲维持在中等水平。厚朴的这种遗传结构及遗传分化特点也与木兰科其他植物相类似（刘登义等，2004；Zhang et al.，2009）。

参 考 文 献

蔡振媛, 张同作, 连新明, 等. 2006. 一种提取动物基因组总 DNA 的野外样品保存方法. 四川动物, 25(3): 473-477

曹福亮, 王国霞, 李广平, 等. 2008. 银杏 ISSR-PCR 扩增反应体系的优化. 浙江林学院学报, 25(2): 186-190

车建, 唐琳, 刘彦君等. 2007. ITS 序列鉴定西红花与其易混中药材. 中国中药杂志, 32(8): 668-671

陈俊秋, 慈秀芹, 李巧明, 等. 2006. 樟科濒危植物思茅木姜子遗传多样性的 ISSR 分析. 生物多样性, 14(5): 410-420

程华, 余龙江, 胡琼月, 等. 2005. 改良异硫氰酸胍法提取玛咖(Maca)叶片中总 RNA 研究. 生物技术, 15(2): 45

戴小军, 梁满中, 陈良碧. 2007. 栽培稻种内核糖体基因的 ITS 序列比较研究. 作物学报, 33(11): 1874-1878.

丁小余, 王峥涛, 徐红, 等. 2002. 枫斗类石斛 rDNA ITS 区的全序列数据库及其序列分析鉴别. 药学学报, 37(7): 567-573

冯夏连, 何承忠, 张志毅, 等. 2006. 毛白杨 ISSR 反应体系的建立及优化. 北京林业大学学报, 28(3): 61-65

傅荣昭, 孙勇如, 贾士荣. 1994. 植物遗传转化技术手册. 北京: 中国科学技术出版社

高丽, 杨波. 2006. 湖北野生春兰资源遗传多样性的 ISSR 分析. 生物多样性, 14(3): 250-257

盖钧镒. 2000. 试验统计方法. 北京: 中国农业出版社: 286-287

葛颂，王海群，张大明．1997．八面山银杉林的遗传多样性和群体分化．植物学报，39(3): 266-271

葛永奇，邱英雄，丁炳扬，等．2003．孑遗植物银杏群体遗传多样性的 ISSR 分析．生物多样性，11(4): 276-287

郭宝林，吴勐，斯金平，等. 2000. 厚朴道地性的遗传学证据．药学实践杂志, 18(5): 314-316

郭承则，马培珍，郭大祝, 2004. 观赏兼药用的珍贵花木厚朴．中国花卉盆景, 10: 16-17

侯义龙，曹同，蔡丽娜，等. 2003. 苔藓植物 DNA 提取方法研究．广西植物, 23(5): 425

黄建安，黄意欢，罗军武，等. 2003. 鲜叶保存方法对茶树基因组 DNA 提取效果的影响．生命科学研究, 7(4): 360-364

黄久香，庄雪影. 2002. 观光木种群遗传多样性研究．植物生态学报, 26(4): 413-419

黄绍辉，方炎明．2007．改进的 SDS-CTAB 法提取濒危植物连香树总 DNA．武汉植物学研究，25(1): 98-101

姜静，杨传平，刘桂丰，等. 2003. 桦树 ISSR-PCR 反应体系的优化．生态学杂志, 22(3): 91-93

金则新，李均敏．2007a．濒危植物香果树自然属群遗传多样性的 RAPD 分析．浙江大学学报，33(1): 61-67

金则新，李钧敏．2007b．珍稀濒危植物夏蜡梅遗传多样性的 ISSR 分析．应用生态学报，18(2): 247-253

冷欣，王中生，安树青，等．2005．岛屿特有全缘冬青遗传多样性的 ISSR 分析．生物多样性，13(6): 546-554

李宏，王新力. 1999. 植物组织 RNA 提取的难点及对策．生物技术通报, 15(1): 36-39

李梅，侯喜林，单晓政，等. 2009. 部分桂花品种亲缘关系及特有标记的 ISSR 分析．西北植物学报, 29(4): 674-682

李巧明，赵建立．2007．云南干热河谷地区余甘子种群的遗传多样性研究．生物多样性，15(1): 84-91

李太武，张安国，苏秀榕，等. 2006. 不同花纹文蛤(*Meretrix meretrix*)的 ITS-2 分析．海洋与湖沼, 37(2): 132-137

李学营，彭建营，彭士琪．2006．部分枣属植物硅胶干燥叶片 DNA 提取方法的比较．河北农业大学学报, 29(1): 38-40

李因刚，周志春，金国庆. 2008. 三尖杉种源遗传多样性．林业科学, 44(2)：64-69

廖文芳，夏念和，邓云飞. 2004. 华木莲的遗传多样性研究．云南植物研究, 26(1): 58-64

刘登义，储玲，杨月红. 2004. 珍稀濒危植物天目木兰(*Magnolia amoena*)．应用生态学报，14(7): 1139-1142

刘建全，陈之端，路安民．2000．从 ITS 序列探讨青藏高原特有植物华福花属的亲缘关系．植物学报, 42(6): 656-658

刘文志，戴住波，钱子刚. 2008. 金铁锁不同居群 rDNA ITS 序列分析．中药材, 31(2): 192-195

罗晓莹，唐光大，许涵，等．2005．山茶科 3 种中国特有濒危植物的遗传多样性研究．生物多样性, 13(2): 112-121

蒙子宁，庄志猛，金显仕，等．2003．黄海带鱼、小带鱼 RAPD 和线粒体 16S rRNA 基因序列变异分析．自然科学进展, 13(11): 1170-1176

孟爱平, 王恒昌, 李建强, 等. 2006. 中国木兰科 11 属 40 种植物的核形态研究. 植物分类学报, 44(1): 47-63

穆立蔷, 刘赢男, 冯富娟, 等. 2006. 紫椴 ISSR-PCR 反应体系的建立与优化. 林业科学, 142(16): 26-31

彭云滔, 唐绍清, 李伯林, 等. 2005. 野生罗汉果遗传多样性的 ISSR 分析. 生物多样性, 13(1): 36-42

钱韦, 葛颂, 洪德元. 2000. 采用 RAPD 和 ISSR 标记探讨中国疣粒野生稻的遗传多样性. 植物学报, 42(7): 741-750

邱英雄, 傅承新, 何云芳, 等. 2002. 乐昌含笑不同类型鉴定的 ISSR-PCR 分析. 林业科学, 38(6): 49-52

阮成江, 何祯祥, 周长芳, 等. 2005. 植物分子生态学. 北京: 化学工业出版社: 2-3

舒枭, 杨志玲, 段红平, 等. 2010. 濒危植物厚朴种子萌发特性研究. 中国中药杂志, 35(4): 419-422

斯金平, 童再康. 2001. 厚朴. 北京: 中国农业出版社: 2-8

苏应娟, 朱建明, 王艇, 等. 2002. 厚朴的任意引物 PCR 指纹图谱分析. 中草药, 33(6): 545-548

田昆, 张国学, 程小放, 等. 2003. 木兰科濒危植物华盖木的生境脆弱性. 云南植物研究, 25(5): 551-556

田敏, 李纪元, 倪穗, 等. 2008. 基于 ITS 序列的红山茶组植物系统发育关系的研究. 园艺学报, 35(11): 1685-1688

汪永庆, 王新国, 徐来祥, 等. 2001. 一种动物基因组 DNA 提取方法的改进. 动物学杂志, 36(1): 27-29

王翀, 郭志刚, 赵桂仿. 2008. 利用 ISSR 分析 6 种绞股蓝属植物的遗传多样性与亲缘关系. 西北大学学报, 38(5): 767-770

王有为, 何敬胜, 黄博, 等. 2007. 凹叶厚朴野生与栽培居群的遗传结构及遗传多样性. 2007 年第九届全国中药和天然药物学术研讨会大会报告及论文集: 286-290

王峥峰, 高山红, 田胜尼, 等. 2005. 南亚热带森林片断化对厚壳桂种群遗传结构的影响. 生物多样性, 13(4): 324-331

韦阳连, 杭悦宇, 高兴, 等. 2007. 基于 ITS 序列的明党参道地性鉴别研究. 中国植物学会植物结构与生殖生物学专业委员会、江苏省植物学会 2007 年学术年会学术报告及研究论文集

吴会芳, 李作洲, 黄宏文. 2006. 湖北野生天麻的遗传分化及栽培天麻种质评价. 生物多样性, 14(4): 315-326

吴臻, 佘小平, 王喆之. 2003. 几种提取枣和酸枣 DNA 用于 RAPD 分析的方法比较. 西北植物学报, 23(4): 645-647

武正军, 李义明. 2003. 生境破碎化对动物种群存活的影响. 生态学报, 23(1): 2424-2435

席嘉宾, 郑玉忠, 杨中艺. 2004. 地毯草 ISSR 反应体系的建立与优化. 中山大学学报(自然科学版), 43(3): 80-84

谢国文, 彭晓瑜, 郑燕玲, 等. 2007b. 濒危植物永瓣藤遗传多样性的 ISSR 分析. 林业科学, 43(8): 48-53

谢国文, 张金杏, 郑燕玲, 等. 2007a. 珍稀濒危植物永瓣藤 DNA 提取与 ISSR 条件优化. 广西植

物, 27(6): 817-820

谢运海, 夏德安, 姜静, 等. 2005. 利用正交设计优化水曲柳ISSR-PCR反应体系. 分子植物育种, 3(3): 445-450

徐红, 李晓波, 丁小余, 等. 2001. 中药黄草石斛 rDNA ITS 序列分析. 药学学报, 36(10)：777-783

许广平, 仲霞铭, 丁亚平, 等. 2005. 黄海南部小黄鱼群体遗传多样性研究. 海洋科学, 29(11): 34-38

续九如, 黄智慧. 1998. 林业试验设计. 北京: 中国林业出版社

宣继萍, 章镇. 2002. 适合于苹果的 ISSR 反应体系的建立. 植物生理学通讯, 38(6): 549-550

余艳, 陈海山, 葛学军. 2003. 简单重复序列区间(ISSR)引物反应条件优化与筛选. 热带亚热带植物学报, 11(1): 15-19

余永邦, 秦民坚, 梁之桃, 等. 2003. 不同产区太子参的 rDNA ITS 区序列的比较. 植物资源与环境学报, 12(4): 1-5

喻达辉, 朱嘉濠. 2005. 珠母贝属的系统发育: 核 rDNA ITS 序列证据. 生物多样性, 13(4): 315-323

张宏意, 石祥刚. 2007. 不同产地何首乌的 ITS 序列研究. 中草药, 38(6): 218-221

张颖娟, 王玉山. 2008. 珍稀濒危植物长叶红砂种群遗传多样性的 ISSR 分析. 植物研究, 28(5): 568-573

张志红, 谈风笑, 何航航, 等. 2004. 红树植物海漆 ISSR 条件的优化. 中山大学学报(自然科学版), 43(2): 63-66

中国科学院中国植物志编辑委员会. 2004. 中国植物志. 北京: 科学出版社

周凌瑜, 吴晨炜, 唐东芹, 等. 2008. 利用正交设计优化小苍兰 ISSR-PCR 反应体系. 植物研究, 28(4): 402-407

邹喻苹, 汪小全, 雷一丁, 等. 1994. 几种濒危植物及其近缘类群总 DNA 的提取与鉴定. 植物学报. 36(7): 528-533

Baldwin BG, Sanderson MJ, Porter JM, et al. 1995. The ITS region of nuclear ribosomal DNA: a valuable source of evidence on angiosperm phylogeny. Annals of the Missouri Botanical Garden, 82: 247-277

Barrett SCH. 2002. Sexual interference of the floral kind. Heredity, 88: 154-159

Barth S, Meichinger AE, Lubberstedt TH. 2002. Genetic diversity in *Arabidopsis thaliana* L. Heynh investigated by cleaved amplified polymorphic sequence(CAP) and inter simple sequence repeat (ISSR) markers. Molecular Ecology, 11: 494-505

Burns EL, Eldridge MD, Houlden BA. 2004. Microsatellite variation and population structure in a declining Australian Hylid *Litoria aurea*. Molecular Ecology, 13(7): 1745-1757

Bussell JD. 1999. The distribution of random amplified polymorphic DNA(RAPD)diversity amongst populations of *Isotoma petraea*(Lobeliaceae). Molecular Ecology, 8: 775-789

Caldeira RL, Vidigal THDA, Simpson AJG, et al. 2001. Genetic variability in Brazilian populations of *Biomphalaria straminea* complex detected by simple sequence repeat anchored polymerase chain reaction amplification. Memórias do Instituto Oswaldo Cruz, 96(4): 535-544

Camacho FJ, Liston A. 2001. Population structure and genetic diversity of *Botrychium pumicola*(Ophioglossaceae) based on inter-simple sequence repeats(ISSR). American Journal of Botany, 88: 1065-1070

Ding XY, Wang ZT, Xu H, et al. 2000. Database establishment of the whole rDNA ITS region of *Dendrobium* species of “Fengdou” and authentication by analysis of their sequences. Acta Pharmacologica Sinica, 37(7): 567-573

Evanno G, Regnaut S, Goudet J. 2005. Detecting the number of clusters of individuals using the software structure: a simulation study. Molecular Ecology, 14(8): 2611-2620

Excoffier L, Laval G, Schneider S. 2005. Arlequin(version 3. 0): An integrated software package for population genetics data analysis. Evolutionary Bioinformatics Online, 1: 47-50

Falush D, Stephens M, Pritchard JK. 2003. Inference of population structure using multilocus genotype data: Linked loci and correlated allele frequencies. Genetics, 164(4): 1567-1587

Fang DQ, Roose ML. 1997. Identification of closely related citrus cultivars with inter simple sequence repeat markers. Theoretical and Applied Genetics, 95: 408-417

Figlar RB, Nooteboom HP. 2004. NotesonMagnoliaceaeIV. Blumea, 49: 87-100

Francis CY, Yang RC, Tim B. POPGENE(1. 32). http://www.ualberta.ca/-fyeh/download.htm

Frankel OH, Soule ME. 1981. Conservation and evolution. New York: Cambridge University Press

Frankham R. 1997. Do island populations have less genetic variation than mainland populations? Heredity, 78: 311-327

Ge XJ, Yu Y, Yuan YM, et al. 2005. Genetic diversity and geographic differentiation in endangered *Ammopiptanthus*(Leguminosae) populations in desert regions of Northwest China as revealed by ISSR analysis. Annals of Botany, 95: 843-851

Geber MA, Dawson TE, Delph LF. 1999. Gender and Sexual Dimorphism in Flowering Plants. Berlin: Springer: 33-60

Gonzalez-astorga J, Castillo-Campos G. 2004. Genetic variability of the narrow endemic tree *Antirhea aromatica* Castillo-Campos & Lorence(Rubiaceae, Guettardeae) in a tropical forest of Mexico. Annals of Botany, 93: 521-528

Hamrick JL, Godt MJW, Murawski DA, et al. 1991. Correlations between species traits and allozyme diversity: implications for conservation biology//Falk DA, Holsinger KE. Genetics and conservation of rare plants. New York: Oxford University Press: 75-86

Hutchison DW, Templeton AR. 1999. Correlation of pair wise genetic and geographic distance measures: inferring the relative influences of gene flow and drift on the distribution of genetic variability. Evolution, 53: 1898-1914

Katterman FRH, Shttuck VI. 1983. An effective method of DNA isolation from the mature leaves of *Gossypium* species that contain large amount of phenolic terpenoids and tannins. Preparative Biochemistry & Biotechnology, 13: 347

Kojima T, Nagaoka T, Noda K, et al. 1998. Genetic linkage map of ISSR and RAPD markers in Einkorn wheat in relation to that of RFLP markers. Theoretical and Applied Genetics, 96: 37-45

Lewontin RC. 1972. The apportionment of human diversity. Evolutionary Biology, 6: 381-398

Ma XJ, Wang XQ, Xiao PG, et al. 2000. Comparison of ITS sequences between wild ginseng DNA and garden ginseng DNA. China Mater Mad, 25(4): 206-209

McDermott JM, McDonald BA. 1993. Gene flow in plant pathosystems. Annual Review of Phytopathology, 31: 353-373

Michael W. 2006. Use of DNA markers to study bird migration. Journal of Ornithology, 147(2): 234-244

Nei M. 1972. Genetic distance between populations. American Naturalist, 6: 283-293

Nei M. 1973. Analysis of gene diversity in subdivided populations. Proceedings of the National Academy of Sciences of USA, 70: 3321-3323

Nybom H. 2004. Comparison of different nuclear DNA markers for estimating intraspecific genetic diversity in plants. Molecular Ecology, 13(5): 1143-1155

Nybom H, Bartish I. 2000. Effects of life history traits and sampling strategies on genetic diversity estimates obtained with RAPD markers in plants. Perspectives in Plant Ecology. Evolution and Systematics, 3: 93-114

Pritchard JK, Stephens M, Donnelly P. 2000. Inference of population structure using multilocus genotype data. Genetics, 155(2): 945-959

Qiu YX, Hong DY, Fu CX, et al. 2004. Genetic variation in the endangered and endemic species *Changium smyrnioides*(Apiaceae). Biochemical Systematics and Ecology, 32: 583-596

Ratnaparkhe MB, Santra DK, Tullu A, et al. 1989. Inheritance of inter-simple-sequence-repeat polymorphisms and linkage with a fusarium wilt resistance gene in chickpea. Theoretical and Applied Genetics, 96: 348-353

Rohlf FJ. 1998. NTSYS-pc: numerical taxonomy and multivariate analysis system, version 2. 02, Exeter Software. New York: Setauket

Saitou N, Nei M. 1987. The neighbor-joining method: A new method for reconstructing phylogenetic trees. Molecular Biology and Evolution, 4: 406-425

Sheeja G, Jyotsna S, Vern LY. 2009. Genetic diversity of the endangered and narrow endemic *Piperia yadonii* (Orchidaceae) assessed with ISSR polymorphisms. American Journal of Botany, 96(11): 2022-2030

Slatkin M. 1985. Rare alleles as indicators of gene flow. Evolution, 39: 53-65

Tamura K, Dudley J, Nei M, et al. 2007. MEGA4: Molecular Evolutionary Genetics Analysis (MEGA) software version 4. 0. Molecular Biology and Evolution, 24: 1596-1599

Taylor DR, Aarssen LW. 1990. Competitive relationships among genotypes of three perennial grasses: implications for species coexistence. American Naturalist, 136: 105-327

Templeton AR, Shaw K, Routman E, et al. 1990. The genetic consequence of habitat augmentation. Annals of the Missouri Botanical Garden, 77: 13-27

Verma S, Rana, TS, Ranad SA. 2009. Genetic variation and clustering in Murraya paniculata complex as revealed by single primer amplification reaction methods. Current Science, 96(9): 1210-1216

Xiao M, Li Q, Wang L, et al. 2006. ISSR analysis of the genetic diversity of the endangered species

Sinopodophyllum hexandrum(Royle) Ying from Western Sichuan Province, China. Journal of Integrative Plant Biology, 48(10): 1140-1146

Yeh FC, Boyle TJB. 1997. Population genetic analysis of co-dominant and dominant markers and quantitative traits. Belgian Journal of Botany, 129: 157

Zeng J, Zou YP, Bai JY, et al. 2002. Preparation of Total DNA from "Recalcitrant Plant Taxa". Acta Bot Sin, 44(6): 694-697

Zhang XM, Wen J, Dao ZL, et al. 2009. Genetic variation and conservation assessment of Chinese populations of *Magnolia cathcartii* (Magnoliaceae), a rare evergreen tree from the South-Central China hotspot in the Eastern Himalayas. J Plant Res, 10. 1007/s10265-009-0278-9

Zietkiewicz E, Rafalski A, Labuda D. 1994. Genome fingerprinting by simple sequence repeat (SSR) anchored polymerase chain reaction amplification. Genomics, 20: 176-183

第八章　厚朴不同产区 ITS 序列

8.1 引　　言

目前应用 ITS 技术对植物进行遗传多样性或系统发育、种质资源鉴定的研究已有较多报道。Baldwin 等（1995）分析了 ITS 序列在 22 个被子植物科中的应用情况，结果表明：该序列在不同植物类群中可用来解决科内不同等级的系统发育和分类问题，包括科的界限、科内属间关系、属下分类系统、近缘种关系甚至种下等级的划分；刘文志等（2008）通过分析金铁锁（*Psammosilene tunicoides*）不同居群的核糖体 ITS 碱基序列，为鉴别不同产地金铁锁提供分子依据；余永邦等（2003）对不同产区太子参的 rDNA ITS 区序列进行比较，从分子生物学角度说明了它们的变异程度，为利用 ITS 区序列的差异鉴别不同产区的太子参提供了依据；韦阳连等（2007）基于 ITS 序列分析对 7 个产区 18 个明党参样品进行道地性鉴别，通过序列比对得出的变异位点，可对 7 个产区的明党参样品进行准确的来源鉴别；张宏意和石祥刚（2007）也通过研究不同产地何首乌（*Polygonum multiflorum*）的 ITS 片段遗传差异性，分析该片段在何首乌道地性的 DNA 分子鉴别和野生资源品种的鉴定及种质资源研究中的意义。

8.1.1　ITS 序列结构及其优点

高等植物的核糖体 DNA（ribosome DNA, rDNA）是由核糖体基因（转录单位）及与之相邻的间隔区组成的高度重复串联序列，并以外部转录间隔区（external transcribed spacer，ETS）、18S rDNA、内部转录间隔区 1（internal transcribed spacer，ITS1）、5.8S rDNA、内部转录间隔区 2（ITS2）、26S rDNA 和非转录间隔区（non transcribed，NTS）的顺序排列在 DNA 上（5′ 到 3′）（Garcia-Martinez et al.，1999）。其中，ITS1 和 ITS2 共同构成了 ITS 序列。但由于介于 ITS1 和 ITS2 之间的 5.8S 序列长度非常保守（被子植物中，一般为 163~164bp）（Baldwin et al.，1995；刘忠等，2000），物种间的碱基序列也极为相似，该片段的存在不会对 ITS1 和 ITS2 序列分析造成影响，因此，通常所说的 ITS 序列也将其包括在内，统称为 ITS 区域，说明详见图 8-1。

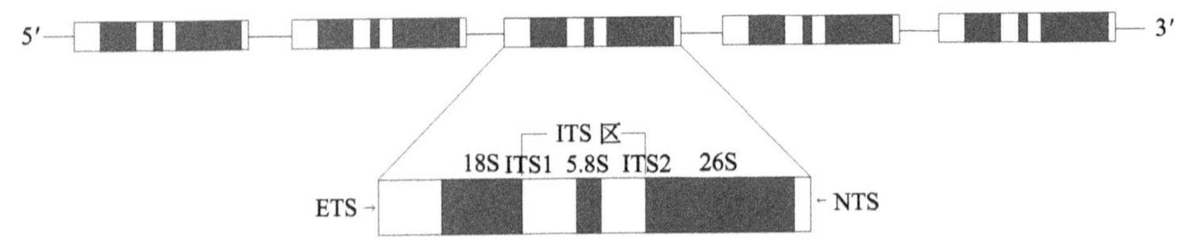

图 8-1　核糖体基因组及 ITS 区结构

Fig.8-1　The structure of nuclear ribosomal DNA and ITS region

ITS 序列分析之所以在植物研究中得到广泛应用，主要取决于以下几个原因：①相对于 mtDNA（线粒体 DNA），rDNA 是核基因组序列，受到细胞核保护机制的保护，进化过程相对稳定，且同时具有多变区和保守区，可利用不同的区域特点进行独立研究，研究方向广泛；②ITS1、ITS2 分别位于 18S 到 5.8S rDNA，以及 5.8S 与 26S rDNA 之间，而 18S、5.8S、26S rDNA 的序列又非常保守，这样就可以用与它们序列互补的通用引物对 ITS 区进行 PCR 扩增（Baraket et al.，2009）；③ITS 在 rDNA 中是高度重复的，千万个拷贝以串联重复方式出现在一个或多个染色体基因位点上，且通过不等交换和基因转换，使得重复单位间发生了位点内或位点间的同步进化，即不同的 ITS 拷贝间的序列趋于相近或完全一致（Elder and Turner，1995），为 PCR 产物的直接测序奠定了理论基础（Hsiao et al.，1994；Ainouche and Bayer，1997）；④ITS1 和 ITS2 作为非编码区，承受的选择压力较小，虽然长度比较保守，但是核苷酸序列变化大，可以提供详尽的遗传学信息（Schmidt and Schilling，2000）。除此之外，ITS 序列还具有样品用量少、精准鉴定等优点，这也为其成为植物学研究中的重要标记奠定了基础。

8.1.2　ITS 技术操作流程

与以往分子系统学方法相似，ITS 同样是基于 DNA 测序的分子标记技术，通过准确检测 DNA 序列中碱基替换、插入和缺失等变异信息，来研究个体或种群的遗传结构。因此，也具有相似操作流程：

a. 采集所需物种样品，提取基因组 DNA；

b. 设计和合成引物；

c. 进行 PCR 预选扩增，优化反应条件，筛选可用引物；

d. 克隆测序；

e. 序列编辑，人工校正；

f. 结果分析，比对差异位点；

g. 提交结果到相关数据库（如 GenBank），获得登录号（原理见图 8-2）。另外，利用 18S、5.8S、26S rDNA 序列在物种间的保守性特点，可通过已知物种的相关序列设计引物，或利用通用引物进行扩增（Burland，2000；Vizintin et al.，2006；Baraket et al.，2009），大大缩短了试验时间并简化了试验步骤。

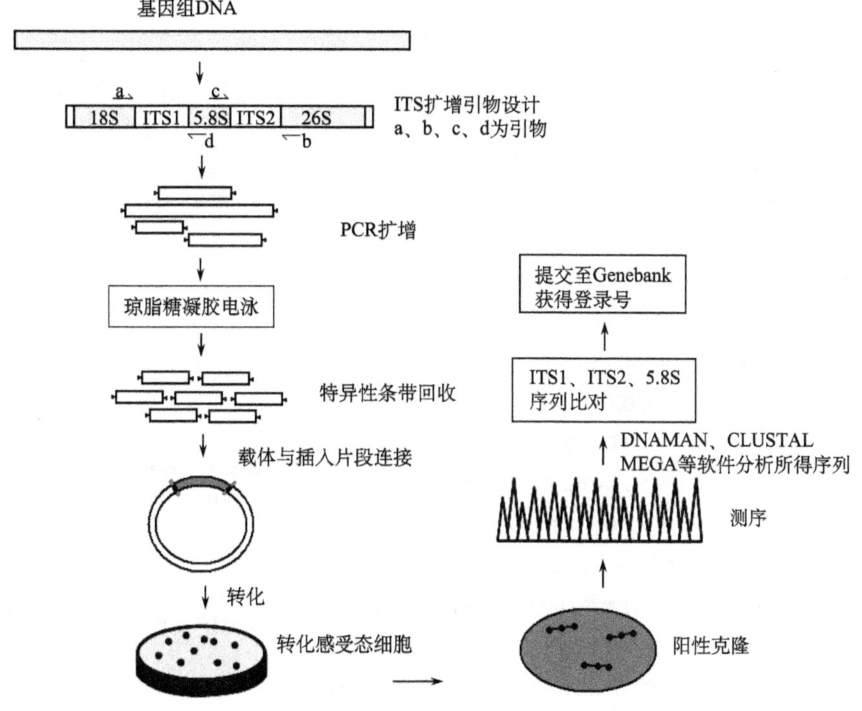

图 8-2　ITS 技术操作流程图示

Fig.8-2　Schematic representation of ITS protocols

表 8-1 总结了一些已在药用植物 ITS 区域研究中扩增成功的通用引物，利用这些引物通过 PCR 反应可以扩增出需要的片段。

表 8-1　成功应用于药用植物 ITS-PCR 的引物序列

Tab.8-1　ITS-PCR primer sequence successfully applied to medicinal plant

物种	引物名称	引物序列	位置	文献来源
乌头属	ITS4	TCCTTCCGCTTATTGATATGC	18S	张富民等，2003；Luo et al.，2005；罗艳和杨亲二，2008
Aconitum	ITS5	GGAAGGAGAAGTCGTAACAAGG	26S	
三叶草属	ITSL	TCGTAACAAGGTTTCCGTAGGTG	18S	Hsiao et al.,1994;Vizintin et al.,2006
Trifolium	ITS4	TCCTCC GCT TAT TGATATGC	26S	
无花果亚属	ITS4	TATGCTTAAACTCCAGCGGG	18S	Weiblen,2000;Baraket et al.,2009
Subgen	ITS5	AAGGTTTCCGTAGGTGAAC	26S	

续表

物种	引物名称	引物序列	位置	文献来源
广义青篱竹属	ITS-1	AGAAGTCGTAACAAGGTTTCCGTAGG	18S	杨光耀和赵奇僧，2001；诸葛强等，2004；Zhuge et al.，2005
Arundinaria	ITS4	TCCTCCGCTTATTGATATGC	26S	
当归属	P1（ITS-5）	GGAAGTAAAAGTCGTAACAAGG	18S	刘春生等，2006；赵国平等，2006；薛华杰等，2007
	P2	TCCTCCTCCGCTTATTGATATGC	26S	
Angelica	ITS-4	TCCTTCCGCTTATTGATATGC	26S	
明党参属	18SP1	CGTAACAAGGTTTCCGATGGTGAA	18S	余永邦等，2003；陶晓瑜等，2008
Changium	26SP2	TTATTGATA TGCTTAAACTCAGCGGC	26S	
	P1	AGAAGTCGTAACAAGGTTTCCGATGG	18S	
	P2	GATGCGAGAGCCGAGATATCCGTTG	5.8S	
	P3	GCATCGATGAAGAACGCAAC	5.8S	
	P4	TCCTCCTCCGTCTATTGATATGC	26S	
	C1	GTTTCTTTTCCTCCGCT	18S	Wen and Zimmer，1996；唐先华等，2003；刘艳玲等，2005a 和 2005b；林珊等，2007
莲属	C2	AGGAGAAGTCGTAACAAG	26S	
Nelumbo	ITS4	TCCTCCGCTTATTGATATGC	18S	
	ITS5	GGAAGTAAAAGTCGTAACAAGG	26S	
五味子属	P1	AGAAGTCGTAACAAGGTTTCCGTAGG	18S	刘忠等，2000；高建平等，2003
Schisandra	P4	TCCTCCTCCGCTTATTGATATGC	26S	
	P18S3′	ATTGAATGGTCCGGTGAAGTGTTCG	18S	Douzery et al.，1999；徐红等，2001；张婷等，2005；Xu et al.，2006
石斛属	P26S5′	AATTCCCCGGTTCGCTCGCCGTTAC	26S	
Dendrobium	ITS-P1	CGTAACAAGGTTTCCGTAGGTGGAC	18S	
	ITS-P2	TTATTGATATGCTTA AACTCAGCGGG	26S	
柴胡属	ITS4	TCCTTCCGCTTATTGATATGC	18S	Neves and Watson，2004；谢晖等，2006；Wang et al.，2008
Bupleurum	ITS5	GGAAGGAGAAGTCGTAACAAGG	26S	

8.1.3　数据分析

1. ITS 序列测定

测序虽作为 ITS 序列分析前的最后步骤，但也是其最重要部分。现在常采用双脱氧终止法来完成测序工作（测序条件一般为 95℃ 20s，50℃ 20s，60℃ 1min，30 个循环；测序对象为 PCR 产物直接测序）；而对于实验条件相对较差，不具有自主测序能力的科研单位，可以通过上海生工或大连宝生物等生物公司完成测序。

2. ITS 序列分析

利用 CLUSTAL-X（Thompson et al.，1997）、DNAMAN（version 5.2.2; Lynnon

Biosoft, Vaudreuil, Quebec, Canada)、DNAstar(Burland, 2000)、MEGA(version4.0)(Tamura et al., 2007)等软件对测序所得序列进行对位排列，经手工校正，剪去序列两端不可靠的碱基序列后，便可获得目的片段。ITS1 和 ITS2 的边界可根据已发表的植物 18S、5.8S 和 26S rDNA 序列，以及近缘类群的 ITS1、ITS2 序列来确定。

通过已获得 ITS 序列，可进行如下多方面研究。

1）遗传距离计算

种间距离常采用 pairwise uncorrected p-distance（Newmaster et al., 2008）或 Kimura-2-parameter distance（K2P）(Meyer and Paulay, 2005; Lahaye et al., 2008）模型计算；种内距离常采用 K2P 距离、平均 θ 值和平均溯祖度三重参数来表示。其中平均 θ 值是指每个物种内不同个体间的平均 K2P 距离，目的是消除不同物种因采样个体数不均引起的偏差；平均溯祖度是指物种内所有个体间最大的 K2P 距离，用以反映种内最大变异范围（宁淑萍等，2008）。

2）系统学分析

采用标准的分子系统学方法（如 NJ、UPGMA、ML）建立多种系统树，通过检验每个物种的单系性，即同一物种的不同个体能否紧密聚类到一起，来判断其系统发生关系。建树过程中，各种核苷酸替代同等加权，并进行自展分析（bootstrap，一般重复 1000 次），以检验树拓扑结构的可靠性。

3）混淆品种分析

在 GenBank 中检索混淆品种的 ITS 序列信息，排列后经 PAUP 分析，通过碱基差异比对和建树，分析待检测品种间的差异。

4）遗传多样性、物种分类等分析

原理与系统学分析相似。

8.1.4　ITS 序列分析在药用植物种质资源研究中的应用

1. 药用植物品种鉴定

药材品种的鉴定是中药研究的重要组成部分，长期以来我国中药材处于品种混乱和质量难以保证的不利局面，很大程度上制约了中医药的安全有效及其向现代化、标准化和国际化的发展。因此，采取科学的方法对混淆生药品种及近缘生药品种真伪的鉴定具有重要的现实意义。林珊等（2007）对 11 个莲（*Nelumbo nucifera*）栽培品种的 rDNA ITS 区间碱基序列进行了测定比对，发现参试的 11 个莲栽培品种的 ITS 序列有一定的差异，为鉴别不同来源的莲提供了依据；车建等（2007）比较了正品西红花（*Crocus sativus*）与其易混中药材 ITS 序列的差异和规律，结果显示：正品西红花与其易混中药材的 ITS1 和 ITS2 区序列差异性分别在 46%和 41%以上，ITS 序列能有效区分西红花和其他易混中药材，是正品西红花鉴定的有效分子标记；Yang 等（2007）利用 PCR 技术对柴胡属的 *Bupleurum chinense* 和 *B. scorzonerifolium* 两种道地性柴胡及其 9 种混淆品种的 ITS 序列（约 600bp）进行扩增分析，发现 ITS 序列能够对搜集到的所有材料进行准确识别；Xue 等（2007）利用 ITS 序列标签分析技术，创立了 DNA 条形码在线快速鉴定方法，并对中国传统药用植物地锦草（*Euphorbia humifusa*）和斑地锦（*E. maculata*）成功进行了鉴定；Xie 等（2009）也对柴胡属植物 ITS 序列进行了研究，认为 ITS 序列能够作为可靠的分子标记鉴定柴胡。

2. 药用植物亲缘关系确定

亲缘关系相近的药用植物有相似或相同的药效成分，这是寻找新药源植物的重要方式。药用植物亲缘关系的鉴定一直是药用植物领域研究的热点。赵海光等（2009）同时利用 ITS 和 trnL-F 两种序列分析方法对繁缕（*Stellaria media*）及其近缘种和鹅肠菜（*Myosoton aquaticum*）的亲缘关系进行了研究，结果发现两者均可用于繁缕及其近缘种的鉴别，且 ITS 是更为适宜的分子标记；王迎等（2007）通过 PCR 法，对鼠尾草属（*Salvia*）27 种植物的 ITS 序列进行了扩增测序，发现 ITS 区段亚属间差异明显，且原产我国的该属植物与欧美引进种明显具有不同的起源；Artyukova 等（2005）通过对生长于俄罗斯远东地区的 8 种五加科（Araliaceae）植物进行 ITS 序列分析，建立了远东地区种及科内其他种植物间的系统发生关系；Zeng 等（2008）对以礼草属（*Kengyilia*）17 种植物和拟鹅观草属（*Pseudoroegneria*）、冰草属（*Agropyron*）、鹅观草属（*Roegneria*）、杜威草属（*Douglasdeweya*）18 种植物进行了 ITS 序列测定，发现以礼草属与杜威草属和冰草属具有更近的亲缘关系，并且以礼草属植物在地理分布上分为两个小种群，也与其系统发育关系相符，证实 ITS 序列分析是研究近缘种发生关系的有效手段；Pamidimarri 等（2009）也利用 ITS 序列分析对大戟科（Euphorbiaceae）麻风树属（*Jatropha*）植物的系统发育关系和遗传分化等问题进行了研究。大量的研究都显示出，ITS 序列分析在药用植物亲缘关系的研究中具有无可替代的先进性和可靠性，必将成为今后研究的趋势（Gurushidze et al.，2007）。

3. 药用植物分类

药用植物种类繁多，各物种所含有的化学成分复杂，运用传统研究方法很难达到对其精确分类，存在较多弊端和争议。为解决以上问题，国内外学者纷纷采用 ITS 序列分析对有争议的分类重新进行研究，以期得到更合理的解释。刘春生等（2006）利用 ITS 序列分析，对紫花前胡（*Angelica decursiva*）分类位置进行了探讨。发现紫花前胡并不属于前胡属（*Peucedanum*），应为当归属（*Angelica*）植物，紫花前胡和白花前胡（*P. praeruptorum*）应分别入药；Luo 等（2005）对来自亚洲东部、美洲北部和欧洲的 51 种乌头属（*Aconitum*）植物和 1 个亚属植物进行了 ITS 序列分析，研究了乌头亚属（subgen. *Aconitum*）的分类地位。结果显示，ITS 拓扑结构与乌头亚属的子群划分一致，确立毛茛科（Ranunculaceae）乌头亚属的分类地位，并且得到种子和花瓣等形态学特征的支持，纠正了传统界限的错误。Bekele 等（2007）也通过测定 ITS 全序列长度，分析菊科（Compositae）小葵子属（*Guizotia*）5 种植物的系统发育关系及分类地位。结果发现，*G. scabra* ssp. *scabra*、*G. scabra* ssp. *schimperi* 和 *G. villosa* 与栽培种 *G. abyssinica* 具有相同的起源，现行的小葵子属及其亚属的分类关系应该被重新定义。

五味子科（Schisandraceae）是形态和分子证据证明的被子植物中最基部的分支之一，而在传统的分类系统中，五味子科一直被认为是木兰亚纲中较特化的类群。两种截然不同的观点导致五味子科的系统位置和在被子植物起源演化上的意义也截然不同，使得该类群成为目前被子植物系统学研究中的关键类群之一而备受关注。刘忠等（2000）利用 ITS 序列分析重新研究了五味子科的分类关系，发现基于 ITS 区序列分析得到的分子证据与形态学、孢粉学证据是相吻合的，为五味子科植物系统发育关系及分类关系的界定提供了新的佐证。

当归属（*Angelica*）一直以来存在狭义当归属（*Angelica* s.s.）和广义当归属（*Angelica* s.l.）之争，各属之间的关系非常混乱。薛华杰等（2007）采用 PCR 直接测序法，测定了东亚地区狭义当归属及其近缘共 7 属 40 种代表植物的核糖体 DNA ITS 序列，并结合 GenBank 中相关植物的 ITS 序列（含外类群三种），对上述问题进行了探讨。结果表明，东亚当归属中，ITS 序列分析支持狭义当归属不是单起源的自然分类群，而应该被分成若干组的观点（Sun et al.，2004），同时对广义当归属划分提出了质疑，建议将山芹属（*Ostericum*）作为一个相对独立的分类群处理，而不是合并到广义当归属中。

4. 药用植物遗传多样性分析

遗传多样性的高低是物种生存能力的具体体现，物种（或居群）的遗传多样性越高或遗传变异越丰富，对环境变化的适应能力就越强，越容易扩展其分布范围和开拓新的环境。张富民等（2003）通过测定 nrDNA 的 ITS 序列，对我国横断山地区紫乌头复合体（*A. delavayi* complex）进行遗传多样性和系统发育的研究，认为紫乌头复合体不是一个单系类群，可能经历了三次不同的起源；石志刚等（2008）利用 nrDNA ITS 序列分析，探讨 18 份宁夏枸杞（*Lycium barbarum*）资源的遗传多样性，获得了 18 种宁夏枸杞 nrDNA ITS 区碱基序列。结果显示，ITS 序列在宁夏枸杞中具有较多的变异位点，能够直观展示 18 份宁夏枸杞的遗传变异和遗传多样性差异，为目前较为混乱的枸杞资源的整理及分类提供了一定的参考；Tsai 等（2004）根据 ITS 的序列差异确定了 12 种台湾石斛（*Dendrobium moniliforme*）的遗传关系，完整地分析了 12 种石斛及两种非石斛属植物的 ITS 序列，发现了

684 个特征，依次分析了其遗传距离并构建了系统发育树；Singh 等（2008）也利用 ITS 序列分析，检测了鹰嘴豆（*Cicer arietinum*）野生种与栽培种的遗传多样性水平，并进一步评价了它们的系统发育关系。

总体来看，ITS 序列分析在药用植物种质资源研究中取得的成果已得到国内外学者的肯定（赵海光等，2009；Baraket et al.，2009），也为解决一些长期存在的分类争议提供了令人信服的证据（薛华杰等，2007），尤其是近年来又有较多学者将该技术应用于药用植物致病菌和内生菌的检测中（朱桂宁等，2007；李潞滨等，2008），为 ITS 序列分析在药用植物研究领域又开辟了新的思路和方向；并且，ITS 序列分析技术与其他分子标记技术的相互结合，也弥补了 ITS 序列测定和位点特异性 PCR 鉴别的不足（张婷等，2005）。2005 年，Kress 和 Erickson（2007）又将其列为植物条形码候选片段，更是肯定了其在植物研究中的重要性，也为其发展和应用注入了新的活力。相信现代分子生物学技术的迅速发展，试验技术的突破及药用植物 DNA 序列数据的不断积累，必将促进 ITS 序列分析在药用植物研究领域得到更广泛的应用。

随着厚朴药材的社会需求递增，厚朴的栽培问题亦凸显，如盲目引种、种源来源不明等，但却少有此类问题的相关研究报道。对栽培厚朴来源及引种关系进行鉴定和区分，已成为现在亟待解决的问题。郭宝林等（2001）和苏应娟等（2002）曾分别对厚朴的道地性及伪品、混淆品进行了鉴定分析，但均未涉及产区间（或种源间）厚朴差异鉴别，也未涉及厚朴 ITS 序列分析。本研究对不同产区的 11 个厚朴材料进行 nrDNA ITS 序列测定与分析，从分子水平比较不同产区厚朴的差异，为产区间厚朴的亲缘关系及种质资源道地性的鉴定提供相关参考。

8.2 研究方法

8.2.1 供试材料

用于厚朴 ITS 序列分析的 11 个样品来自四川、陕西、湖北等省（区、市）主要产区（表 8-2）。各样品均以新鲜叶片作为材料，采集后立即用硅胶干燥，带回实验室置于 4℃冰箱保存备用。

8.2.2 试验仪器及药品

试验所需主要仪器及药品与第七章相同（详见第七章 7.2.2.1“不同方法对厚朴叶片总 DNA 提取效果的影响”和 7.2.2.2“ 厚朴 ISSR 引物筛选及反应条件优化”）。

表 8-2　供试厚朴样品来源及特征

Tab.8-2　Characteristics and geographical factors of *Houpoëa officinalis* from different provenances

样品编号	产地	叶形	纬度（N）	经度（E）	海拔/m
SCDY	四川大邑 Dayi, Sichuan	凹叶	30°38′	103°34′	567
SCPZ	四川彭州 Pengzhou, Sichuan	尖叶	30°59′	103°55′	614
CQFJ	重庆奉节 Chongqing, Fengjie	尖叶	31°01′	109°27′	282
GXLS	广西龙胜 Longsheng, Guangxi	凹叶	24°47′	110°00′	338
FJWYS	福建武夷山 Wuyishan, Fujian	尖叶	27°45′	118°02′	322
FJPC	福建浦城 Pucheng, Fujian	中间型	27°54′	118°33′	270
ZJSC	浙江遂昌 Suichang, Zhejiang	中间型	28°35′	119°15′	397
ZJJN	浙江景宁 Jingning , Zhejiang	凹叶	27°57′	119°33′	315
SXXX	陕西西乡 Xixiang, Shaanxi	尖叶	32°57′	107° 42′	506
SXYX	陕西洋县 Yangxian, Shaanxi	尖叶	33°11′	107°36′	466
SXCG	陕西城固 Chenggu, Shaanxi	中间型	33°06′	107°22′	568

8.2.3　试验方法

8.2.3.1　厚朴叶片总 DNA 的提取

采用第七章中优化的厚朴总 DNA 提取方法（SDS-CTAB 结合法），提取厚朴基因组 DNA。

8.2.3.2　nrDNA ITS 序列扩增及纯化测序

ITS 片段采用整段扩增（包括 ITS1、5.8S、ITS2），扩增引物为 Wendel 等（1995）设计的通用引物 Pa 和 Pb，为保证序列的准确性，进行了双向测序。引物序列如下：

Pa 序列 5′GGAAGTAAAAGTCGTAACAAGG-3′

Pb 序列 5′TCCTCCTCCGCTTATTGATATGC-3′

ITS 反应体系：扩增反应体系为 50μl，包括 1.5mmol/L $MgCl_2$，0.2μmol/L 引物，0.05U/μl *Taq* 酶，0.2mmol/L dNTP，3ng/μl 模板 DNA，1×Buffer。

ITS 扩增程序：95℃预变性 5min，94℃变性 60s，64℃退火 30s，72℃延伸 60s，共 38 个循环，然后 72℃延伸 8min。扩增产物经过 1.5%琼脂糖凝胶电泳，SYBR Green1 染色，Bio-Rad 凝胶成像仪拍照、观察，PCR 产物经纯化试剂盒（美国 Axygen）纯化后直接用于测序（测序反应由上海生工生物工程技术服务有限公司完成，测序仪器为 ABI 3730 DNA 测序仪）。

8.2.4　序列分析

通过序列拼接软件 CExpress 对正反测序序列进行拼接，并手工校对错误碱基；以 Clustal X 软件（Thompson，1997）完成拼接后 DNA 序列比对和排序，所有的空位（gap）作缺失（missing）处理；使用分子软件 Mega（version 4.0）（Tamura et al.，2007）分析碱基组成、GC 含量及 DNA 序列差异百分率和转换（或颠换）数，并以 Kimura-2 参数计算不同产区厚朴样本的遗传距离，NJ 法构建系统发生树，系统树各分支的置信度用自举检验法（bootstrap test）检验，共进行 1000 次循环，以评价各分支的系统学意义与可靠性。

以辛夷（*Magnolia liliflora*）为外类群（GeneBank 注册号:EU593548），分析和确定厚朴 ITS 序列中 ITS1、ITS2 及 5.8S rDNA 范围。每个产地厚朴样品至少进行三次测序，并将三次结果进行相互验证。

8.3　结果与分析

8.3.1　引物扩增

通过摸索优化扩增条件，所有参试样本均获得 ITS 区清晰明亮条带，片段长度约为 600bp，具体扩增结果见图 8-3。

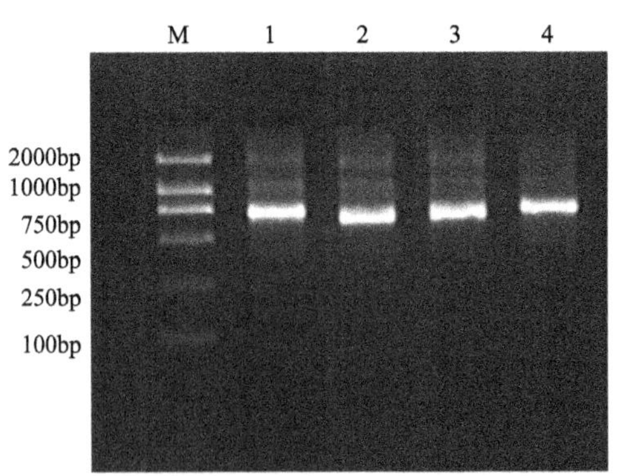

图 8-3　引物 Pa、Pb 扩增结果

Fig.8-3　The amplification of primer Pa and Pb

M，DL2000 DNA 分子质量标准；1~4，样品编号

M, DL2000 Marker; 1~4, Number of samples

8.3.2 序列测定

湖北恩施（HBES）、江西铜鼓（JXTG）两个样品由于测序信号较弱，无法取得正常的测序结果而被舍弃；同时安徽潜山（AHQS）和湖南道县（HNDX）两个样品仅测得正向序列，为保证结果的准确性，也予以舍弃。

8.3.2.1 ITS 序列长度及碱基频率

厚朴 ITS 全序列长度为 593~600bp（不考虑空位），其中 5.8S rDNA 编码区极为保守，所测 11 个产区样品均无变异位点，片段长度为 164bp；而 ITS1 和 ITS2 序列表现出产地差异，长度分别为 214~217bp 和 215~219bp。

不同序列中碱基频率及含量见表 8-3。由表 8-3 可以看出，不同产地厚朴 ITS1 和 ITS2 碱基含量呈现差别，ITS1 中 GC 含量为 54.42%~55.35%，ITS2 中 GC 含量为 59.82%~61.19%。与之相比，5.8S rDNA 编码区碱基组成无差异，GC 含量均为 46.95%。

表 8-3　ITS1 和 ITS2 片段长度及 GC 含量

Tab.8-3　Length and GC content of ITS1 and ITS2 sequences

样品编号	ITS1		ITS2	
	长度	GC 含量/%	长度	GC 含量/%
SCDY	215	54.42	217	59.91
SCPZ	214	55.14	215	60.47
CQFJ	214	55.14	218	60.09
GXLS	215	54.88	215	60.47
FJWYS	214	55.14	215	60.47
FJPC	214	55.14	216	60.65
ZJSC	217	55.30	219	59.82
ZJJN	215	54.88	216	60.65
SXXX	214	55.14	215	60.47
SXYX	214	55.14	215	60.47
SXCG	215	55.35	219	61.19

8.3.2.2 ITS 序列变异位点

对 11 个产区厚朴 ITS 序列进行排列比对（图 8-4），空位作缺失处理，发现 11 个厚朴样本 ITS 序列共有 33 个变异位点，并出现 A-T、G-A、G-T、G-C 碱基

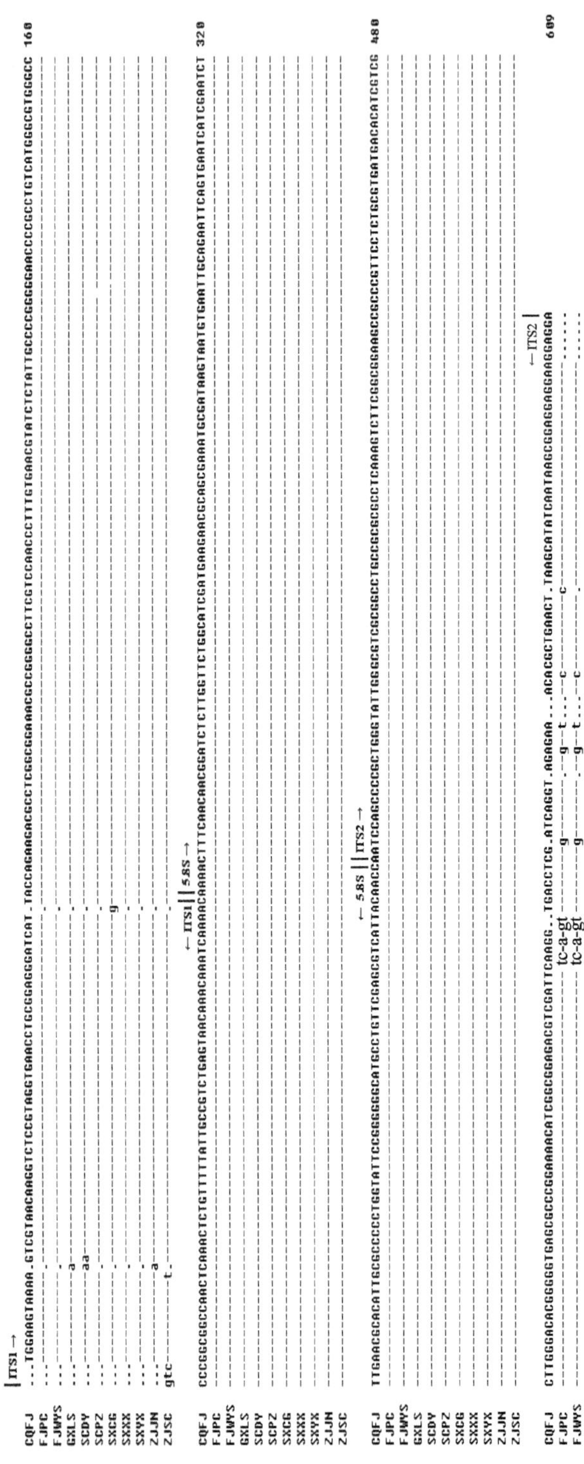

```
      |ITS1 →
CQFJ  ...TGGAAGTAAAA.GTCGTAACAAGGTCTCCGTAGGTGAACCTGCGGAGGGATCAT.TACCAGAAGACGCCTCGGCGGAAACGCCGGGGCCTTCGTCCAACCCTTTGTGAACGTATCTCTATTGCCCCGGGGGAACCCCGCCTGTCATGGGCGTGGGCC 160
FJPC  ...-----------.------------------------------------------.------------------------------------------------------------------------------------------------------
FJWYS ...-----------.------------------------------------------.------------------------------------------------------------------------------------------------------
GXLS  ...-----------a------------------------------------------.------------------------------------------------------------------------------------------------------
SCDY  ...-----------aa-----------------------------------------.------------------------------------------------------------------------------------------------------
SCPZ  ...-----------.------------------------------------------.------------------------------------------------------------------------------------------------------
SXCG  ...-----------.------------------------------------------g------------------------------------------------------------------------------------------------------
SXXX  ...-----------.------------------------------------------.------------------------------------------------------------------------------------------------------
SXYX  ...-----------.------------------------------------------.------------------------------------------------------------------------------------------------------
ZJJN  ...-----------a------------------------------------------.------------------------------------------------------------------------------------------------------
ZJSC  gtc----------t.------------------------------------------.------------------------------------------------------------------------------------------------------

                                                    ← ITS1||5.8S →
CQFJ  CCCGGCGGCCAACTCAAACTCTGTTTTTATTGCCGTCTGAGTAACAAACAAATCAAAACAAAACTTTCAACAACGGATCTCTTGGTTCTGGCATCGATGAAGAACGCAGCGAAATGCGATAAGTAATGTGAATTGCAGAATTCAGTGAATCATCGAATCT 320
FJPC  ----------------------------------------------------------------------------------------------------------------------------------------------------------------
FJWYS ----------------------------------------------------------------------------------------------------------------------------------------------------------------
GXLS  ----------------------------------------------------------------------------------------------------------------------------------------------------------------
SCDY  ----------------------------------------------------------------------------------------------------------------------------------------------------------------
SCPZ  ----------------------------------------------------------------------------------------------------------------------------------------------------------------
SXCG  ----------------------------------------------------------------------------------------------------------------------------------------------------------------
SXXX  ----------------------------------------------------------------------------------------------------------------------------------------------------------------
SXYX  ----------------------------------------------------------------------------------------------------------------------------------------------------------------
ZJJN  ----------------------------------------------------------------------------------------------------------------------------------------------------------------
ZJSC  ----------------------------------------------------------------------------------------------------------------------------------------------------------------

                                                        ← 5.8S||ITS2 →
CQFJ  TTGAACGCACATTGCGCCCCCTGGTATTCCGGGGGGCATGCCTGTTCGAGCGTCATTACAACCAATCCAGCCCCGCTGGGTATTGGGCGTCGCGGCCTGCCGCGCCTCAAAGTCTTCGGCGGAAGCCGCCCGTTCCTCTGCGTGATGACACATCGTCG 480
FJPC  ----------------------------------------------------------------------------------------------------------------------------------------------------------------
FJWYS ----------------------------------------------------------------------------------------------------------------------------------------------------------------
GXLS  ----------------------------------------------------------------------------------------------------------------------------------------------------------------
SCDY  ----------------------------------------------------------------------------------------------------------------------------------------------------------------
SCPZ  ----------------------------------------------------------------------------------------------------------------------------------------------------------------
SXCG  ----------------------------------------------------------------------------------------------------------------------------------------------------------------
SXXX  ----------------------------------------------------------------------------------------------------------------------------------------------------------------
SXYX  ----------------------------------------------------------------------------------------------------------------------------------------------------------------
ZJJN  ----------------------------------------------------------------------------------------------------------------------------------------------------------------
ZJSC  ----------------------------------------------------------------------------------------------------------------------------------------------------------------

                                                                                                                            ← ITS2|
CQFJ  CTTGGGACACGGGGGTGAGCGCCCGGAAAACATCGGCGGAGACGTCGATTCAAGG..TGACCTCG.ATCAGGT.AGAGAA...ACACGCTGAACT.TAAGCATATCAATAAGCGGAGGAGGAAGGAGGA 609
FJPC  --------------------------------------------------tc-a-gt--------g-------.--g--t...--c---------c---------------------------......
FJWYS --------------------------------------------------tc-a-gt--------g-------.--g--t...--c---------.---------------------------......
GXLS  --------------------------------------------------tc-a-gt--------g-------.--g--t...--c---------.---------------------------......
SCDY  --------------------------------------------------tc-a-gt--------g-------.--g--t...--c---------.----------------g---aag-aggaa....
SCPZ  --------------------------------------------------tc-a-gt--------g-------.--g--t...--c---------.---------------------------......
SXCG  --------------------------------------------------tc-a-gt--------g-------.--g--tccc--c---------.-------------------ga-ga-g-a.....
SXXX  --------------------------------------------------tc-a-gt--------g-------.--g--t...--c---------.---------------------------......
SXYX  --------------------------------------------------tc-a-gt--------g-------.--g--t...--c---------.---------------------------......
ZJJN  --------------------------------------------------tc-a-gt--------g-------g--g--t...--c---------.---------------------------......
ZJSC  --------------------------------------------------tc-a-gt--------g-------.--g--t...--c---------.----------------------------t-t..
```

图 8-4　11 个产区厚朴 ITS 序列排列

Fig.8-4　Aligned ITS sequence of 11 *Houpoëa officinalis* samples

替换和碱基插入等几种变异类型。所有的变异位点和变异类型均发生在 ITS1 和 ITS2 序列。其中，ITS1 序列变异位点为 7 个，简约信息位点 1 个，分别占 ITS1 序列长度的（排序长度为 219bp）3.20%和 0.46%；ITS2 变异位点 29 个，5 个为信息位点，分别占 ITS2 序列长度的（排序长度为 226bp）12.83%和 2.21%。总体来看，ITS2 序列所包含的信息含量明显高于 ITS1 序列。

8.3.3 不同产区厚朴 ITS 序列异同

统计分析表明，厚朴 ITS 全序列除洋县（SXYX）、西乡（SXXX）、武夷山（FJWYS）及彭州（SCPZ）4 个产区样本完全一致外，其他样本 ITS1 和 ITS2 序列都存在差别（图 8-4）。ITS1 序列中，遂昌（ZJSC）厚朴与其他厚朴差异最大，不但出现 GCT 三个碱基的插入（1~3bp，空位作缺失处理，下同），而且有一个 A-T 碱基（14bp）的替换；大邑厚朴（SCDY）则有一个 A 碱基（15bp）的插入和一个 G-A（16bp）碱基的替换；而景宁（ZJJN）、龙胜（GXLS）、城固（SXCG）厚朴分别在 15bp 和 58bp 处存在一个 A 碱基及 G 碱基的插入，其余样本 ITS1 序列无差异。除 A 碱基插入外，其他碱基变异均可作为差异组的识别特征。ITS2 序列中，各厚朴样本差异较大，具体见表 8-4。

表 8-4 不同产地厚朴 ITS 序列变异

Tab.8-4 The variation of ITS sequence in different *Houpoëa officinalis* samples

位点		样本编号								变异类型/信息位点
		SCDY	CQFJ	GXLS	FJPC	ZJSC	ZJJN	CP	SXCG	
ITS1	1	—	—	—	—	G	—	—	—	IN/SN
	2	—	—	—	—	T	—	—	—	IN/SN
	3	—	—	—	—	C	—	—	—	IN/SN
	14	A	A	A	A	T	A	A	A	RE/SN
	15	A	-	A	-	-	A	-	-	RE/IL
	16	A	G	G	G	G	G	G	G	RE/SN
	58	—	—	—	—	—	—	—	G	IN/SN
ITS2	531	T	C	T	T	T	T	T	T	RE/SN
	532	C	A	C	C	C	C	C	C	RE/SN
	534	A	G	A	A	A	A	A	A	RE/SN
	536	G	—	G	G	G	G	G	G	MI/SN
	537	T	—	T	T	T	T	T	T	MI/SN
	546	G	—	G	G	G	G	G	G	MI/SN
	554	—	—	—	—	—	G	—	—	IN/SN

续表

位点		样本编号								变异类型/信息位点
		SCDY	CQFJ	GXLS	FJPC	ZJSC	ZJJN	CP	SXCG	
ITS2	557	G	A	G	G	G	G	G	G	RE/SN
	560	T	A	T	T	T	T	T	T	RE/SN
	561	—	—	—	—	—	—	—	C	IN/SN
	562	—	—	—	—	—	—	—	C	IN/SN
	563	—	—	—	—	—	—	—	C	IN/SN
	566	C	A	C	C	C	C	C	C	RE/SN
	576	—	—	—	C	—	—	—	—	IN/SN
	593	G	C	C	C	C	C	C	C	RE/SN
	596	A	A	A	A	A	A	A	G	RE/SN
	597	A	G	G	G	G	G	G	A	RE/ IL
	598	A	G	G	G	G	G	G	G	RE/SN
	599	G	A	A	A	A	A	A	G	RE/ IL
	600	G	G	G	G	G	G	G	A	RE/SN
	601	A	G	G	G	G	G	G	G	RE/SN
	602	G	A	A	A	A	A	A	G	RE/ IL
	603	G	A	A	A	A	A	A	A	RE/SN
	604	A	G	—	—	G	—	—	A	RE,MI/ IL
	605	A	G	—	—	T	—	—	—	RE,MI/ SN
	606	—	A	—	—	A	—	—	—	IN/IL
	607	—	G	—	—	T	—	—	—	IN/SN
	608	—	G	—	—	—	—	—	—	IN/SN
	609	—	A	—	—	—	—	—	—	IN/SN

注：CP，ITS 序列完全相同的样本并为一组（包括 SXXX, SXYX, FJWYS, SCPZ）；IN，碱基插入；RE，碱基替换；MI，碱基缺失；SN，单碱基变异，非信息位点；IL，简约信息位点

Note: CP, the identical sequences of ITS for a group（combine SXXX, SXYX, FJWYS, SCPZ); IN, insert base; RE, replace base; MI, Missing base; SN, the variation of single base, no information site; IL, parsimony-informative site

8.3.4 ITS 序列与叶形的关系

以厚朴采集时叶片的形状作为外观形态变异指标，发现 SXXX、SXYX、FJWYS、SCPZ 4 个厚朴样本叶形也完全一致，均为尖叶；而在 15bp 处具 A 碱基插入的厚朴样本（SCDY, GXLS, ZJJN）叶形也相似，为凹叶。其他产地厚朴的 ITS 序列虽存在差异，但叶形却相似，可见厚朴 rDNA 序列差异与其叶形的变化不存

在必然联系。

8.3.5　不同产区厚朴遗传距离及系统树构建

通过序列对比，用 MEGA4.0 软件基于 Kimura-2 参数分析不同产区厚朴间的遗传距离（表 8-5），可看出 SXXX、SXYX、FJWYS、SCPZ 这 4 个厚朴材料间的遗传距离为零，暗示其存在亲缘关系，可以说这 4 个产区间存在引种关系或来源相同；遂昌厚朴（ZJSC）与其他材料间的遗传距离都较远，为 2.096%~2.792%；除此之外，剩余材料间的遗传距离为 0%~2.792%，且不表现为同一省份材料具有较近遗传距离，也反映出厚朴全国引种栽培的现状。不同产区间厚朴 ITS 序列的相似性变化趋势与遗传距离变化趋势相符（表 8-5）。

表 8-5　基于 Kimura-2 参数不同产区厚朴 ITS 序列间差异性和相似性（%）

Tab.8-5　ITS sequence genetic distance and similarity of *Houpoëa officinalis* estimated with Kimura-2-parameter methods（%）

编号	SXCG	SCDY	CQFJ	ZJJN	GXLS	SCPZ	FJPC	ZJSC	FJWYS	SXXX	SXYX
SXCG		99.891	98.554	99.885	99.893	98.632	98.639	97.408	98.632	98.632	98.632
SCDY	0.109		98.123	99.946	99.988	98.241	98.401	97.442	98.241	98.241	98.241
CQFJ	1.446	1.877		98.129	98.168	99.914	99.909	97.904	99.914	99.914	99.914
ZJJN	0.115	0.054	1.871		99.944	98.169	98.204	97.386	98.169	98.169	98.169
GXLS	0.107	0.012	1.832	0.056		98.206	98.48	97.208	98.206	98.206	98.206
SCPZ	1.368	1.759	0.086	1.831	1.794		99.965	97.703	100.00	100.00	100.00
FJPC	1.361	1.599	0.091	1.796	1.521	0.035		97.601	99.965	99.965	99.965
ZJSC	2.592	2.558	2.096	2.614	2.792	2.297	2.399		97.703	97.703	97.703
FJWYS	1.368	1.759	0.086	1.831	1.794	0.000	0.035	2.297		100.00	100.00
SXXX	1.368	1.759	0.086	1.831	1.794	0.000	0.035	2.297	0.000		100.00
SXYX	1.368	1.759	0.086	1.831	1.794	0.000	0.035	2.297	0.000	0.000	

基于遗传距离构建 11 个厚朴样本的系统发生树（图 8-5），从图 8-5 可见，11 个厚朴样本被分为三支。其中，遂昌厚朴（ZJSC）分化最明显，单独聚为一支（Ⅰ）；龙胜（GXLS）和景宁（ZJJN）厚朴先聚在一起（其自展支持率为 76%），然后与大邑（SCDY）（100%）、城固（SXCG）（100%）厚朴聚在一起组成分支Ⅱ；剩余样本组成分支Ⅲ（100%）。从支持率来看，Ⅱ和Ⅲ均为高度稳定分支，支持率为 100%。

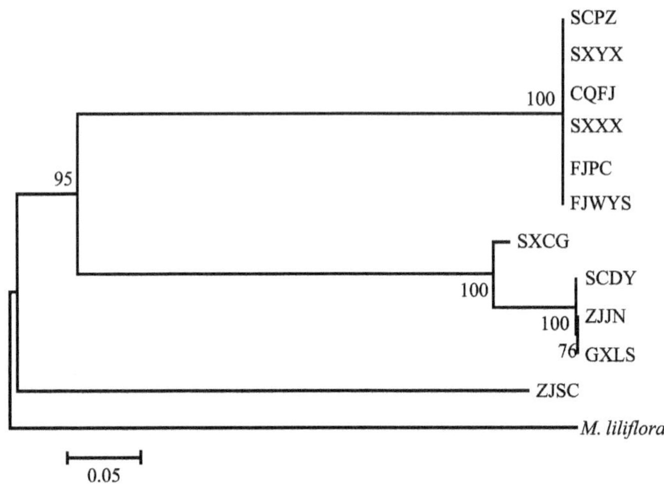

图 8-5　11 个厚朴样本 ITS 序列的 NJ 系统树

Fig.8-5　NJ system tree based on ITS sequence for 11 *Houpoëa officinalis* samples

8.4　小结与讨论

8.4.1　小结

ITS 序列是由核糖体基因（转录单位）及与之相邻的间隔区组成的高度重复串联序列，在不同物种间存在丰富变异，核苷酸序列变化大，可提供详尽的遗传学信息，相对于 mtDNA（线粒体 DNA），其受到细胞核保护机制的保护，进化过程稳定，且其 ITS1、ITS2 序列的间隔区（18S、5.8S、26S rDNA）极为保守，能够用通用引物进行扩增及直接测序，非常适合做鉴别研究。本章以 Wendel 设计的通用引物 Pa 和 Pb，对 15 个主要产区的厚朴 ITS 序列进行研究，主要结论如下。

厚朴 ITS 全序列长度为 593~600bp（不考虑空位，ITS1 序列长度为 214~217bp，ITS2 序列长度为 215~219bp），5.8S rDNA 编码区极为保守，片段长度为 164bp。碱基频率及含量变化中，5.8S rDNA 编码区碱基组成无差异，GC 含量均为 46.95%，而 ITS1 和 ITS2 序列 GC 含量呈现差异，分别为 54.42%~55.35%和 59.82%~60.95%。

11 个产区厚朴的 ITS 序列（空位作缺失处理）共有 33 个变异位点，出现 A-T、G-A、G-T、G-C 碱基替换和碱基插入等几种变异类型，且变异位点和变异类型均发生在 ITS1（变异位点为 7 个，简约信息位点 1 个）和 ITS2 序列（ITS2 变异位点 29 个，5 个为信息位点）。

不同产地厚朴 ITS 序列除洋县（SXYX）、西乡（SXXX）、武夷山（FJWYS）

及彭州（SCPZ）4 个产区样本完全一致外，其他样本 ITS1 和 ITS2 序列都存在差别，且大部分的碱基变异可作为差异组的识别特征。

厚朴 ITS 序列位点变异与其叶形变化表现部分吻合，但总体来看，厚朴 rDNA 序列差异与其叶形的变化不存在必然联系；遗传距离计算和聚类分析指出部分厚朴产区间的亲缘关系，反映出我国厚朴全国引种栽培的现状。

8.4.2　讨论

8.4.2.1　ITS 序列对于不同产区厚朴的鉴别

rDNA 在不同物种间存在丰富变异，核苷酸序列变化大，可提供详尽的遗传学信息（Schmidt and Schilling，2000），相对于线粒体 DNA（mtDNA），其受到细胞核保护机制的保护，进化过程稳定，且其 ITS1、ITS2 序列的间隔区（18S、5.8S、26S rDNA）极为保守，能够用通用引物进行扩增及直接测序（Hsiao，1994；Ainouche and Bayer，1997；Baraket et al.，2009），因此，非常适用于种以上水平的系统发育和分类鉴定研究，如珠母贝属（*Pinctada*）、紫苏属（*Perill*）、冬青属（*Ilex*）等（喻达辉和朱嘉濠，2005；Gottlieb et al.，2005）。但在鉴别种内差异方面，其应用价值则因种而异（Francisco-Ortega，1997；Ainouche and Bayer，1997）。本研究中，厚朴 ITS 序列变异位点较多（ITS1 变异位点 7 个，ITS2 变异位点 29 个），且变异类型多样（包括 A-T、G-A、G-T、G-C 等碱基替换和碱基插入等），特别是具有较多的单碱基替换或单核苷酸多态性[single nucleotide polymorphism，SNP，指同一物种不同个体等位基因上的单个核苷酸变异（Fehus et al.，2004；Lai et al.，2005）位点]，极大方便了碱基序列多态信息的判读，即多数被检测的厚朴样本 ITS 序列相对于其他产区厚朴具有丰富的碱基变异，并且大部分变异碱基可作为其识别特征。例如，城固（SXCG）厚朴便有 10 个变异位点，其中 6 个可作为识别特征；遂昌（ZJSC）厚朴也有 6 个变异位点，并且全部可作为其识别标志。可见 ITS 序列分析对于不同产地厚朴的鉴定具有一定指导意义，可用于其鉴定研究。但不可否认，本试验中来自陕西（SXXX, SXYX）、福建（FJWYS）及四川（SCPZ）4 个产区的厚朴样本 ITS 序列完全一致，也揭示了 ITS 序列标记在种下水平应用的局限性。

8.4.2.2　ITS 序列与表型的关系

厚朴具有丰富的遗传变异，不同产地间差异较大，如根据叶子的形态便可分为凹叶、尖叶及中间型（斯金平和童再康，2001）。本研究中，所采用的厚朴样本也包含这几种叶形，但各叶形间没有 ITS 序列上的相关性，且根据 Kimura-2 参数计算的不同产地厚朴间的遗传距离也未因叶形形态而表现较近遗传距离（即同样表现中间型的遂昌厚朴、城固厚朴、浦城厚朴间具有相对较远的遗传距离）。现在有研究发现，厚朴叶形的表现具有时间特征，一年生厚朴并未有叶形上的表现，而是随生长时间的增长逐渐表现出差异（斯金平和童再康，2001）。同时也有研究指出叶片性状还受地理位置、生境条件和气候特性等综合环境影响而表现出差异性（Peng，1991）。因此，本研究推测，受不同地区气候条件的限制，加之所采不同产区的厚朴，苗木还处在生长期，部分叶片形态特征还未表现完全，现在所识别的叶形性状只是其叶形变化过程中的不完全性状表现。这也指出仅依靠材料的叶形判断其归属地及质量存在不合理性，厚朴种内叶形的变化并不足以成为其产区分类的主要区别特征，而应从其内部分子结构分析，特别是碱基序列差异入手，合理准确地对不同产区厚朴做出评价。

8.4.2.3　ITS 序列的聚类及亲缘关系分析

通过 NJ 系统聚类分析发现，11 个产区被大体聚为三类（图 8-5），但并未表现出地理距离上的相关性，这与产地间厚朴的引种种植有关（斯金平和童再康，2001）。安康是陕西厚朴的道地产区，包括城固（SXCG）、洋县（SXYX）、西乡（SXXX）厚朴，但从聚类分析发现，城固厚朴明显区别于西乡和洋县厚朴，相反道地产区浦城（FJPC）、四川部分产区厚朴（SCPZ）却与西乡、洋县聚为一类，表明其与安康厚朴间的引种关系。同时，浦城厚朴与安康厚朴的聚类表现，也肯定了两者的亲缘关系。至于遂昌厚朴（ZJSC），其在亲缘关系上与其他产区厚朴都相距较远，推测其来源偏向野生厚朴。

本研究特以洋县厚朴为安康厚朴的代表，将其 ITS 序列提交至 GeneBank，获得安康厚朴 ITS 序列注册号（HM049633），为不同产地厚朴的选择及其来源鉴别提供参考佐证。

参 考 文 献

车建, 唐琳, 刘彦君, 等. 2007. ITS 序列鉴定西红花与其易混中药材. 中国中药杂志, 32 (8): 668-671

高建平, 王彦涵, 乔春峰, 等. 2003. 中药南五味子及其混淆品绿叶五味子果实的 ITS 序列分析. 中国中药杂志. 28(8): 706-710

郭宝林, 吴勐, 斯金平, 等. 2001. 厚朴 DNA 分子标记的研究——正品的 RAPD 研究. 药学学报, 36(5): 386-389

李潞滨, 胡陶, 唐征, 等. 2008. 我国部分兰属植物菌根真菌 rDNA ITS 序列分析. 林业科学, 44(2): 160-164

林珊, 郑伟, 吴锦忠, 等. 2007. 不同来源莲 rDNA ITS 的 PCR 扩增、克隆及序列分析. 中国中药杂志, 32(8): 671-675

刘春生, 王朋义, 陈自泓, 等. 2006. 紫花前胡分类位置修订的分子基础研究. 中国中药杂志,

31(18): 1488-1490
刘文志, 戴住波, 钱子刚. 2008. 金铁锁不同居群 rDNA ITS 序列分析. 中药材, 31(2): 192- 195
刘艳玲, 徐立铭, 倪学明, 等. 2005a. 睡莲科的系统发育: 核糖体 DNA ITS 区序列证据. 植物分数学报, 43(1): 22-30
刘艳玲, 徐立铭, 倪学明, 等. 2005b. 基于 ITS 序列探讨睡莲属植物的系统发育. 武汉大学学报, 51(2): 258-262
刘忠, 汪小全, 陈之端. 2000. 五味子科的系统发育: 核糖体 DNA ITS 区序列证据. 植物学报, 42(7): 758-761
罗艳, 杨亲二. 2008. 川乌和草乌的 ITS 序列分析. 中国药学杂志, 43(11): 820-823
宁淑萍, 颜海飞, 郝刚, 等. 2008. 植物 DNA 条形码研究进展. 生物多样性, 16(5): 417-425
石志刚, 安巍, 焦恩宁, 等. 2008. 基于 nrDNA ITS 序列的 18 份宁夏枸杞资源的遗传多样性. 安徽农业科学, 36(24): 10379-10380
斯金平, 童再康. 2001. 厚朴. 北京: 中国农业出版社: 2-8
苏应娟, 朱建明, 王艇, 等. 2002. 厚朴的任意引物 PCR 指纹图谱分析. 中草药, 33(6): 545-548
唐先华, 张晓艳, 施苏华, 等. 2003. 睡莲类植物 ITS nrNDA 序列的分子系统发育分析. 地球科学, 28(1): 1-5
陶晓瑜, 桂先群, 傅承新, 等. 2008. 明党参和川明参种间遗传分化和关系的分子标记和 ITS 序列分析. 浙江大学学报, 34(5): 473-481
王奇志, 何兴金, 周颂东, 等. 2008. 基于染色体计数和 ITS 序列初步探讨横断山区紫胡属植物的系统发育. 植物分类学报, 46(2): 142-154
王迎, 李大辉, 张英涛. 2007. 鼠尾草属药用植物及其近缘种的 ITS 序列分析. 药学学报, 42(12): 1309-1313
韦阳连, 杭悦宇, 高兴, 等. 2007. 基于 ITS 序列的明党参道地性鉴别研究. 中国植物学会植物结构与生殖生物学专业委员会、江苏省植物学会 2007 年学术年会学术报告及研究论文集
谢晖, 晁志, 霍克克, 等. 2006. 9 种紫胡属植物的核糖体 ITS 序列及其在药材鉴定中的应用. 南方医科大学学报, 26(10): 1460-1463
徐红, 李晓波, 丁小余, 等. 2001. 中药黄草石斛 rDNA ITS 序列分析. 药学学报, 36(10): 777-783
薛华杰, 闫茂华, 陆长梅, 等. 2007. 基于 ITS 序列的东亚当归属植物的分类学研究. 植物分类学报, 45(6): 783-795
杨光耀, 赵奇僧. 2001. 用 RAPD 分子标记探讨倭竹族的属间关系. 竹子研究汇刊, 20(2): 1-5
余永邦, 秦民坚, 梁之桃, 等. 2003. 不同产区太子参的 rDNA ITS 区序列的比较. 植物资源与环境学报, 12(4): 1-5
喻达辉, 朱嘉濠. 2005. 珠母贝属的系统发育: 核 rDNA ITS 序列证据. 生物多样性, 13(4): 315-323
张富民, 葛颂, 陈文俐. 2003. 紫乌头复合体 nrDNA 的 ITS 序列与系统发育分析. 植物分类学报, 41(3): 220-228
张宏意, 石祥刚. 2007. 不同产地何首乌的 ITS 序列研究. 中草药, 38(6): 218-221
张婷, 徐路珊, 王峥涛, 等. 2005. 药用植物束花石斛、流苏石斛及其形态相似种的 PCR-RFLP 鉴别研究. 药学学报, 40(8): 728-733

赵国平，新关稔，石川隆二，等. 2006. 中日当归属药用植物 ITS 序列分析. 中草药，37(7): 1072-1076

赵海光，周建建，曹珊珊，等. 2009. 基于 ITS 和 trnL-F 序列碱基差异的繁缕及其近缘种的亲缘关系分析. 植物资源与环境学报, 18(1): 1-5

朱桂宁，蔡健和，胡春锦，等. 2007. 广西山药炭疽病病原菌的鉴定与 ITS 序列分析. 植物病理学报, 37(6): 572-577

诸葛强，丁雨龙，续晨，等. 2004. 广义青篱竹属核糖体 DNA ITS 序列及亲缘关系研究. 遗传学报. 31(4): 349-356

诸葛强，丁雨龙，续晨，等. 2005. 基于核糖体 DNA ITS 序列和叶绿体 DNA trnl-F 序列的青篱竹属及近缘属系统发育关系的初步研究. Journal of Forestry Research, 2005(1): 5-8

Ainouche ML, Bayer RL. 1997. On the origins of the tetraploid *Bromus* species(section *Bromus*, Poaceae): insights from internal transcribed spacer sequences of nuclear ribosomal DNA. Genome, 40(5): 730-743

Artyukova EV, Gontcharov AA, Kozyrenko MM, et al. 2005. Phylogenetic relationships of the Far Eastern Araliaceae inferred from ITS sequences of nuclear rDNA. Russian Journal of Genetics, 41(6): 649-658

Baldwin BG, Sanderson MJ, Porter JM, et al. 1995. The ITS region of nuclear ribosomal DNA: a valuable source of evidence on angiosperm phylogeny. Annals of the Missouri Botanical Garden, 82: 247 -277

Baraket G, Saddoud O, Chatti K, et al. 2009. Sequence analysis of the internal transcribed spacers(ITSs)region of the nuclear ribosomal DNA(nrDNA)in fig cultivars(*Ficus carica* L.). Scientia Horticulturae, 120(1): 34-40

Bekele E, Geleta M, Dagne K, et al. 2007. Molecular phylogeny of genus *Guizotia*(Asteraceae) using DNA sequences derived from ITS. Genetic Resources and Crop Evolution, 54(7): 1419-1427

Burland TG. 2000. DNASTAR's lasergene sequence analysis software. Methods in Molecular Biology, 132: 71-91

Elder JR, Turner BJ. 1995. Concerted evolution of repetitive DNA sequence in eukaryotes. The Quarterly Review of Biology, 70: 297-319

Fehus FA, Wan J, Schulze SR, et al. 2004. An SNP resource for rice genetics and breeding based on subspecies indica and japonica genome alignments. Genome Research, 14: 1812-1819

Francisco-Ortega J, Santos-Guerra A, Hines A, et al. 1997. Molecular evidence for a mediterranean orion of the Macaronesian endemic genus *Argyranthemum*(Asteraceae). American Journal of Botany, 84(11): 1595-1613

Garcia-Martinez J, Acinas SG, Anton AI, et al. 1999. Use of the 16S-23S ribosomal genes spacer region in studies of prokaryotic diversity. Microbial Methods, 36: 55-64

Gottlieb AM, Giberti GC, Poggio L. 2005. Molecular analyses of the genus *Ilex*(Aquifoliaceae)in southern South America, evidence from AFLP and ITS sequence date. American Journal of Botany, 92(2): 352-369

Gurushidze M, Mashayekhi S, Blattner FR, et al. 2007. Phylogenetic relationships of wild and cultivated species of *Allium* section Cepa inferred by nuclear rDNA ITS sequence analysis. Plant Systematics and Evolution, 269: 259-269

Hsiao C, Chatterton NJ, Assay KH. 1994. Phylogenetic relationships of 10 grass species: an assessment of phylogenetic utility of the internal transcribed spacer region in nuclear ribosomal DNA in monocots. Genome, 37: 112-120

Kress WJ, Erickson DL. 2007. A two-locus global DNA barcode for land plants: the coding rbcL gene complements the non-coding trnH-psbA spacer region. PLoS ONE, 2(6): 1-10

Lahaye R, van der Bank M, Bogarin D, et al. 2008. DNA barcoding the floras of biodiversity hotspots. Proceedings of the National Academy of Sciences, USA, 105, 2923-2928

Lai Z, Livingstone K, Zou Y, et al. 2005. Identification and mapping of SNPs from ESTs in sunflower. Theoretical and Applied Genetics, 111: 1532-1544

Luo Y, Zhang FM, Yang QE. 2005. Phylogeny of *Aconitum* subgenus *Aconitum* (Ranunculaceae) inferred from ITS sequences. Plant Systematics and Evolution, 252: 11-25

Meyer CP, Paulay G. 2005. DNA barcoding: Error rates based on comprehensive sampling. PloS Biology, 3: 2229-2238

Newmaster SG, Fazekas AJ, Steeves RAD, et al. 2008. Testing candidate plant barcode regions in the Myristicaceae. Molecular Ecology Resources, 8: 480-490

Pamidimarri DVNS, Chattopadhyay B, Reddy MP. 2009. Genetic divergence and phylogenetic analysis of genus *Jatropha* based on nuclear ribosomal DNA ITS sequence. Molecular Biology Reports, 36(7): 1929-1935

Peng SB, Krieg DR, Girma FS. 1991. Leaf photosynthetic rate is correlated with biomass and grain production in grain sorghum lines. Photosynthesis Research, 28(1): 1-7

Schmidt GJ, Schilling EE. 2000. Phylogeny and biogeography of *Eupatorium*(Asterceae: Eupatorieae)based on nuclear ITS sequence date. Amer J Bot, 87: 716-726

Singh A, Devarumath RM, RamaRao S, et al. 2008. Assessment of genetic diversity, and phylogenetic relationships based on ribosomal DNA repeat unit length variation and Internal Transcribed Spacer(ITS)sequences in chickpea(*Cicer arietinum*)cultivars and its wild species. Genetic Resources and Crop Evolution, 55(1): 65-79

Sun FJ, Downie SR, Hartman RL. 2004. An ITS-based phylogenetic analysis of the perennial, endemic Apiaceae subfamily Apioideae of Western North America. Systematic Botany, 29: 419-431

Tamura K, Dudley J, Nei M, et al. 2007. MEGA4: Molecular Evolutionary Genetics Analysis(MEGA)software version 4. 0. Molecular Biology and Evolution, 24: 1596-1599

Thompson JD, Gibson TJ, Plewniak F, et al. 1997. The CLUSTAL-X windows interface: flexible strategies for multiple sequence alignment aided by quality analysis tools. Nucleic Acids Research, 25: 4876-4882

Tsai CC, Peng CI, Huang SC, et al. 2004. Determination of the genetic relationship of *Dendrobium* species(Orchidaceae)in Taiwan based on the sequence of the internal transcribed spacer of ribosomal DNA. Sci Hort, 101(3): 315-325

Vizintin L, Javomik B, Bohanec B. 2006. Genetic characterization of selected *Trifolium* species as revealed by nuclear DNA content and ITS rDNA region analysis. Plant Science, 170(4): 859-866

Xie H, Huo KK, Chao Z, et al. 2009. Identification of crude drugs from Chinese medicinal plants of the genus Bupleurum using ribosomal DNA its sequences. Planta medica, 75(1): 89-93

Xue HG, Zhou SD, Deng XY, et al. 2007. Molecular authentication of the traditional Chinese medicinal plant *Euphorbia humifusa* and *E. maculate.* Planta Medica, 73(1): 91-93

Yang ZY, Chao Z, Huo KK, et al. 2007. ITS sequence analysis used for molecular identification of the Bupleurum species from northwestern China. Phytomedicine. 14(6): 416-423

Zeng J, Zhang L, Fan X, et al. 2008. Phylogenetic analysis of *Kengyilia* species based on nuclear ribosomal DNA internal transcribed spacer sequences. Biologia Plantarum, 52(2): 231-236

第九章　厚朴遗传多样性恢复策略

9.1　木兰科及厚朴濒危机制

9.1.1　木兰科植物濒危机制

厚朴所属的木兰科是最古老的被子植物类群，该科植物大多属于原始种、特有种和孑遗种。据统计，该科有 39 个物种被列为国家重点濒危保护物种，为濒危物种总数的 39.4%（刘均利和马明东，2007），鉴于该科植物的重要地位及研究价值，对它们濒危机制的研究也成为众多学者关注的焦点。

繁育系统能在一定程度上影响物种生殖过程，从而逐渐影响种群遗传的组成、适合度和动态进化（王崇云和党承林，1999）。专家相关研究表明，异花传粉、虫媒传粉、雌雄蕊异熟、自交不亲和等均是导致物种濒危的原因之一（王崇云和党承林，1999；王立龙等，2005；王子华等，2009；王洁，2012）。胚囊的大量败育是导致香港木兰（*Magnolia championii*）生殖失败的最主要原因（王亚玲，2006），厚朴种子休眠特性或者种子内含有抑制萌发的物质，使其在自然状况下萌发困难，是导致其濒危的原因之一；天目木兰（*Magnolia amoena*）为国家二级保护渐危种，20 世纪七八十年代曾在江苏溧阳的深溪岕村和宜兴林场有采集记录，在 2004 年调查仅在宜兴林场有少数分布，而深溪岕村没有发现（吴小巧，2004），因其种子成熟后脱落，而野生种子发芽力较低，影响其自然更新，野生植株越来越少（王阳才，1995）。

李晓东（2004）经研究认为巴东木莲的分布地点少且分布区严重分割，其栖息地的范围和质量不断恶化，目前该物种的成体个体数少于 2500 株（李晓东，2004）。万玉华等（2008）研究发现巴东木莲（*Manglietia patungensis*）在湖北巴东和利川、湖南桑植和大庸等有零星种群和个体的数量少，其在自然状态下种子的繁殖能力差，林下幼苗极其罕见而处于濒危状态，被列为国家二级重点保护植物。陈少瑜等（2010）研究发现，大果木莲（*Manglietia grandis*）具有较高的遗传多样性，说明致濒的主要原因不是其遗传基础，而是人为的对植株的砍伐和生境的破坏。因此应积极采取就地保护的措施，建立自然保护区或保护点，避免遗传多样性的丧失。焕镛木（*Woonyoungia septentrionalis*）种子含有丰富的营养物质，常被许多动物（如鼠类、鸟类等）取食。成熟的种子落地数月后才能开始萌发，这样就增加了动物对其种子的取食机会，也可能是其种子在野外萌发率不高的原因之一（董安强，2009）。小花木兰（*Magnolia seiboldii*）为星散间断分布，在群落中处于伴生从属地位，生存易受群落变化的影响。通过对小花木兰年龄结构的统计发现，小花木兰年龄结构不完整，属于衰退型，幼苗储备严重不足，成为该种群更新的一大瓶颈（王立龙等，2006）。总而言之，导致木兰科植物濒危的因素都不是孤立存在的，应结合内外部因素进行综合分析，才能更真实地揭示物种的濒危原因。

9.1.2 厚朴濒危机制

9.1.2.1 厚朴研究进展

目前国内外关于厚朴的报道多集中于育种栽培（高德强等，2013；胡凤莲，2012）、药理作用（Park et al.，2003；蒋燕峰等，2010；王晓明，2012）、化学成分（Zhao et al.，2010；Kim et al.，2010；傅强等，2013）方面。杨红兵等（2012）对厚朴道地产区恩施厚朴的有效成分、有效部位进行了定量分析，并建立了恩施地区厚朴的高效液相层析（HPLC）和 DNA 指纹图谱。日本许多学者对厚朴的药理作用及成分进行了深入研究，池田浩治（2002）进行了厚朴酚抑制肿瘤增殖试验，并研究抑制机制与诱导细胞凋亡的相关性；Nagase 等（2001）发现日本厚朴中的一种提取物能够显著抵抗肿瘤细胞入侵，松田久司（2002）也对日本厚朴的有效活性成分及其抑制肿瘤细胞增殖机制进行探讨。

近年来，陆续有学者对厚朴开展了种源性状、濒危机制、遗传结构和多样性等方面的探索，使关于厚朴的研究更深入，同时对厚朴这一濒危药材有了分子层面的诠释。舒枭等（2009,2010a，2010b）对厚朴种子萌发、不同种源种子性状和苗期生长变异进行了系统研究，指出厚朴野外低萌发率可能是其濒危的原因，并选出了厚朴优良种源地。王洁（2012）从繁育系统方面对厚朴濒危机制进行深入研究，认为片断化生境中的厚朴存在传粉障碍，这种障碍导致厚朴繁育系统渐渐变化，最终加剧厚朴的濒危。基于厚朴濒危的处境，于华会（2010）应用 ISSR 技术和 ITS 序列分析了 28 个厚朴种群遗传多样性及地域遗传分化，认为厚朴自然资源遗传基础薄弱，结构混乱，可能存在近交衰退或发生地方种群灭绝事件的潜在危机，研究还申请了安康厚朴 ITS 序列注册号，为厚朴种源鉴定提供参考；同年，郑志雷（2010）同时应用 SRAP 和 RAPD 两种技术对厚朴种质资源进行指纹图谱构建，指出遗传漂变是厚朴种群遗传多样性的主要决定因素。综上，厚朴本身具有较高遗传多样性水平，但由于历史和人为的原因，野生资源急剧减少，迫切需要提出切实可靠的保护策略和措施，否则其遗传多样性会大量丧失，物种存在灭绝的可能。

9.1.2.2　厚朴生殖生物学濒危机制

课题组对厚朴野生资源分布、种质资源保存、遗传多样性、生殖生物学及繁育生物学等内容开展了详尽的研究，从生殖生物学阐明了厚朴濒危机制，具体总结如下。

a. 厚朴开花量较大，但花期长，开花同步性低，属于持续开花模式。许多濒危植物在强大选择压力下，形成了“大量、集中开放”开花模式，吸引更多传粉者，从而实现生殖成功。持续开花模式能在很大程度上保障传粉成功，利于花粉在个体内和邻近个体间传递，不利于花粉在群体间扩散，减少种群间基因交换概率，群体间基因流动严重受阻，改变种群间基因频率，导致种群遗传多样性较低，即使在较小尺度空间上，种群间遗传分化明显，由此造成广泛自交和近交生殖衰退。厚朴花期持续时间长，日均开花数量少，与同时期其他物种相比，开花对传粉者没有足够吸引力，种间竞争力弱，结果率低，这为濒危主要原因之一。

b. 厚朴雄蕊数目多，花粉量大，且花粉可维持较长时间高活力，因此花粉量限制不是濒危的主要因素。开花过程中，柱头始终高于花药，散粉时雌蕊柱头可授性显著降低，花粉和柱头同时处于较高活力重叠时间仅 5~6h，表明自花花粉在竞争中难以起到重要作用。

同株异花授粉试验表明，结实率与单果出种率自然状态下无明显差异，而异株异花授粉可大幅提高结实率与单果出种率。厚朴以花部器官大、开花数量多来吸引昆虫访花，易造成同株异花授粉这种广义的自花授粉形式，进而造成离生心皮雌蕊大量败育，这也是濒危原因之一。

花色气味等诱物作为一种信号或招牌诱使访问者来访花，其传粉者访问频率增高，种子数量也增多。在雌蕊成熟阶段，厚朴散发出浓郁花香，提供柱头分泌物作为吸引访花信号或访问昆虫食物；雄蕊成熟阶段，花香味迅速变淡，且香气成分发生极大改变，此时花粉成为访花昆虫首选食物。对厚朴访花昆虫行为研究表明，昆虫很少去光顾雌性阶段花朵。因此，在有高报酬阶段缺乏合适诱导物也使厚朴难以吸引高效率传粉者。自然条件下，厚朴花期长，每天开花数量少、花粉高活力期短、访花频率低、外界不良环境和甲虫传粉效率不高等造成传粉效率低下，这是濒危的又一个原因。

人工控制交配试验显示，套袋自交不结实，人工辅助自花授粉有较高结实率，说明其有保障繁殖成功自交亲和机制；去雄套袋后不结实，人工辅助同株异花和异株异花授粉具有较高结实率；进一步表明厚朴为避免近（自）交衰退形成了以异交为主的交配系统，但仍存在一定程度雌、雄性重叠，自交具有一定亲和性。另外，在花部特征和花发育进程上，雌蕊先熟，雌蕊着生位置高于雄蕊，柱头始终高于雄蕊，花粉成熟时间早于柱头，利于异交。

c. 厚朴结实特性与其他木兰科植物类似，自然状态下繁殖力极低，表现为大量开花而甚少结实，结实率约为 2.44%。其结实率低下的原因体现在离生心皮雌蕊有极高败育率，败育时间花后 20d 内，最后能发育成幼果的离生心皮雌蕊仅 2.56%。厚朴种群间结实特性差异极大，种群内单株结实年度间有差异，倒春寒等气候条件也严重影响了厚朴的结实情况。

9.2 厚朴资源保护策略

9.2.1 厚朴野生资源保护方法

随着人类经济活动加剧，生物物种正面临一场空前的生存危机，大量物种已经灭绝或处于灭绝边缘，濒危物种保护成为国际社会关注热点。濒危物种濒危机制及保育策略成为两个最重要课题，当今国内外这些研究已取得很大进展。通过对厚朴资源的研究发现，生境破碎化和间接的引种已经严重影响其自然种群的生存状况。特别是现在厚朴自然资源遗传基础薄弱，结构混乱，可能存在近交衰退或发生地方种群灭绝事件的潜在危机。因此，对于厚朴的保护应从以下几个方面考虑。

a. 生境破碎化在一定程度上对所有物种都有影响，特别是那些种群数量少、生活环境要求相当严格的濒危和脆弱物种，受栖息地破碎化的影响会更加明显（Fahrig，2003；冷欣等，2005）。因此，可对厚朴进行就地保护，建立相应的保护区，合理保护厚朴种群栖息地，减少人为干扰和破坏。

b. 物种保护策略的制定需建立在对种群遗传结构及多样性充分了解的基础上（Reed and Frankham，2003）。基于此，可适当进行厚朴野生资源的引种，促进不同种群间的基因交流，以避免近交衰退（Brown and Briggs，1991），减少种群的遗传分化，保证各种群遗传多样性水平。

c. 加强厚朴濒危的科普教育，增强农民保护濒危植物的积极性，并选择适宜的地点建立专门的长期育种基地，为栽培、引种厚朴提供优良种质和及时进行野生种质复壮工作，以提高栽培质量，减少对野生厚朴资源采挖的压力和依赖。

9.2.2 厚朴遗传多样性恢复策略

对濒危植物的保护除了迁地保护和就地保护两种措施外，谈探（2008）在对濒危植物夏蜡梅（*Sinocalycanthus chinensis*）的种群遗传保护研究中指出，可以人工加大夏蜡梅各斑块种群间的基因流来提高夏蜡梅的遗传多样性和对环境的适应能力。人工加大不同种群间基因流的方法有人工辅助授粉，人为播种育苗和移栽等。赵宏波等（2011）通过在夏蜡梅远缘种群间进行人为控制交配试验发现，远交存在较大的优势，即存在生殖隔离的种群间进行交配具有优势；从结实率来看，远交及其混合花粉均能提高结实率，即提高了繁殖后代的成功率，提高对环境的适应性，有利于种群遗传多样性的恢复，促进种群规模的恢复和扩大。因此，建议两个方面的保护策略：一是人为在存在生殖隔离的种群间进行混合授粉，二是将不同种群间的种子、幼苗或植株进行交叉种植，以促进自然异交，产生远交后代；这类措施对于其他一些种群数量较少、生境片断化、存在地理隔离、种群内遗传多样性较低及种群间遗传分化较大的珍稀濒危植物的保护具有一定的参考价值。对于一些长期存在地理隔离的濒危物种居群，它们经过进化成为相互独立单元，且拥有各自地方适应性（杨伟等，2008），在迁地保护时要避免基因渐渗、远交衰退和杂交退化的遗传风险。杨慧等（2011）建议中华水韭（*Isoetes sinensis*）种群的回归重建策略是，将不同来源的居群的个体相互隔离，来自同一孑遗居群的个体配置在一起，同时让同一居群里的不同亚群交错种植，保证孑遗居群内基因能够充分交流，以维持种群的遗传多样性水平，这样既避免了近交衰退，也能消除遗传渐渗、远交衰退和杂交退化的影响。

相比于一些濒危物种，如四合木（*Tetraena mongolica*）（张颖娟和杨持，2000）、长果秤锤树（*Sinojackia dolichocarpa*）（姚小洪，2006.）、夏蜡梅（周世良和叶文国，2002）、香果树（*Emmenopterys henryi*）（张志祥等，2008）、思茅木姜子（*Litsea szemaois*）（陈俊秋等，2006）等，于华会（2010）研究认为厚朴种群遗传分化处于中等水平（G_{st}=0.34）。厚朴这种遗传结构状况与其属于第三纪孑遗种有关，历史古老的木兰科植物进化机制、形态结构和生理机制较原始保守（Figlar et al.，2004；田昆等，2003），这种特性容易造成物种自身发展受限制，但不同种群间的遗传差异不易受环境因素等影响。本研究通过对不同种群间厚朴进行杂交授粉，人为促进其基因交流以保护厚朴种群遗传多样性，研究得出厚朴杂交子代遗传多样性高于亲本，杂交子代和自由授粉子代遗传多样性差异水平达到显著，表明此方法具有一定可行性。此外，还可在不同产地适当进行引种栽培，防止遗传分化愈发严重。为保证野生厚朴资源基因的纯合和优良，在引种时，要特别防止栽培品种与野生植株的杂交，尽可能避免本地野生厚朴遗传结构改变。最后，对处于片断化生境下的个体，其栖息地已受人为活动干扰严重，这些个体变得极为脆弱。此时最重要的是进行就地保护，建立保护区，杜绝一切人为干扰破坏。

9.3 杂交对厚朴衰退种群遗传多样性的恢复

9.3.1 引言

对濒危植物进行遗传多样性的研究，最终目的是保护其种群的多样性，使其在生境中保持竞争优势，并得以顺利繁殖。如果不了解和掌握濒危植物的遗传水平和遗传结构，那么在进行遗传保护工作时，保护的居群越大就越能保证遗传基因不被丧失（Neel and Ellstrand，2003）。但在实际中往往不能做到所有居群都被保护，因此通过 DNA 分子标记获得遗传多样性信息，同时结合生态学材料，确定物种主要样本区域，得以确定哪些区域为濒危物种重点保护地点。

濒危植物的保护策略主要可分为就地保护和迁地保护两种。如果物种常以较小种群的形式存在，采取的保护措施应为保护各分布区域的种群，即种群数目大，而种群内个体数不需要很多，从而有效地保护物种的基因库；反之，若多以较大的异交种群的形式存在，说明该遗传信息主要存在于种群内部，此时应该保护较大种群内多数的个体，应维持种群大小，但种群数量不需要很多就可以保持物种遗传多样性（陈小勇，2000）。Lernes 等（2003）指出大叶桃花心木（*Swietenia macrophylla*）的亚马孙居群内部存在一些变异，应进行就地保护。华木莲是中国特有种，仅在江西和湖南发现野生植株存在，廖文芳等（2004）利用 ISSR 标记对其进行遗传多样性研究，发现与一些特有属种及其他木兰科植物相比，华木莲遗传多样性很低，建议立即对华木莲采取就地保护措施，将华木莲的所有分布区域保护起来，以涵盖尽可能多的遗传基因，同时在就地保护的基础上，也可适当进行迁地保护以增加遗传变异。

植物的回归（再引种，reintroduction）是通过人工培育把植物引入到它们的原生自然或半自然的生境中，重新建立拥有丰富遗传信息和遗传变异的新种群，以维持种群自然生存和更新（Maunder，1992；Guerrant，1992）。这种回归策略是在迁地保护的基础上进行的，在一些濒临灭绝的动物上，该策略首先获得成功实践，并渐渐在珍稀濒危植物上试验开展，表明回归这一策略对物种保护及种群恢复具有重要作用和意义（Seddon et al.，2007）。在对濒危植物进行迁地保护时，应遵守“最小种群”或“最小存活种群”理论（Heywood，1991），即对短期（50 年）存活的种群来说，保护的有效种群大小不低于 50 株，100 株以上的长期存活种群，有效种群的大小应是 500 株。兰科植物是全球范围内处境最为濒危的植物类群，因此也是国内外学者研究的焦点。国内外对该科植物进行引种回归已有诸多报道，如澳大利亚的 *Caladenia huegelii*（Ramsay and Dixon，2003），*Thelymitra manginiorum*（Swarts et al.，2007），*Diuris fragantissima*（Smith et al.，2007）；刘仲健等（2006）对中国杏黄兜兰（*Paphiopedilum armeniacum*）的回归培育也取得初步成效。赵宏波等（2011）对濒危植物夏蜡梅（*Calycanthus chinensis*）进行控制授粉试验表明，具有生殖隔离的远源花粉大大提高了结实率，并认为人为地加速不同种群间的基因流将有利于整个种群的恢复和遗传多样性的增加，从而起到保护整个种群甚至物种的作用。猪血木（*Euryodendron excelsum*）是中国特有的山茶科单型属濒危植物，申仕康等（2012）对其进行种群复壮的研究中指出，可以采集来自不同产地的种子，进行人工播种育苗，扩大种群数量，实行迁地保护，人为帮助猪血木种群进行恢复，从而实现物种的复壮和种群回归。

自20世纪80年代以来，厚朴野生资源被过度采伐，使这一物种资源急剧减少，野生种群分布面积越来越小，生境呈现典型破碎化，残存个体仅零星分布于一些古村落或自然保护区内。破碎化生境的形成，不但会影响生物种群间的交流，阻断基因流，对其遗传多样性和生态系统结构产生影响，甚至还会影响到当地生态系统的稳定（Templeton et al.，1990）。处于破碎化生境条件下的种群生存将变得困难，存在物种灭绝的风险。短期内，杂合性的丢失会降低个体的适合度（近交衰退）和残余种群的生活力；长期内，等位基因丰富度的下降则会限制物种对选择压力改变的反应能力（Frankel and Soule，1981）。生境破碎化在一定程度上对所有物种都有影响，特别是那些种群数量少、对生活环境要求相当严格的濒危和脆弱物种，受生境破碎化的影响会更加明显。课题组前期对28个厚朴种群的遗传多样性研究结果表明，厚朴种群水平多样性较低，种群间基因流较弱，种群间分化严重。如何提高破碎化生境中的濒危植物遗传多样性，目前还鲜有报道，基于此，本章对此进行一些积极的探索。

9.3.2　厚朴SSR引物筛选及反应体系优化

9.3.2.1　试验材料与方法

1. 试验材料

引物筛选及优化体系所用厚朴样品取自浙江省磐安县园塘林场，最佳反应体系验证的厚朴样品分别来自浙江富阳、磐安、遂昌，江西新余和湖南安化5个地点的10份野生厚朴样品（2份/地点），分别命名为F1、F2，P1、P2，S1、S2，J1、J2和H1、H2。2013年9月在各地采集新鲜无病斑嫩叶，液氮速冻后带回实验室于–70℃保存备用。

2. 试验所需仪器及药品

1）主要仪器

2720 Thermal Cycler；FR-1000 全功能生物电泳图像分析仪；Eppendorf Centrifuge 冷冻离心机，DYY-6C 电泳仪；Labnet Spectrafuge 24D 微型高速离心机等。

2）主要药品及试剂配制

药品CTAB、SDS、PVP、EDTA、Tris、氯仿、异戊醇、琼脂糖、硼酸、氯化钠、β-巯基乙醇、乙酸钠、DNA聚合酶、Mg^{2+}、亲和硅烷、剥离硅烷、丙烯酰胺、甲叉双丙烯酰、TEMED、甲醛、过硫酸铵等购自北京鼎国昌盛生物技术公司；

6×Loading buffer、DL2000 Marker、pUC18/MspI501 Marker、DNA 染料 SYBR GREEN1（USA）等购自宝生物有限公司。

试剂配制如下。

Tris-HCl（pH 8.0，1.0mol/L）：150ml 去离子水中溶解 24.2g Tris 碱，用浓 HCl 调至 pH 8.0，加去离子水至 200ml。

EDTA（pH 8.0，0.5mol/L）：350ml 蒸馏水中溶解 93.1g $EDTA \cdot Na_2 \cdot 2H_2O$，用 NaOH 调校至 pH 8.0，补去离子水至 500ml。

2×CTAB 提取液：2%（*m/V*）CTAB，1%PVP，1.4mol/L NaCl，100mmol/L Tris-HCl（pH 8.0），20mmol/L EDTA（pH 8.0），2% β-巯基乙醇（使用前加入）。

2% SDS 提取液：2% SDS，1% PVP，1.0mol/L NaCl，100mmol/L Tris-HCl（pH 8.0），50mmol/L EDTA（pH 8.0）。

10×TBE：54g Tris-Base，27.5g 硼酸，20ml 0.5mol/L EDTA（pH 8.0，去离子水定容至 500ml。

1×TE 缓冲液：10mmol/L Tris-HCl（pH 8.0），1mol/L EDTA（pH8.0）。

3. 试验方法

1） DNA 提取

DNA 样品采用改良的 SDS-CTAB 结合法进行提取（于华会，2010）。具体步骤如下。

a. 取 0.3g 新鲜叶片或 0.05g 干燥叶片，加入适量石英砂和 4% PVP 溶液快速研磨成糊状。

b. 将研磨好样品迅速转移到 1.5ml 离心管，2% SDS 提取液提前 65℃预热，加入 700μl，再加 100μl β-巯基乙醇，充分振荡混匀，65℃恒温水浴 2h，在此过程中每隔 20min 充分晃动数次。

c. 将样品取出，加入 1/2 体积 4mol/L NaAc（pH 4.8），充分混匀后于−20 ℃放置 1h。

d. 取出，10 800r/min 4℃离心 10min，取上清液，加 1/2 体积 65℃预热的 2% CTAB 提取液，充分混匀，65℃恒温水浴 1h。

e. 水浴后取出冷却至室温，加入等体积氯仿∶异戊醇（24∶1），充分混匀，10 800r/min 4℃离心 10min，用移液枪小心吸取上清液，注意不要碰到下部浑浊物质，该步骤重复两次。最后在得到的上清液中加 2 倍体积预冷无水乙醇，−20℃条件下放置 1h。

f. 12000r/min 4℃离心 10min，弃掉上清，得到的絮状沉淀用 70%乙醇洗涤三次，室温下晾干，最后加入 100μl 1×TE 溶解，4℃保存备用。

2）基因组 DNA 质量检测

利用紫外可见分光光度计检测基因组 DNA 在 260nm 和 280nm 波长下的吸光度，根据 OD 值判断 DNA 的纯度和浓度。1%琼脂糖凝胶电泳检测 DNA 质量。将 5μl DNA 样品与 1μl 上样缓冲液（Loading buffer）混合，混合后的样品加入琼脂糖凝胶点样孔，设置电压 120V，电流 80mA，电泳时间 30min，结束后使用 FR-1000 复日凝胶成像系统拍照分析。

3）引物选择

SSR 引物来源通常可分为两大类。第一类是基于生物信息学手段开发 SSR 引物，该方法简单便捷，梅（*Armeniaca mume*）（吴根松等，2011）、粟（*Setaria italica*）（Jia et al.，2007）、甘蓝（*Brassica oleracea*）（Louarn et al.，2007）等物种均成功利用该方法获得适合的 SSR 引物。第二类是基于试验手段开发 SSR 引物，该类方法可发掘大量 SSR 位点，但开发过程费时耗力、成本高且操作复杂，该类方法主要有文库法、富集法和省略筛库法。ISSR-抑制 PCR 法为省略筛库法的一种，该法由 Lian 等（2000）和 Burgess 等（2001）分别提出，已成功应用在赤松（*Pinus densiflora*）（Lian et al.，2000）、刺槐（*Robinia pseudoacacia*）（Lian 等，2001）和结球白菜（*Brassica rapa*）（Tamura et al.，2005）上，ISSR-抑制 PCR 法对于缺乏引物序列信息的物种而言，是一条简便有效的途径。

本试验所选用的引物分为两部分，第一部分是对近缘种 DNA 扩增效果好的引物，从鹅掌楸（*Liriodendron chinense*）（张红莲等，2010）、单性木兰（*Kmeria septentrionalis*）（林燕芳，2012）及日本厚朴（*Magnolia hypoleuca*）（Isagi et al.，1999）、星花木兰（*Magnolia stellata*）（Setsuko et al.，2007）中选择 30 对引物进行合成。第二部分为本实验室自主设计的引物，方法为：登陆 NCBI 网站（http://www.ncbi.nlm.nih.gov/）查找厚朴基因组 DNA 序列，根据已知序列用 SSR Hunter 软件搜索含重复 5 次以上核苷酸序列的元件，如（AT）$_5$、（CG）$_6$ 等，利用 Primer Premier 5 软件遵循引物设计原则设计了 40 对引物（表 9-1），30 对近缘种引物见表 9-2。选择的 70 对引物由上海生工进行合成。

表 9-1 厚朴 40 对自主设计 SSR 引物信息

Tab.9-1 Information of 40pairs SSR primers design independently of *Houpoëa officinalis*

引物编号与名称	引物序列（5′→3′）		退火温度/℃
1 HP01	F:ATTGACTTCCCTCCCATAT	R:GTTTCGGATTGCCTTGTA	50
2 HP02	F:GAGCCGAATAAAGAATGA	R:ATCTATGGTCCGAAACTA	47
3 HP03	F:TTCCCTCCCATATCTTGC	R:GTTTCGGATTGCCTTGTA	51
4 HP04	F:CAAGTCGGAAACCAAGGG	R:GTGACCCTTGGCTTGATC	52
5 HP05	F:ACCAAGTCGGAAACCAAG	R:AGCAAAGGAGAAGGAGG	50.6
6 HP06	F:CCAGTAATTCCCGCTCGTT	R:TCTACGTTCTATACCCTC	53

续表

引物编号与名称	引物序列（5′→3′）		退火温度/℃
7 HP07	F:TTCCCTCCCATATCTTGC	R:AAGCAAAGGAGAAGGA	52.2
8 HP08	F:GCATACGATTCATGGGGAGA	R:AAACGCCTACGAAAAGAT	52
9 HP09	F:CAAGTCGGAAACCAAGGG	R:CTTTATCATTTCGTCCAAC	52
10 HP10	F:CCAGTAATTCCCGCTCGTT	R:AGGAGAAGGAGGAATGGA	57
11 HP11	F:CTCCGTATCTTATTGGTG	R: ATGACTGGCATTATTGTT	53
12 HP12	F:CCCCACCAAGTCGGAAAC	R:AGGAGAAGGAGGAATGGA	53.9
13 HP13	F:AGAAATAGATCGAACGGAA	R:GCAAACGCCTACGAAAAG	50.7
14 HP14	F:ACTTCCCTCCCATATCTT	R:TTCGGATTGCCTTGTATT	54
15 HP15	F:CTCCGACCATAACATAAT	R:TCCGAGGTATTTCCGTGA	52
16 HP16	F:TCCAAGGAACAGGAAGAA	R: GCAAACGCCTACGAAAAG	49.8
17 HP17	F:ACACCAGTCGCAGCACCA	R:CCAACCGCCCATCTCATT	57
18 HP18	F:AGACACCAGTCGCAGCAC	R:GCCCATCTCATTCCCAAC	51.8
19 HP19	F:ATAGATCGAACGGAACAC	R:GCAAACGCCTACGAAAAG	49.5
20 HP20	F:GTTCGGTGTCCGTCTCCA	R:TCGCCTTTATCTGTGATTTCTG	50.5
21 HP21	F:AGTAATTCCCGCTCGTTC	R:GTGACCCTTGGCTTGATC	51.3
22 HP22	F:AGTAATTCCCGCTCGTTC	R:GTGACCCTTGGCTTGATC	52
23 HP23	F:TCGATTGGAATTGAGAAA	R:GTGACCCTTGGCTTGATC	52
24 HP24	F:TCCAAGGAACAGGAAGAA	R:AAACGCCTACGAAAAGAT	48.5
25 HP25	F:TCGATTGGAATTGAGAAA	R:CGACCGAAATAGGACTTG	51.6
26 HP26	F:ATAGATCGAACGGAACAC	R:CGACCGAAATAGGACTTG	49.7
27 HP27	F:CTCCGTATCTTATTGGTG	R:GTTTCGGATTGCCTTGTA	53
28 HP28	F:GGATTGCTTTGGGTTGGT	R:TCTGCCTAAATGGAGTGA	53
29 HP29	F:GTTCGGTGTCCGTCTCCA	R:GCATCCTTATCGCCTTTAT	52.4
30 HP30	F:GAGCCGAATAAAGAATGA	R:ATCTATGGTCCGAAACTA	51
31 HP31	F:GGGAGATAAAGAAATAGAT	R:CGACCGAAATAGGACTTG	50
32 HP32	F:GGGAGATAAAGAAATAGAT	R:GCAAACGCCTACGAAAAG	51.3
33 HP33	F:CAAGTCGGAAACCAAGGG	R:AAGCAAAGGAGAAGGAGG	53
34 HP34	F:CAAGTCGGAAACCAAGGG	R:AAAGGAGAAGGAGGAATG	51.8
35 HP35	F:CAAGTCGGAAACCAAGGG	R:AGGAGAAGGAGGAATGGA	52.5
36 HP36	F:CTCCGTATCTTATTGGTG	R:ATGACTGGCATTATTGTT	47.7
37 HP37	F:CTCCGACCATAACATAAT	R:TGTGCGTAGAACAGATTG	47
38 HP38	F:GGATTGCTTTGGGTTGGT	R:TCTGCCTAAATGGAGTGAGTGT	52
39 HP39	F:ACCCTCGGTACGAATAAC	R:AACAAAACAAGGAATGGC	51
40 HP40	F:TCGTACAACGGATTAGCA	R:AACAAAACAAGGAATGGC	51.6

表 9-2　30 对厚朴近缘种引物信息

Tab.9-2　Information of 30pairs SSR primers cited from relatives species of *Houpoëa officinalis*

引物编号与名称	引物序列（5′ →3′）		退火温度/℃
41 Ksep02	F:GATGGAATGAACAAGGATGGAGAC	R:CTAGCAGAATCACGTAACTAGCGC	58
42 Ksep03	F:GGACAGGAAAGAGTAGAAAGGG	R:CGAGATCGGCTCAACTAGAATA	56
43 Ksep04	F:CTCATAAAACCCTAACCTC	R:TGCTAACCATCTACCGAAG	54
44 Ksep06	F:TGAAGTTTCTTGCCTCTCTCG	R:GGATGCTGGTGAACAAGGACT	55
45 Ksep08	F:CTCCTCGTTACTTCACGCCTTTAC	R:TTAGTTTTACACTCTTTGGGGTCC	57
46 Ksepl0	F:AAACTCGTGCCCAATCTC	R:ACTGCCATCACCACCATC	55
47 Ksep11	F:GACGGGGTCCCTCCACTA	R:TCACACCAACCAATCAGC	59
48 Ksepl2	F:GAGGGAGTTGCTATATTTT	R:CTCTCTTACAAGTCATCAT	50
49 Ksep13	F:TAGATGTTGGACAGTTTGC	R:CATTGATTTTGATTTGGTG	52
50 Ksep14	F:GAGTTAGGTCAGCGGGT	R:GACGGTAAATAAAGGGG	53
51 M6D1	F:ACTGGAGCAGTGCCTGGATA	R:TCGCAACTGCGTGTTCTCAT	54
52 M6D4	F:CACCGTACCCTATCAGAACC	R:ATTTTCAGCATCATCAGTTG	50.6
53 M6D8	F:CGAGTGGCATTTCCGTAATA	R:GAACCTGGCGCACCGTAGTC	54.1
54 M6D10	F:AAATTGTCGTCCAACCAGTT	R:AAAGCAGCAAACAGGAAGAG	51.8
55 M10D3	F:GTCTAGTGAGCCGCAAATGG	R:GTGAACAGCTTTCTTGTGAA	51.6
56 M10D6	F:CGACGACGAAACTACTAACA	R:TTAAGTTGA GGTGGAATGAC	50.3
57 M10D8	F:AGCCCTCTATACACGCACACAT	R:CGGAGCTACAAGGAGCAGAATA	52.6
58 M15D5	F:GATCGTTGCTGGCTCGC	R:GCCGCCTGGATTATGAA	52.7
59 M17D3	F:AAAATTACCATAGAAGAACA	R:TTAACAGAAACAAGCACTTA	47
60 M17D5	F:TGCTGCTCGAAGTTCTGAAT	R:CGTGCAGTAAATCAGGATGT	53.8
61 Stm0222	F:ATGGATGGACAGCGTAAA	R:GGCCCATCTTGTTGTATGTA	60
62 Stm0246	F:AAGCAAAGCCTCCTAGGTC	R:TCTACGCCTAACAGGTCTGTC	59
63 LT049L	F:CACCATTTTCAGAGCTTTTC	R:CCATGAGAAGAGGATGAAAC	50
64 LT052	F:CCTCTTTCTCTCTCCCTCTC	R:ATTTCTCCATCGTTCTCTCC	51
65 LT053	F:TTTATCCCTCTCATCATCGT	R:TTCCGATACAGACACAAAAC	49.6
66 LT061	F:CTTCGATCCTGAAATCGTAT	R:GAGCGAGAGAGAGAGAAGAA	50.8
67 LT087	F:CATCGCCTCACTAACACTC	R:GACATCATCCTCCATCTCC	53
68 LT091	F:ATTTTCGTGTGCTACAGGTT	R:GGAAGGATGTTGGTTAGACA	51
69 LT092	F:GGGGTTTTGCTTAATGTGA	R:CATTCCCTACCTCCTTCTCT	50.5
70 LT109	F:GAAGCTCGAAGAAAGTCAAA	R:TTCATCTCCTTCTCCTCTTG	51

4） SSR-PCR 反应体系建立及优化

用已合成的引物进行 PCR 试验，初步筛选出能扩增出条带的引物。原初反应体系为 25μl，包括 50ng/μl 模板 DNA 1μl，10μmol/L 引物 1μl，10×*Taq* Plus PCR Buffer（含 20mmol/L Mg^{2+}，以下简称 Mg^{2+}）2.5μl，10mmol/L dNTP 0.5μl，1U/μl *Taq* 酶 1μl 和去离子水 19μl。扩增程序为：94℃预变性 4min，94℃变性 30s，52℃退火 30s，72℃延伸 1min，35 个循环后 72℃延伸 10min。PCR 产物经过 2%琼脂糖凝胶检测，电泳结束后使用 FR-1000 复日凝胶成像系统照相、分析。对能够扩增出条带的 PCR 产物，利用 8%非变性 PAGE 凝胶在 150V 恒压下电泳 3h，电泳结束后进行银染照相。

8%非变性 PAGE 凝胶电泳具体的试验步骤如下。

（1）制胶和电泳

a. 用洗涤剂洗净玻璃板后室温下晾干，再用擦镜纸蘸无水乙醇轻轻擦拭一遍。玻璃板要保证没有污点和水痕，以防影响后续电泳。

b. 长玻璃板用亲和硅烷擦拭，凹玻璃板用剥离硅烷擦拭，然后将两块玻璃板合起相对，左右两边分别用长尾夹夹紧，然后放入橡皮条框中。

c. 在橡皮条框中倒满 2%的琼脂糖，封住两块玻璃板的下部缺口，防止产生气泡造成泄漏，待封口的琼脂糖胶凝固。

d. 配制 25ml 8%的 PAGE 胶。首先配制 40%的聚丙烯酰胺溶液（丙烯酰胺 190g：N，N-亚甲双丙烯酰胺 10g，加双蒸水定容至 500ml）；然后用小烧杯取 5ml 40%的聚丙烯酰胺溶液、2.5ml 10×TBE、17.5ml 去离子水，最后加入 180μl 10%的过硫酸铵，16μl TEMED，充分摇匀。

e. 将胶液灌入两玻璃板间的空隙。灌胶过程要稳定而平缓，以免产生气泡，胶液灌充满玻璃板间隙后，立即将梳子小心插入，注意梳子不应插得太深，也不要使梳齿边缘产生气泡，然后用长尾夹夹住灌胶口，室温放置 2h 等待凝胶聚合，若冬天试验则应等待更久。

f. 将梳子轻轻拔出，把玻璃板固定在电泳槽中，长玻璃板向外，加入 0.5×TBE 缓冲液。使正负极接通，此时用 1000μl 移液枪吹吸清理胶孔碎屑。100V 电压下预电泳 30min。

g. 点样。取 2μl PCR 产物与上样液混合后加入点样孔中，在点样孔两侧或中间点上 DNA Marker，开始电泳。设置电压 180V，电流 130mA，电泳 3h。

h. 电泳结束后，卸下玻璃板。小心剥离凹玻璃板，此时胶仍黏在长玻璃板上，注意不要弄破胶。在凝胶上做好防水记号，将胶连同长玻璃板放入托盘以备银染。

（2）银染过程

a. 在托盘中加入染色液（1g 硝酸银溶于 1000ml 蒸馏水），在摇床上摇 10min。

b. 银染结束，用蒸馏水迅速漂洗两遍，银染液可反复使用几次。

c. 把凝胶转移到显影液中（1000ml 显影液中含有氢氧化钠 20g，无水碳酸钠 0.4g，37%甲醛 2ml）中，直至扩增条带清楚显现，若显色较慢可适当多加甲醛。

d. 蒸馏水冲洗两遍，用滤纸吸干水分，将凝胶放于胶片灯上观察并照相。

5）SSR-PCR 正交试验设计

采用 L_{16}（4^5）的正交设计，在模板 DNA、引物、Mg^{2+}、dNTP 和 *Taq* 酶 5 因素下进行 4 水平的优化，共 16 个处理，引物经过初筛后选用 2 号 HP02。PCR 反应因素水平表见表 9-3，L_{16}（4^5）正交设计表头设计根据资料直接套用，16 个处理的各因素浓度见表 9-4。

表 9-3　PCR 反应因素水平

Tab.9-3　Factors and levels of PCR reaction

因素 / 水平	模板 DNA /（ng/μl）	引物 /（μmol/L）	Mg^{2+} /（mmol/L）	dNTP /（mmol/L）	*Taq* 酶 /（U/μl）
1	2	0.2	1.5	0.3	0.02
2	3	0.4	2.0	0.4	0.03
3	4	0.6	2.5	0.5	0.04
4	5	0.8	3.0	0.6	0.05

表 9-4　SSR-PCR 反应正交试验设计 L_{16}（4^5）

Tab.9-4　L_{16}（4^5）Orthogonal design for SSR-PCR reaction

处理	模板 DNA /（ng/μl）	引物 /（μmol/L）	Mg^{2+} /（mmol/L）	dNTP /（mmol/L）	*Taq* 酶 /（U/μl）
1	2	0.2	1.5	0.3	0.02
2	2	0.4	2.0	0.4	0.03
3	2	0.6	2.5	0.5	0.04
4	2	0.8	3.0	0.6	0.05
5	3	0.2	2.0	0.5	0.05
6	3	0.4	1.5	0.6	0.04
7	3	0.6	3.0	0.3	0.03
8	3	0.8	2.5	0.4	0.02
9	4	0.2	2.5	0.6	0.03
10	4	0.4	3.0	0.5	0.02
11	4	0.6	1.5	0.4	0.05
12	4	0.8	2.0	0.3	0.04

续表

处理	模板 DNA /（ng/μl）	引物 /（μmol/L）	Mg^{2+} /（mmol/L）	dNTPs /（mmol/L）	*Taq* 酶 /（U/μl）
13	5	0.2	3.0	0.3	0.04
14	5	0.4	2.5	0.2	0.05
15	5	0.6	2.0	0.6	0.03
16	5	0.8	1.5	0.5	0.02

6） 温度梯度 PCR

为确定引物的最佳退火温度，根据已优化的 PCR 反应浓度体系，在 Thermo Hybaid PCR 仪上采用温度梯度 PCR 模式将温度设定为 48~57℃，自动生成 8 个温度梯度：57℃、56.5℃、55.5℃、53.8℃、51.5℃、49.9℃、48.7℃、48℃。

7） 引物筛选及反应体系的验证

利用 P1 厚朴样品及已优化的反应体系对 70 对 SSR 引物进行初筛选，初步筛选出能有效扩增出条带的引物后，用 P1、P2、F1、F2 等 5 个种群的 10 个样品进行扩增筛选出多态性引物，同时检测反应体系的重复性及稳定性，筛选出的引物用于后期厚朴 SSR 分子标记遗传多样性分析。

8） 数据分析

根据何正文等（1998）的方法，对 16 个处理的扩增条带进行分析，按照目的条带的清晰度，杂带的有无，以及泳道背景的干净程度进行评分，目的条带清晰度越高，杂带越少，背景越浅的评分越高，最高记为 16 分；反之，主带模糊有弥散、杂带多、背景深的评分低，最低记为 1 分，设三次重复。三次评分值采用 Excel 2010 和 Spss18.0 软件分别进行极差分析和方差分析。

9.3.2.2 结果与分析

1. DNA 质量检测

所提取的 DNA 样品经紫外分光光度计检测，样品 260nm/280nm 的 OD 值为 1.78~1.85，表明 DNA 具有较高纯度。再利用琼脂糖凝胶电泳检测基因组 DNA 分子质量，发现在点样孔下方不远处出现单一明亮条带，条带位置高于 DL2000 Marker 的最大长度带（图 9-1）。表明提取的 DNA 样品较完整干净，可用于后续试验。

2. SSR-PCR 正交试验结果的直观分析

正交试验 16 个不同的处理中，PCR 产物聚丙烯酰胺凝胶电泳图如图 9-2 所示。16 个处理几乎都能扩增出条带，说明试验设计的各因素浓度没有偏离最适范围，

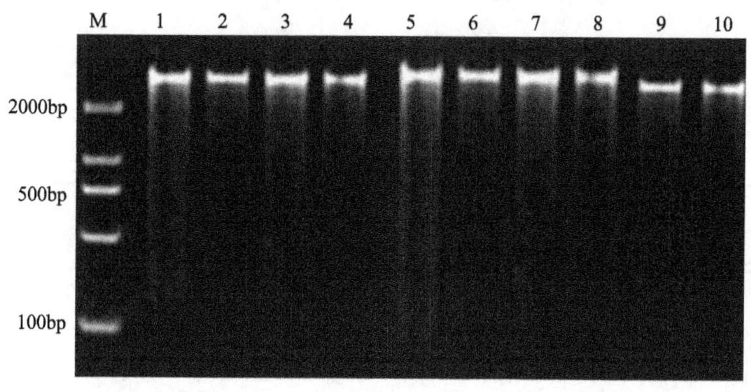

图 9-1　厚朴基因组 DNA 样品电泳图

Fig.9-1　Agarose electrophoresis map of genomic DNA of *Houpoëa officinalis*

相比之下，3、4、5、6、7、9、14、16 号处理条带效果较好。由图中可知，条带最清晰且背景干净的是 5 号，赋值为 16，而条带模糊且弥散的是 15 号，赋值 1。按照这种方法依次给每个条带赋值，并求出各因素在同一水平下的试验值之和 K_i、平均值 k_i 及极差 R。均值反映了反应因素的不同水平对体系的影响大小，均值越大说明反应水平越好；而极差越大，表明该因素对 PCR 反应体系的影响越大。由表 9-5 可知，引物浓度对厚朴 SSR-PCR 扩增体系的影响最大，其次为 *Taq* 酶和 Mg^{2+}，最后为 dNTP 和模板 DNA；引物浓度、dNTP 和模板 DNA 分别在第三、第三和第一水平表现最优，Mg^{2+}和 *Taq* 酶在第二水平表现最优。

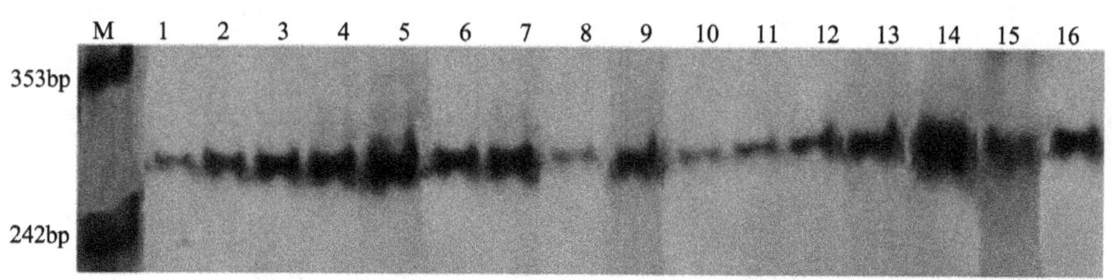

图 9-2　2 号引物对 P1 样品的正交试验产物电泳图

Fig.9-2　PCR products electrophoresis pattern of orthogonal test of No. 2 primer in P1 sample

1~16 号为正交试验的 16 个处理；M，pUC18/MspI 501 分子质量标准

1~16,treatment in orthogonal tests; M, pUC18/MspI 501 Marker

3. SSR-PCR 正交试验结果的方差分析

为减少试验误差，增加准确度，对试验结果进行方差分析（表 9-6），引物、Mg^{2+}浓度和 dNTP、*Taq* 酶浓度对反应体系的影响分别达到极显著（$P<0.01$）和显著水平（$P<0.05$），而模板 DNA 浓度对反应体系影响不显著，这与极差分析

结果一致。

表 9-5　正交设计极差分析

Tab.9-5　Range analysis of orthogonal design

因素 / 水平	模板 DNA /（ng/μl）	引物 /（μmol/L）	Mg^{2+} /（mmol/L）	dNTP /（mmol/L）	*Taq* 酶 /（U/μl）
K_1	32	24	30	25	24
K_2	30	31	33	29	34
K_3	30	39	28	32	27
K_4	28	32	25	28	30
k_1	8	6	7.5	6.25	6
k_2	7.5	7.75	8.25	7.25	8.5
k_3	7.5	9.75	7	8	6.75
k_4	7	8	6.25	7	7.5
R	1.5	3.75	2.00	1.75	2.5

表 9-6　正交设计方差分析

Tab.9-6　Variance analysis of orthogonal design

变异来源	平方和 SS	自由度 DF	均方 MS	*F* 值
引物	392.667	3	130.889	38.780**
模板 DNA	8.667	3	2.889	0.856
Mg^{2+}	94.250	3	31.417	9.308**
dNTP	68.333	3	22.778	6.752*
Taq 酶	31.333	3	10.444	3.091*
误差	54.000	16	3.375	
总和	649.250	31		

4. 不同水平下各因素对厚朴 SSR-PCR 扩增的影响

1）　模板 DNA 浓度对 SSR-PCR 扩增的影响

从图 9-3 可以看出，模板 DNA 浓度在 4 个水平下的评分结果相差不大，且极差值（表 9-5）在 5 个因素中也是最低。因此，DNA 用量在 2~5ng/μl 时对试验结果影响不显著，这可能是因为只要保证充足的 DNA 含量与引物结合，便可使扩增反应顺利进行。这与于华会（2010）及吴翼等（2000）研究结果一致。因此根据极差分析选出第一水平下 2ng/μl 为最佳反应浓度。

2）引物浓度对 SSR-PCR 扩增的影响

极差分析（表 9-5）与方差分析（表 9-6）均表明，引物浓度对 SSR-PCR 反应影响达到极显著水平，也是所有因素中对反应体系影响最明显的。引物的浓度高，会增加产物错配概率，甚至产生非特异性扩增，增大引物二聚体的形成概率；浓度偏低则可能造成与模板 DNA 结合不完全，扩增产物减少。由图 9-3 可以看出，随着引物浓度的增加，试验结果评分先增加后降低，在第三水平达到最高。因此，本试验选用 0.6μmol/L 的引物浓度。

3）Mg^{2+}浓度对 SSR-PCR 扩增的影响

Mg^{2+}作为 *Taq* DNA 聚合酶的辅助因子，其浓度不仅影响 *Taq* DNA 聚合酶的活性，还能与反应液中的 dNTP、模板 DNA 及引物结合，对 PCR 扩增产量、产物特异性有明显影响（张凤军和张永成，2011）。图 9-3 表明，4 个 Mg^{2+}浓度下，试验结果评分呈先增加后减少的趋势，在第二水平下表现最优，故选择 2.0mmol/L 的 Mg^{2+}为宜。

4）dNTP 浓度对 SSR-PCR 扩增的影响

dNTP 是 PCR 反应的原料，为使 PCR 效率达到最高，必须保证反应体系中有足够的引物和 dNTP，但浓度过高则会与 *Taq* 酶竞争性结合 Mg^{2+}，影响扩增效率。图 9-3 显示 PCR 扩增试验结果评分随 dNTP 浓度的增大先增加后减少，在第三水平下，即浓度为 0.5mmol/L 时效果最好，对照图 9-2 也可看出此浓度下扩增条带清晰明亮，因此确定 0.5mmol/L 为厚朴 SSR-PCR 扩增的最适 dNTP 浓度。

5）*Taq* 酶浓度对 SSR-PCR 扩增的影响

在 PCR 反应中，*Taq* 酶的用量受多种因素的影响，又是 Mg^{2+}依赖性酶，其催化活性对 Mg^{2+}浓度非常敏感。图 9-3 显示 *Taq* 酶浓度的变化引起试验结果评分显著变化，在第一、三水平浓度下评分较低，第二、四水平评分较高，又以第二水平表现最好，这充分证明该酶活性受反应体系各组分影响较大。结合图 9-2，第二水平下的扩增产物稳定性好于第一、三水平，因此确定 *Taq* 酶浓度为 0.03 U/μl。

6）最适退火温度的确定

一般认为，引物退火所需的温度取决于引物的碱基组成、引物的长度及引物的浓度（郑志雷，2010）。但 PCR 反应中，不同物种的退火温度有所差异。在确定反应体系各因素最佳浓度的基础上，对筛选出的能扩增出条带的引物分别进行退火温度的优化。图 9-4 是 2 号引物温度梯度 PCR 结果，退火温度过低，造成条带模糊且非特异性条带较多，而退火温度过高又造成条带数减少，即 PCR 产物量低。从主带清晰度及背景来考虑，2 号引物退火温度应选 53.8℃为宜。

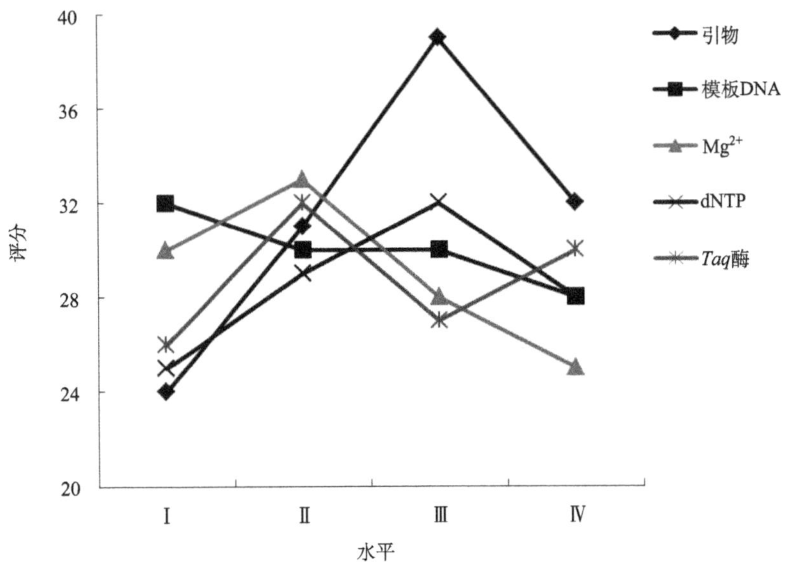

图 9-3　不同水平下 PCR 反应各因素与评分结果的关系

Fig.9-3　The relationship between different levels of PCR reaction factors and the evaluation result

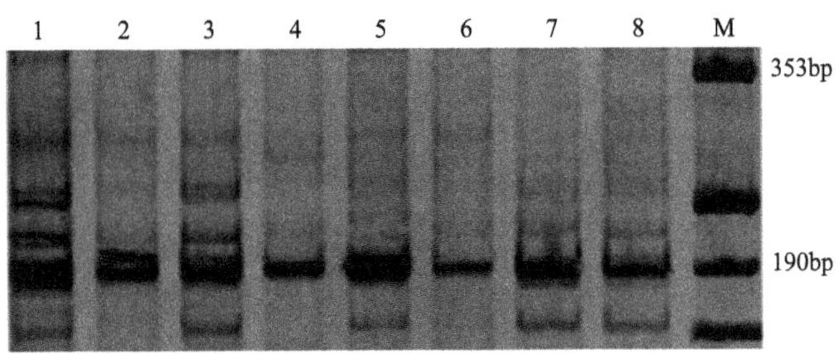

图 9-4　2 号引物温度梯度 PCR 产物电泳图

Fig.9-4　Electrophoresis patterns of gradient PCR of NO.2 primer

M, pUC18/MspI501 分子质量标准; 1~8 号退火温度分别为 48.0℃、48.7℃、49.9℃、51.5℃、53.8℃、55.5℃、56.5℃、57℃

M, pUC18/MspI501 DNA Marker; 1~8, annealing temperature was 48.0℃, 48.7℃, 49.9℃, 51.5℃, 53.8℃, 55.5℃, 56.5℃, 57℃, respectively

5. 引物筛选及反应体系的验证

本试验得出厚朴 SSR-PCR 反应体系各因素最佳浓度为：模板 DNA 2ng/μl，引物 0.6μmol/L，Mg^{2+} 2.0mmol/L，dNTP 0.5mmol/L，*Taq* 酶 0.03U/μl；最佳扩增程序：94℃预变性 4min，94℃变性 30s，53℃（退火温度随引物不同而定）退火

30s，72℃延伸 1min，35 个循环后 72℃延伸 10min。采用上述优化体系，对 70 对引物进行初筛选（部分引物筛选见图 9-5），得到 25 对在厚朴样品中有效扩增的引物，其中 16 对来自自主设计引物，9 对来自近缘种引物。

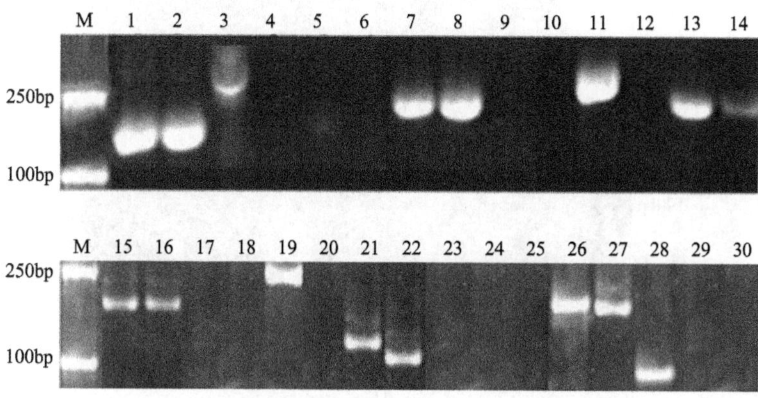

图 9-5　1~30 号引物对 P1 厚朴样品的琼脂糖电泳图

Fig.9-5　Electrophoresis patterns of 1~30 primers in P1 sample

以来自 5 个不同居群的 10 个厚朴个体为模板，对 25 对有效扩增的引物进行 PCR 扩增，最后选用 13 对扩增谱带清晰，杂带少，多态性较高的引物，其中 6 对为自主设计引物，7 对为近缘种引物，引物信息见表 9-7。部分引物扩增的聚丙烯酰胺凝胶效果图见 9-6。

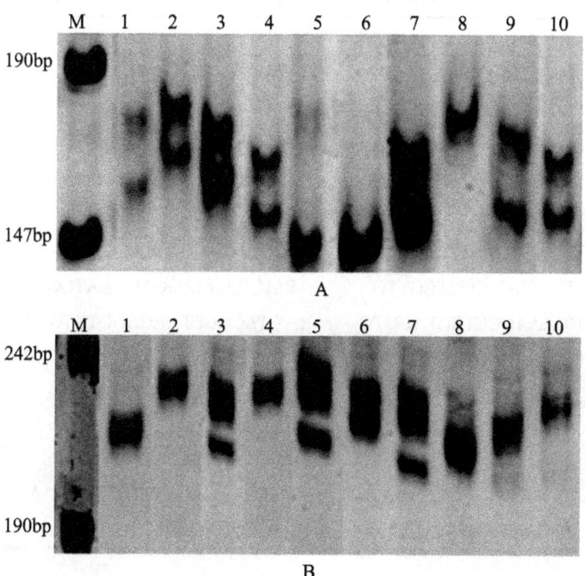

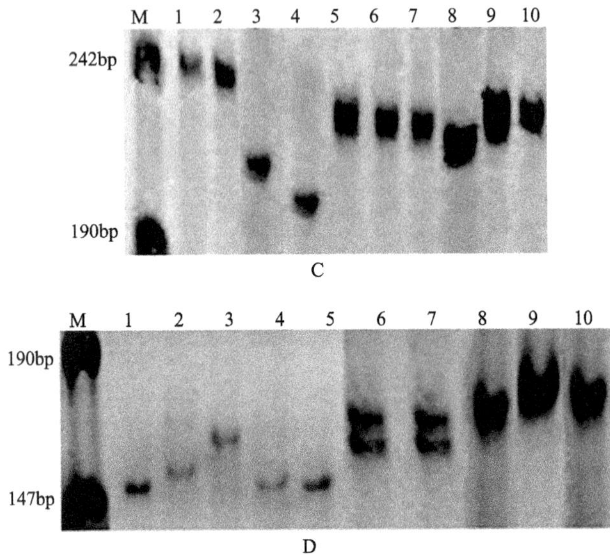

图 9-6　部分多态性引物对 10 份厚朴样品的聚丙烯酰胺凝胶电泳图

Fig.9-6　PCR products showed in 10 samples of *Houpoëa officinalis* with part of the polymorphic primers

图 A、B、C、D 分别为 2、16、58、60 号引物扩增效果；1~10 分别为 10 个厚朴样品

Figure A、B、C、D were represented the amplification of No. 2, 16, 58, 60 primer, respectively; 1~10, individuals of *Houpoëa officinalis*

表 9-7　厚朴多态性引物信息

Tab.9-7　Polymorphic primers polymorphism sequences of *Houpoëa officinalis*

引物名称	DNA 序列 5′ →3′		退火温度/℃
HP02	F:GAGCCGAATAAAGAATGA	R:ATCTATGGTCCGAAACTA	53.8
HP08	F:GCATACGATTCATGGGGAGA	R:AAACGCCTACGAAAAGAT	48
HP13	F:AGAAATAGATCGAACGGAA	R:GCAAACGCCTACGAAAAG	48
HP15	F:CTCCGACCATAACATAAT	R:TCCGAGGTATTTCCGTGA	51
HP16	F:TCCAAGGAACAGGAAGAA	R:GCAAACGCCTACGAAAAG	52
HP19	F:ATAGATCGAACGGAACAC	R:GCAAACGCCTACGAAAAG	52
Stm0246	F:AGTAATTCCCGCTCGTTC	R:AGGAGAAGGAGGAATGGA	59
M17D5	F:AAGCAAAGCCTCCTAGGTC	R:TCTACGCCTAACAGGTCTGTC	54
M15D5	F:TGCTGCTCGAAGTTCTGAAT	R:CGTGCAGTAAATCAGGATGT	52.7
M10D8	F:GATCGTTGCTGGCTCGC	R:GCCGCCTGGATTATGAA	52.5
M10D3	F:AGCCCTCTATACACGCACACAT R:CGGAGCTACAAGGAGCAGAATA		51.5
M6D10	F:GTCTAGTGAGCCGCAAATGG	R:GTGAACAGCTTTCTTGTGAA	51.8
M6D1	F:ACTGGAGCAGTGCCTGGATA	R:TCGCAACTGCGTGTTCTCAT	54

9.3.2.3　小结与讨论

1. 小结

本节以来自 5 个不同种群的 10 个厚朴 DNA 样品为模板，通过正交设计试验对 PCR 扩增的影响因素模板 DNA、引物、Mg^{2+}、dNTP 和 *Taq* 酶进行 5 因素水平的优化，综合分析确定了各因素最佳反应浓度，如下：模板 DNA2ng/μl，引物 0.6μmol/L，Mg^{2+} 2.0mmol/L，dNTP 0.5mmol/L，*Taq* 酶 0.03U/μl；最佳扩增程序：94℃预变性 4min，94℃变性 30s，53℃（退火温度随引物不同而定）退火 30s，72℃延伸 1min，35 个循环后 72℃延伸 10min。本研究中，引物和 Mg^{2+}对反应体系的影响达到极显著水平，dNTP 和 *Taq* 酶的影响达到显著水平，模板 DNA 对反应影响不显著。合适的引物浓度是 PCR 扩增成功的关键。本试验表明模板 DNA 用量在反应体系中差异不明显，这可能是因为 SSR 标记所需 DNA 量少，少量模板 DNA 就可保证反应顺利进行。

本试验通过生物信息学手段设计了 40 对厚朴 SSR 引物，其中有 6 对表现出多态性；在筛选出的引用鹅掌楸、星花木兰和日本厚朴近缘种的 7 对多态性引物中，有 6 对来自日本厚朴，1 对来自星花木兰，引用鹅掌楸的引物均无多态性，说明引用近缘种引物是选择物种 SSR 引物的重要来源，且亲缘关系越近，引物通用性越高。本次试验筛选出的 13 对厚朴 SSR 引物在 10 个样品中均能扩增出特异性条带，并具良好的稳定性及较高多态性，但此次获得的引物数量偏少，还远不能满足研究的需要，在后续试验中会继续筛选出更多 SSR 位点，加大厚朴 SSR 引物开发设计工作，为今后厚朴遗传多样性分析和种质资源研究奠定基础。

2. 讨论

在厚朴的遗传结构和遗传多样性研究中，先后有学者运用 AFLP、RAPD 及 ISSR 等分子标记进行分析，而基于 SSR 的研究还未见报道。本研究建立了厚朴 SSR-PCR 反应优化体系，并成功筛选出 13 对多态性引物。

PCR 反应的优化方法主要有正交试验和单因素试验两种，相比单因素试验方法的过程繁琐、工作量大，正交试验则具有综合可比、均衡分散、效应明显和伸缩性强的特点（盖钧镒，2000），被广泛应用于科研生产中。本研究设计了 5 因素 4 水平的正交试验，参照鹅掌楸（贾波等，2013）、小叶锦鸡儿（*Caragana microphylla*）（韩永增等，2011）、桃（*Amygdalus persica*）（李银霞和李天红，2005）等 SSR 反应体系，使所设置的浓度在合适范围内。本研究中，引物和 Mg^{2+} 对反应体系的影响达到极显著水平，dNTP 和 *Taq* 酶的影响达到显著水平，模板 DNA 对反应影响不显著。前人的研究结果表明，针对不同的物种和分子标记手段，各因素对 PCR 反应的影响作用不甚相同。如张美玲和李巧明（2011）认为模板

DNA 浓度对望天树（*Parashorea chinensis*）SSR-PCR 反应的影响最大，而贾波等（2013）则认为 Mg^{2+}用量在鹅掌楸 SSR-PCR 反应中是关键因素，张玉平等（2012）研究表明引物浓度对树莓（*Rubus phoenicolasius*）SSR-PCR 反应影响最大，于华会（2010）应用 ISSR 标记方法也得出引物浓度是影响 PCR 反应最为明显的因素，本试验有相似结果。引物的浓度高，会增加产物错配概率，甚至产生非特异性扩增，增大引物二聚体的形成概率；浓度偏低则可能造成与模板 DNA 结合不完全，扩增产物减少。非特异产物和引物二聚体又可作为 PCR 反应的底物，与靶序列竞争 DNA 聚合酶和 dNTP 底物，从而使靶序列的扩增量降低，浓度过低则导致产量下降（陈珣等，2011），因此合适的引物浓度是 PCR 扩增成功的关键。本试验表明，模板 DNA 用量在反应体系中差异不明显，这可能是由于 SSR 标记所需 DNA 量少，少量模板 DNA 就可保证反应顺利进行，另外有学者指出，不论哪种形式存在的 DNA 和 RNA，几乎都可作为 PCR 反应的模板，很多种分子标记对 DNA 模板的用量和纯度要求并不是很高。

9.3.3　厚朴杂交亲本、子代遗传多样性分析

9.3.3.1　材料与方法

1. 试验材料

以浙江遂昌（S）、磐安（PA）、富阳（FY），江西分宜（JX）和湖南沅陵（YL）的厚朴为材料，于 2013 年 5 月设计了种群间控制授粉及多父本控制授粉试验，以自由授粉为对照。在盛花期采集遂昌、磐安、富阳、分宜和沅陵野生厚朴群体的花粉，每个地点至少 20 个单株，一个地点的花粉混合在一起作为一个父本群体。将每个地点混合后的花粉带到浙江遂昌、磐安和江西分宜，分别选 5 棵发育良好，开花数量较多的厚朴树进行种群间授粉。授粉过的花朵挂牌标记，如 SM1×JX，表示以遂昌编号为 SM1 的厚朴树为母本和来自江西的厚朴群体为父本进行杂交。由于厚朴本身结实率较低及受当年气候条件的影响，浙江磐安和江西分宜两地的杂交个体没有结实，只获得了母本为遂昌个体的杂交果实。2013 年 10 月采集各杂交组合及自由授粉种子，遂昌地点的杂交方案及获得的杂交组合见表 9-8，除磐安（PA）的父本花粉没有结实外，其他三个地点的父本均获得了杂交果实。2014 年 1 月播种育苗，最终获得 7 个杂交授粉群体（分别是 SM1×YL、SM1×FY、SM2×RL、SM3×FY、SM4×RL、SM4×JX、SM5×JX）和 5 个自由授粉群体（S1、S2、S3、S4、S5）子代幼苗。2014 年 5 月采集子代幼苗嫩叶，同期采集杂交亲本嫩叶，带回实验室放入–70℃冰箱保存。最终采集的杂交亲本、杂交子代和自由授粉子代各群体样本数见表 9-9。

表 9-8 厚朴杂交方案

Tab.9-8 Hybrid scheme of *Houpoëa officinalis*

母本	父本				获得的杂交组合
	FY	PA	JX	YL	
SM1	×	×	×	×	SM1×FY、SM1×YL
SM2	×	×	×	×	SM2×YL
SM3	×	×	×	×	SM3×FY
SM4	×	×	×	×	SM4×JX、SM4×YL
SM5	×	×	×	×	SM5×JX

注：SM1~SM5，遂昌 5 个母本个体；FY，PA，JX，YL 分别代表富阳、磐安、江西及沅陵厚朴父本群体；×表示杂交

Note: SM1~SM5, female parents in Suichang; FY, PA, JX, YL represented male parents from Fuyang, Pan′ an, Jiangxi and Yuanling, respectively; × represented hybridization

表 9-9 亲本和子代群体样本数量

Tab.9-9 The numbers of hybrid parents and theirs progeny

群体		样本数
父本	FY	15
	JX	22
	YL	27
母本	SM	5
杂交授粉子代	SM1×FY	13
	SM1×YL	16
	SM2×YL	10
	SM3×FY	24
	SM4×JX	7
	SM4×YL	5
	SM5×JX	12
自由授粉子代	S1	18
	S2	13
	S3	10
	S4	16
	S5	7

人工杂交授粉的具体操作方法如下。

（1）采集各地父本花粉。采集处于初开期及后蕾期的厚朴花朵，去掉花瓣，取出雄蕊，平铺在光洁硫酸纸袋上，置于干燥阴凉的室内（温度过高影响花药开裂），注意防潮，一般一天之后花药开裂，此时花粉散出，将花粉收集起来，贮存于干燥离心管备用。

（2）母本花朵开放前两天，去掉花瓣和雄蕊，保证彻底去雄完成，硫酸纸袋套住；次日 8:00~12:00，花蕾开始变得蓬松，雌柱头黏液分泌达到高峰，外观湿润发亮，此时授粉能力最强，用毛笔蘸取父本的花粉，轻涂遍母本柱头，然后重新套袋，写好标签注明杂交的亲本名称和授粉日期。授粉必须在蕾期进行，以免花朵开放后进行自花授粉或外源花粉污染。

（3）授粉后 2~3d 即可完成受精过程，及时取下袋子，以免盛夏高温影响杂交效果。

2. 试验仪器及药品

试验所需仪器及药品与 9.3.2 同。

3. 试验方法

1） 厚朴 DNA 提取

DNA 提取方法与 9.3.2 同（具体步骤见 9.3.2 的细节部分）。

2）SSR 引物选择及 PCR 体系扩增

选用 13 对引物，其中 7 对来自近缘种引物日本厚朴和星花木兰，6 对为实验室自主设计，各引物序列及退火温度见 9.3.2.1 中的“引物筛选及反应体系的验证”部分。厚朴 PCR 反应体系为：25μl 体系中，模板 DNA 2ng/μl，引物 0.6μmol/L，Mg^{2+} 2.0mmol/L，dNTPs 0.5mmol/L，*Taq* 酶 0.03U/μl；扩增程序为：94℃预变性 4min，94℃变性 30s，48~59℃（根据引物而定）退火 30s，72℃延伸 1min，35 个循环后 72℃延伸 10min。扩增产物利用 8%聚丙烯酰胺凝胶在 150V 恒压下电泳 3h，电泳结束后进行银染照相，聚丙烯酰胺凝胶染色程序参照梁宏伟等（2008）的方法。

3） 数据分析

共显性的 SSR 标记条带用“A/B”矩阵表示，二倍体生物一般会出现一条（纯合子）或两条带（杂合子）。有时凝胶上会出现几条带，此时应注意区分排除干扰带，应根据目的片段大小来判断。同一引物对不同个体的扩增中，迁移率一致的条带被认为有同源性，将电泳图谱中清晰的条带按照大小顺序依次命名为 A，B，C，D…，纯合子用两个相同字母表示，杂合子用两个不同字母表示，如 AA，BB，AB，BC…，无条带的样品用“..”表示。

利用 POPGEN32 软件计算等位基因数目（N_a），有效等位基因数目（N_e），各位点的观测杂合度（H_o）和期望杂合度（H_e），Nei's 基因多样度（H），Shannon 多样性指数（I）等指标，同时利用该软件计算杂交组合遗传一致度（GI）及 Nei's 遗传距离（D）。利用 NTSYS-pc2.1 软件用 UMPGA 法对亲本及子代群体进行聚类分析。

遗传多样性的评价是针对群体或种群的量化，它对于个体是无效的，可分为表型水平多样性和分子水平多样性参数。

（1）表型水平多样性参数

a. 方差 $(V)=\sum f\left(x-\bar{x}\right)^2/n-1$；标准差 $(S)=\sqrt{\sum f\left(x-\bar{x}\right)^2/n-1}$。

方差用来衡量随机变量和它的数学期望（即均值）之间的偏离程度，直观表现出统计数据的稳定性。当要确定统计样本内各个体某性状的差异和变幅时，需要计算其方差和标准差。方差和标准差的值大小代表个体差异程度，其值越大，差异越大，反之越小。

b. 变异系数 $(\mathrm{CV})=S/\bar{x}\times100\%$。

变异系数是统计学上表示变异程度的重要指标，可以反映性状值的离散性特征，数值越大说明性状的离散度越大。变异系数和方差可以反映数据的离散程度，不同的是，变异系数是比较不同群体之间的差异。

c. 表型分化系数 $\left(V_{\mathrm{ST}}\right)=\delta_{t/s}^2/\left(\delta_{t/s}^2\right)+\delta_s^2$。

其中 $\delta_{t/s}^2$ 是群体间方差，δ_s^2 是群体内方差。表型分化系数描述的是群体间某性状变异占总体遗传变异的比例，代表表型变异在群体间的贡献大小。

（2）分子水平多样性参数

a. 等位基因数（N_a）和有效等位基因数（N_e）$N_a=\Sigma a_i/n$；$N_e=1/\Sigma p_i^2$。

a_i 为第 i 个位点的等位基因数，n 为总位点数。有效等位基因数指的是理想群体中（所有等位基因频率相等）一个基因座上产生与实际群体中相同的纯合度所需的等位基因数。

b. 平均期望杂合度 $H_e=\sum e/n$，$h_e=1-\sum pi^2$。

式中，h_e 为单个位点上的杂合度，p_i 为单个位点上第 i 个等位基因的频率，n 为总位点数。和期望杂合度（H_e）对应的是观测杂合度（H_o），表示实际观测到的杂合个体在整个群体中所占的比例，受取样策略和群体内交配方式的影响，H_e 和 H_o 存在一定差异。

c. 基因多样度 Nei

基因多样度是在 20 世纪 70 年代由 Nei 提出的遗传多样性度量指标，代表的是在某个群体中随机选择的两个等位基因不一样的概率。杂合度和基因多样性在生物学上具有相同意义，都反映了等位基因的多样化程度，或称为种群遗传杂合性。相对来说，基因多样度更能代表群体遗传变异程度。

d. Shannon 多样性指数 $(I) = -\sum_{i=1}^{S} P_i \ln P_i$

式中，I 是群落多样性的评价指标，在生态学中应用很广泛。P_i 表示某一位点的第 i 个等位变异在群体中出现的频率。

e. 固定指数（F）

固定指数首次由 Wright 提出，又称 F 统计量。它可以用来度量一个群体内的基因型频率的偏差，包括 F_{it}、F_{is} 和 F_{st} 三个指标。F_{is} 值范围是−1~1，可反映居群的基因流和近交情况，该值越小，杂合子越多，反之纯合子越多；F_{is} 的值为 0 时说明居群处于随机交配状态。固定系数的应用很广泛，可以利用 F_{is} 来度量基因型频率对哈迪-温伯格（Hardy-Weinberg）平衡比例的偏差，而 F_{st} 则可作为亚种群间遗传分化程度的度量指标。

9.3.3.2　结果与分析

1. 厚朴杂交亲本遗传多样性

采用 13 对微卫星（SSR）引物对厚朴杂交亲本进行扩增，在 5 个亲本群体（本研究把母本划分为一个群体，4 个地点的父本个体分别作为 4 个群体）中共检测到 70 个等位基因，位点等位基因数（A）为 2~10，最高为 M15D5 位点，最低为 HP08 位点，平均为 5.4 个，有效等位基因数（N_e）数目范围为 1.8~7.6，平均为 4 个。厚朴杂交亲本在 13 个位点的观测杂合度（H_o）为 0.0189~0.7843，平均为 0.3713，期望杂合度（H_e）大小为 0.4329~0.8774，平均为 0.6955，大部分位点的 H_e 比 H_o 大，而 HP02 位点和 HP16 位点相反，说明在实际群体中这两个位点的杂合度相对高一些。Shannon 多样性指数（I）在不同位点差别很大，最大为 M15D5 位点的 2.0988，最小为 M6D1 位点的 0.6205，平均为 1.3958，基因多样度 Nei 与 I 的值变化趋势大致相当，范围为 0.4288~0.8680，平均为 0.6899，表明厚朴杂交亲本具有较高遗传多样性（表 9-10）。

2. 厚朴杂交子代群体遗传多样性

根据表 9-11，13 对引物在 7 个杂交组合中共检测到 72 个等位基因，等位基因数最多为 10 个（HP15 和 Stm0246 位点），最少的是 3 个（HP19、M10D3 和 M6D1 位点），平均每个位点 5.5 个；有效等位基因数（N_e）从 Stm0246 位点的 7.9 个到 M10D3 位点的 2.2 个，平均每个位点 4.2 个。厚朴杂交子代群体在不同位点的多样性参数差别很大，Stm0246 位点的 Shannon 多样性指数 I 最高，为 2.1680，而 HP19 位点最低，仅为 0.8199，平均为 1.4544，期望杂合度 H_e 和基因多样度 Nei 平均值分别为 0.7287 和 0.7193，表明厚朴杂交子代群体具有高遗传多样性水平，与亲本相比，杂交子代群体 13 个位点遗传多样性高于杂交亲本群体（表

9-10，I=1.3958，H_e=0.6955，Nei=0.6899）。

表 9-10　杂交亲本 13 个微卫星位点的遗传参数

Tab.9-10　Genetic parameters of hybrid parents with 13 microsatellite primers

位点	等位基因数 N_a	有效等位基因数 N_e	观测杂合度 H_o	期望杂合度 H_e	Shannon 多样指数 I	基因多样度 Nei
HP02	3	2.1	0.7308	0.5256	0.8943	0.8129
HP08	2	1.8	0.7037	0.7451	1.4375	0.8491
HP13	4	2.5	0.1667	0.6430	1.0957	0.6349
HP15	3	2.2	0.3878	0.5559	0.9374	0.8628
HP16	5	3.1	0.7843	0.6847	1.2990	0.7859
HP19	4	2.6	0.0741	0.6234	1.1603	0.5508
Stm0246	7	4.7	0.7447	0.7936	1.6733	0.8680
M17D5	7	5.3	0.3818	0.8208	1.7549	0.6177
M15D5	10	7.6	0.0370	0.8774	2.0988	0.6783
M10D8	7	6.6	0.0545	0.8750	1.9193	0.6074
M10D3	4	2.7	0.2885	0.6409	1.1817	0.5205
M6D10	9	7.3	0.4545	0.8717	2.0739	0.7383
M6D1	5	3.7	0.0189	0.4329	0.6205	0.4288
平均	5.4	4.0	0.3713	0.6955	1.3958	0.6899

表 9-11　杂交子代 13 个位点遗传参数

Tab.9-11　Genetic parameters of hybrid progeny with 13 microsatellite primers

位点	等位基因数 N_a	有效等位基因数 N_e	Shannon 多样性指数 I	观测杂合度 H_o	期望杂合度 H_e	基因多样度 Nei
HP02	6	4.2	1.5785	0.6053	0.7709	0.7607
HP08	7	5.9	1.8127	0.6316	0.8411	0.8300
HP13	4	3.3	1.2773	0.3250	0.7054	0.6966
HP15	10	5.2	1.8349	0.5676	0.8175	0.8064
HP16	7	6.2	1.8752	0.7949	0.8488	0.8379
HP19	3	1.9	0.8199	0.1500	0.4864	0.4803
Stm0246	10	7.9	2.1680	0.6923	0.8851	0.8738
M17D5	4	3.4	1.2755	0.6750	0.7136	0.7047
M15D5	5	4.2	1.4958	0.1282	0.7729	0.7630
M10D8	4	3.2	1.2439	0.0750	0.6927	0.6841

续表

位点	等位基因数 N_a	有效等位基因数 N_e	Shannon 多样性指数 I	观测杂合度 H_o	期望杂合度 H_e	基因多样度 Nei
M10D3	3	2.2	0.9123	0.4595	0.5498	0.5424
M6D10	6	4.9	1.6768	0.6316	0.8081	0.7974
M6D1	3	2.3	0.9364	0.1000	0.5810	0.5937
平均	5.5	4.2	1.4544	0.4489	0.7287	0.7193

3. 厚朴自由授粉子代群体遗传参数

厚朴自由授粉子代13个位点遗传参数见表9-12，在13个位点上共检测到61.1个等位基因，等位基因数为2~10不等，最高的为Stm0246位点，最低的为M15D5位点，平均为4.7，有效等位基因数变化范围是1.5~6.3，平均为3.2。大部分位点的H_e比H_o大，平均差值为0.3508，但有两个位点（M17D5和M6D10）的H_o值比H_e值稍微大一些，说明在实际观测中，这两个位点的杂合度较高。根据Shannon多样性指数和基因多样度指标，厚朴自由授粉子代群体在13个位点的遗传多样性

表 9-12　自由授粉子代 13 个位点遗传参数

Tab.9-12　Genetic parameters of free pollination progeny with 13 microsatellite primers

位点	等位基因数 N_a	有效等位基因数 N_e	Shannon 多样性指数 I	观测杂合度 H_o	期望杂合度 H_e	基因多样度 Nei
HP02	4	2.8	1.0966	0.3571	0.6481	0.6365
HP08	6	5.2	1.7170	0.4643	0.8240	0.8093
HP13	3	2.4	0.9840	0.2308	0.6033	0.5917
HP15	8	3.2	1.4159	0.6207	0.6945	0.6975
HP16	7	3.8	1.5516	0.3793	0.7520	0.7390
HP19	3	2.5	0.9876	0.1034	0.6104	0.5999
Stm0246	10	6.3	2.0231	0.5172	0.8566	0.8419
M17D5	4	3.1	1.1775	0.6900	0.6800	0.6683
M15D5	2	1.5	0.5098	0.0020	0.3339	0.3282
M10D8	3	2.2	0.8251	0.1724	0.5233	0.5143
M10D3	3	2.6	1.0263	0.1538	0.6305	0.6183
M6D10	5	3.8	1.4811	0.7692	0.7564	0.7419
M6D1	3	2.4	0.9572	0.1034	0.5910	0.5809
平均	4.7	3.2	1.2118	0.3031	0.6539	0.6423

水平（I=1.2118，Nei=0.6423，H_e=0.5910）明显低于杂交子代群体（表 9-10，I=1.4544，Nei=0.7193，H_e=0.7287），亦低于杂交亲本群体（表 9-10，I=1.3958，H_e=0.6955，Nei=0.6899）。

4. 等位基因频率

根据表 9-13，从 13 个引物位点中共检测出 73 个等位基因，13 个位点全部表现多态性，等位基因频率分布为 0.0091~0.6068。其中等位基因数最多的为 HP15 和 Stm0246 位点，检测到 10 个等位基因；等位基因数最少的是 3 个，为 M6D1 位点，B 等位基因频率最高，为 0.6068。等位基因频率低于 0.01 的为稀有等位基因，只在 HP15 位点发现一个，出现频率较大的等位基因，即大于 0.50 的也仅有两个，因此在 13 个位点中，等位基因分布较为均匀。

表 9-13　亲本和子代在 13 个位点上的等位基因频率

Tab.9-13　Overall allele frequencies of hybrid parents and progeny at 13 SSR locus

位点	等位基因 A	等位基因 B	等位基因 C	等位基因 D	等位基因 E	等位基因 F	等位基因 G	等位基因 H	等位基因 I	等位基因 J
HP02	0.0221	0.1903	0.3053	0.1637	0.146	0.1327	0.0398			
HP08	0.1	0.1478	0.1918	0.1652	0.1783	0.1609	0.0565			
HP13	0.087	0.1696	0.4043	0.3391						
HP15	0.0273	0.0545	0.1773	0.1227	0.1318	0.2	0.1318	0.0864	0.0591	0.0091
HP16	0.0351	0.2061	0.0658	0.1404	0.1272	0.25	0.1754			
HP19	0.2034	0.4619	0.3347							
Stm0246	0.0227	0.1682	0.1	0.15	0.1136	0.0864	0.0545	0.0318	0.1273	0.1409
M17D5	0.1597	0.2437	0.4034	0.1933						
M15D5	0.0427	0.3205	0.4316	0.1282	0.0769					
M10D8	0.1261	0.4664	0.2185	0.1891						
M10D3	0.2091	0.5864	0.2045							
M6D10	0.0614	0.1623	0.2763	0.2237	0.1009	0.1754				
M6D1	0.3291	0.6068	0.0641							

5. 厚朴亲本与子代群体遗传多样性比较

采用 13 对微卫星引物对厚朴亲本和子代进行扩增，表 9-14 列出了厚朴亲本、杂交子代和自由授粉子代群体多样性参数。在 16 个组合/家系（7 个杂交子代，5 个自由授粉子代，3 个父本和 1 个母本组合）219 份材料中共检测到 54 个等位基因，平均每个位点等位基因数（N_a）4.15 个，有效等位基因数（N_e）2.64 个。杂交组合中，有效等位基因数最高和最低为 SM1×RL、SM3×FY 组合，分别为 3.2 和 2.3 个；观测杂合度 H_o 为 0.3500~0.5692，期望杂合度为 0.5493~0.7009，说明杂交子组合间多态性水平差异较大；H_e 和 I、Nei 值在各组合间大小顺序并不完全相同，这在长柄双花木（李美琼，2011）和鹅掌楸（朱其卫和李火根，2010）群体微卫星分析中也出现类似情况，总体上杂交子代遗传多样性大小 SM1×RL＞SM5×JX＞SM2×RL＞SM4×JX＞SM4×RL＞SM1×FY＞SM3×FY。杂交组合中，Shannon 多样性指数 I 变化范围是 0.8557~1.1928，平均为 1.0493；基因多样度 Nei 变化范围是 0.4929~0.6308，平均为 0.5773。期望杂合度 H_e、Shannon 多样指数 I 和基因多样度 Nei 在自由授粉子代群体和杂交亲本群体中的平均值分别为 0.5300、0.8138、0.4808 和 0.6013、1.0221、0.5597。总体上，杂交子代群体平均遗传多样度最高，亲本群体与杂交子代群体相差不大，而自由授粉子代群体遗传多样性水平最低（表 9-14）。

表 9-14　厚朴亲本与子代群体遗传多样性

Tab.9-14　Genetic diversity of hybrid parents and progeny of *Houpoëa officinalis*

群体	等位基因数 N_a	有效等位基因数 N_e	观测杂合度 H_o	期望杂合度 H_e	Shannon 多样性指数 I	基因多样度 Nei
SM1×RL	4.2	3.1	0.5692	0.7009	1.1928	0.6308
SM1×FY	4.2	3.1	0.5000	0.5665	0.8557	0.5038
SM2×RL	4.0	3.1	0.4615	0.6718	1.1349	0.6046
SM3×FY	3.0	2.3	0.4269	0.5493	0.8770	0.4929
SM4×JX	3.8	2.9	0.4769	0.6940	1.1320	0.6246
SM4×RL	3.2	2.4	0.3500	0.6281	0.9882	0.5628
SM5×JX	3.2	2.7	0.4034	0.6566	1.1648	0.6216
平均	3.6	2.8	0.4554	0.6382	1.0493	0.5773
S1	2.4	1.9	0.4000	0.5778	0.8625	0.5200
S2	2.5	2.1	0.2308	0.3573	0.5769	0.3215
S3	3.3	2.4	0.3237	0.5375	0.9034	0.5053
S4	2.8	2.3	0.4000	0.6513	0.9738	0.5862
S5	3.0	2.5	0.1385	0.5263	0.7522	0.4712
平均	2.8	2.3	0.2986	0.5300	0.8138	0.4808
JX	4.0	3.2	0.4076	0.5944	1.0899	0.5706
RL	4.2	3.1	0.3515	0.6034	1.1092	0.5825
FY	3.2	2.5	0.2769	0.5783	0.9159	0.5196
SM	3.2	2.7	0.2923	0.6291	0.9735	0.5662
平均	3.6	2.9	0.3321	0.6013	1.0221	0.5597

根据基因多样度 Nei 对亲本与杂交子代、自由授粉子代群体的值进行方差分析，选用最小显著性差异法（LSD）对这三个群体类型进行遗传多样性差异的两两比较，结果见表 9-15。可以看出，虽然杂交子代遗传多样性高于亲本，但其差异并不显著，自由授粉子代群体与亲本群体相比，遗传多样性略有下降，但差异也未达到显著水平，但需指出的是，杂交子代群体的遗传多样性水平显著高于自由授粉子代群体，即在野生状态下，当地厚朴群体遗传多样性会越来越低，濒危处境愈发严峻，需及时采取有效保护措施，本研究结果也初步表明，通过人为控制授粉促进不同厚朴群体间基因交流增强子代遗传多样性的方法具有可行性。

表 9-15　亲本、杂交子代与自由授粉子代群体 Nei's 值的两两比较（LSD 法）

Tab.9-15　Pairwise comparisons among hybrid parents and progeny based on Nei's genetic distance（LSD method）

群体	群体	均值差 R	标准误	显著性	95% 置信区间	
					下限	上限
亲本	杂交子代	−0.0176	0.0428	0.6880	−0.1100	0.0749
	自由授粉子代	0.0798	0.0458	0.1050	−0.0191	0.1787
杂交子代	自由授粉子代	0.0974	0.0399	0.0300*	0.0110	0.1844

6. 厚朴杂交子代、自由授粉子代遗传分化

为了确定 SSR 位点上的变异量在各杂交组合中的分布情况，研究采用 F 统计量对组合的遗传变异进行分析。F 统计量可以用固定指数来度量一个居群内的基因型频率的偏差，包括三个指标，分别是固定系数 F_{is}、F_{it} 和基因分化系数 F_{st}。F_{is} 反映居群的基因流和近亲繁殖情况等，F_{is} 值为−1~1，F_{is} 值越小，杂合子越多；F_{is} 值越大，纯合子越多；F_{is} 值为 0，则说明群体是随机交配的，等位基因频率符合 Hardy-Weinberg 平衡理论。厚朴杂交代群体的 F 统计量值见表 9-16，可以看出，杂交子代群体在 13 个位点上的 F_{is} 值大多为负数，平均值为−0.1092，说明杂交子代群体杂合子居多，符合实际杂交的真实情况；基因分化系数 F_{st} 值范围为 0.0801~0.4211，平均为 0.1907，在杂交组合子代总的遗传变异中，表示有 19.07% 的遗传变异存在于组合间，而有 80.93%的变异存在于组合内。根据表 9-17，自由授粉子代群体 F_{is} 值在 13 个位点上只有 Stm0246 和 M6D10 两个位点为负数，其余位点为正，平均值为 0.1013，表现为纯合子过剩而杂合子明显不足，即自由授

表 9-16　杂交子代 *F* 统计量

Tab.9-16　*F*-statistics of hybrid progeny of ***Houpoëa officinalis***

位点	F_{is}	F_{it}	F_{st}
HP02	–0.2918	0.1722	0.0885
HP08	–0.3437	–0.2319	0.1958
HP13	0.3583	0.5125	0.2403
HP15	–0.4413	0.2797	0.1611
HP16	–0.2026	0.0662	0.0686
HP19	0.2315	0.0618	0.0801
Stm0246	–0.5089	0.2069	0.1100
M17D5	0.2517	–0.0572	0.2468
M15D5	–0.3411	0.0291	0.3322
M10D8	0.0771	0.1674	0.4211
M10D3	–0.1495	0.2275	0.0918
M6D10	–0.0810	0.1057	0.1728
M6D1	0.0222	0.2975	0.2700
平均	–0.1092	0.2975	0.1907

表 9-17　自由授粉子代 *F* 统计量

Tab.9-17　*F*-statistics of pollination progeny of ***Houpoëa officinalis***

位点	F_{is}	F_{it}	F_{st}
HP02	0.1716	0.2818	0.1102
HP08	0.0194	0.4894	0.2498
HP13	0.2242	0.4561	0.3911
HP15	0.0709	0.0846	0.1452
HP16	0.0422	0.4502	0.1641
HP19	0.4579	0.8627	0.4327
Stm0246	–0.4675	–0.3729	0.1438
M17D5	0.1025	0.1530	0.1396
M15D5	0.4315	0.5056	0.2377
M10D8	0.1985	0.6033	0.2090
M10D3	0.0949	0.4252	0.3215
M6D10	–0.1480	–0.0287	0.104
M6D1	0.1193	0.8020	0.2946
平均	0.1013	0.3625	0.2264

粉子代可能存在较高程度的近交。自由授粉子代群体 F_{st} 值为 0.104~0.4327，平均为 0.2264，表明在自由授粉子代群体总的遗传变异中有 22.64%存在于群体间，有 77.36%的变异存在于群体内部。

7. 亲本间遗传距离与杂交子代遗传多样性的相关性

1）杂交组合亲本间遗传距离

根据各亲本 13 个位点等位基因频率计算 7 个杂交组合亲本间的遗传距离（*D*）（表 9-18），SM5×JX 组合遗传距离最大，为 1.1811；SM3×FY 组合遗传距离最小，为 0.6002。

表 9-18　厚朴杂交组合亲本间遗传距离

Tab.9-18　Hybrid parents' genetic distance of *Houpoëa officinalis*

杂交组合	遗传距离	杂交组合	遗传距离	杂交组合	遗传距离
SM1×RL	0.8762	SM1×FY	0.8621	SM2×RL	0.6516
SM3×FY	0.6002	SM4×JX	0.7330	SM4×RL	0.7693
SM5×JX	1.1811				

2）遗传距离与杂交子代遗传多样性相关性

根据亲本间遗传距离与杂交子代遗传多样性进行相关性分析，得出相关系数 *R*=0.3924，杂交子代遗传多样性对遗传距离作的散点图（图 9-7），说明随着父母

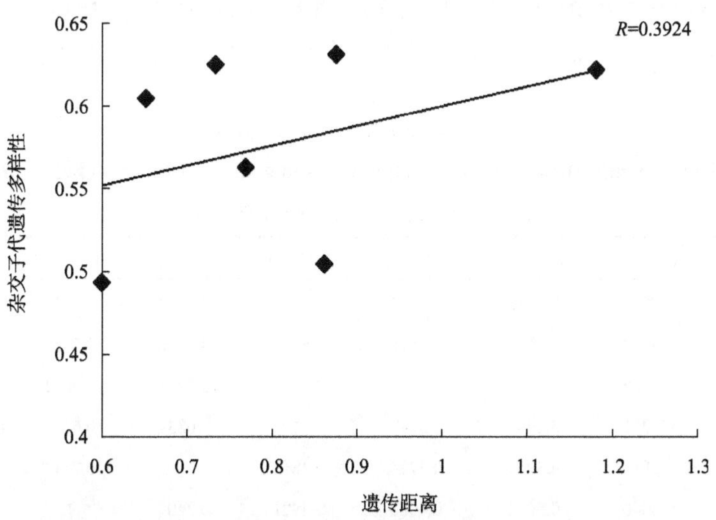

图 9-7　厚朴亲本间遗传距离与杂交子代遗传多样性的相关性

Fig.9-7　The relationship between hybrid parents' genetic distance and hybrid progeny genetic diversity of *Houpoëa officinalis*

本遗传距离增大，杂交子代遗传多样性也随之提高，但二者相关性并未达到显著水平（$P>0.05$）。一般来说，遗传距离越大，亲本间遗传相似度就越小，子代也会获得更大遗传多样性，本试验结果也验证了这一观点。亲本遗传距离与子代遗传多样性相关性不显著的原因可能是，遗传多样性不仅取决于亲本遗传距离，还与父母本各自的遗传组成有关，同时还可能受到 DNA 重组的影响，二倍体或多倍体动植物在有性繁殖时发生减数分裂，减数分裂期间同源染色体之间的互换，打破基因的遗传连锁效应，从而使物种或种群表现出各式 DNA 多态性式样（王云生，2007）。

8. 厚朴亲本与子代聚类分析

将 7 个厚朴杂交子代组合作为 7 个群体，计算出组合间遗传距离（*D*）和遗传相似度（*I*）（表 9-19）。7 个组合间遗传距离为 0.2749~0.8046，遗传相似度变化范围为 0.4464~0.7573，遗传距离最小的为 SM1×RL 和 SM2×RL 组合，最大的为 SM3×FY 和 SM5×JX 组合。根据 Nei's 遗传距离对亲本及子代进行 UPGMA 聚类分析，构建群体亲缘关系图（图 9-8）。从图上可以把亲本及子代分为三个大类，第一类包括自由授粉子代 S1、S2、S3、S4、S5，杂交组合 SM5×JX，父本 JX、FY 群体和母本 SM1；第二类为杂交组合 SM1×RL、SM2×RL、SM4×RL、SM1×FY、SM3×FY、SM4×JX，父本 RL 群体和母本 SM2；第三类由 SM3、SM4 和 SM5 母本组成。第二类群主要为杂交子代群体，且又可分为三个亚群，SM1×RL、SM2×RL、SM4×R 和 RL 属第一亚群，该亚群有共同父本 RL；SM1×FY、SM3×FY 和 SM4×JX 属第二亚群，有共同父本 FY 的组合也聚到一起；SM2 单独作为第三

表 9-19 厚朴杂交子代群体遗传距离

Tab.9-19 Nei's genetic identity（above diagonal）and genetic distance （below diagonal）of hybrid progeny of *Houpoëa officinalis*

杂交组合	SM5×JX	SM1×RL	SM2×RL	SM1×FY	SM4×JX	SM3×FY	SM4×RL
SM 5×JX	*	0.7076	0.6734	0.4719	0.5582	0.4464	0.5307
SM1×RL	0.3459	*	0.7596	0.5248	0.6736	0.5689	0.5495
SM2×RL	0.3955	0.2749	*	0.7573	0.7208	0.6661	0.6119
SM1×FY	0.7751	0.6448	0.3048	*	0.6831	0.6126	0.6433
SM4×JX	0.5831	0.3952	0.3724	0.3811	*	0.7114	0.6470
SM3×FY	0.8046	0.5641	0.4063	0.4901	0.3405	*	0.7570
SM4×RL	0.6336	0.5998	0.4911	0.4412	0.4354	0.2784	*

注：上三角为遗传一致度，下三角为遗传距离

Note:genetic identity (above diagonal) and genetic distance (below diagonal)

亚群。母本亲缘关系较近的原因可能与其地理位置有关，处于高山山坳地带，周围有山体阻隔，且厚朴果实种子较大，传播方式主要依赖于动物，因此母本萌发种子很可能来源于同一个体的果实。从各类群的组成来看，子代群体亲缘关系更偏向于父本，自由授粉子代群体也与母本距离较远，主要分属第一大类和第三大类。当然，聚类过程也出现个别没有按照理论聚合的群体，如 SM5×JX 组合，初步推测是发生了较大基因重组。

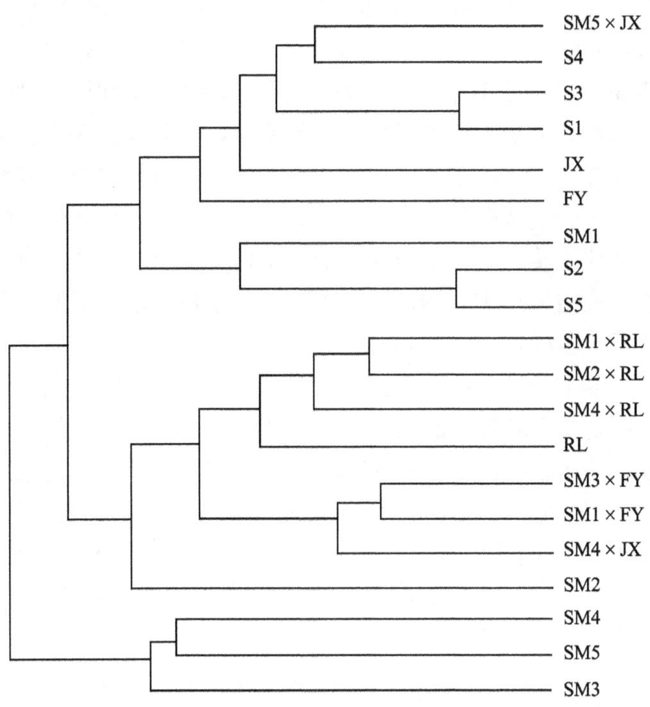

图 9-8　厚朴亲本与子代群体系统聚类图（UPGMA）

Fig.9-8　UPGMA dendrogram of hybrid parents and progeny of *Houpoëa officinalis*

JX、YL、FY，三个父本群体；SM1~SM5，遂昌的 5 个母本植株；SM5×JX、SM1×RL、SM2×RL、SM1×FY、SM4×JX、SM3×FY、SM4×RL，7 个杂交授粉组合；S1~S5，5 个自由授粉子代

JX,YL,FY, The three male parents; SM1~SM5, The five female parents in Suichang; SM5×JX,SM1×RL,SM2×RL,SM1×FY,SM4×JX,SM3×FY,SM4×RL, The seven hybrid progeny; S1~S5,The five free pollination progeny

9.3.3.3　小结与讨论

1. 小结

a. 本章采用筛选出的 13 对多态性好、重复性高且稳定的 SSR 引物对厚朴个

体进行扩增，13 对引物扩增片段大小为 100~380bp，在杂交亲本、杂交子代和自由授粉子代群体分别扩增出 70、72 和 61 条谱带，多态性比率 100%。试验结果表明，这 13 对 SSR 引物对各组合/家系的多态性位点的扩增比率较高，可适用于厚朴遗传多样性探究问题研究。

b. 在厚朴杂交亲本、杂交子代和自由授粉子代中，基于引物位点水平的比较，杂交子代遗传多样性水平最高（I=1.4544，Nei=0.7193，H_e=0.7287），杂交亲本次之（I=1.3958，Nei=0.6899，H_e=0.6955），最低的是自由授粉子代（I=1.2118，Nei=0.6423，H_e=0.5910）。基于组合/家系水平的比较，亲遗传多样性与位点水平一致。用 LSD 最短距离法对亲本、杂交子代和自由授粉子代进行遗传多样性差异的两两比较，虽然杂交子代遗传多样性高于亲本，但其差异并不显著，自由授粉子代群体与亲本群体相比，遗传多样性略有下降，但差异也未达到显著水平，但是，杂交子代群体的遗传多样性水平显著高于自由授粉子代群体，即在野生状态下，当地厚朴群体遗传多样性会越来越低，濒危处境愈发严峻，需及时采取有效保护措施，本研究结果初步表明，通过人为控制授粉促进不同厚朴群体间基因交流、增强子代遗传多样性的方法具有可行性。

c. 杂交子代群体在 13 个位点上的 F_{is} 值大多为负数，说明杂交子代群体杂合子居多，符合实际杂交的真实情况；在杂交组合子代总的遗传变异中，有 19.07%的遗传变异存在于组合间，而有 80.93%的变异存在于组合内。自由授粉子代群体在 13 个位点上只有两个位点为负数，其余位点为正，表现为纯合子过剩而杂合子明显不足，即自由授粉子代可能存在较高程度的近交；自由授粉子代群体 F_{st} 值为 0.2264，表明在自由授粉子代群体总的遗传变异中有 22.64%存在于群体间，有 77.36%的变异存在于群体内部。

2. 讨论

1） 厚朴亲本与子代遗传多样性

一个物种的遗传多样性包含这一物种所有个体的遗传差异，决定着物种生存和进化能力的高低。理论与实践研究均表明，物种遗传多样性的丧失将大大削弱其环境适应力，甚至导致物种的直接灭绝（Booy et al.，2000）。一般来说，珍稀濒危植物常具有较低的遗传多样性，如 *Ammopiptanthus nanus*、*Sinopodophyllum hexandrum*、*Piperia yadonii* 等（Ge et al.，2005；Xiao et al.，2006；Sheeja et al.，2009），但前人研究表明（于华会，2010），厚朴在物种水平遗传多样性较高（PPB=83.21%，Nei=0.342，I=0.496），显著高于同科的华木莲（*Sinomanglietia glauca*）（Nei_{ISSR}=0.0649）（廖文芳等，2004）、长蕊木兰（*Magnolia cathcartii*）（Nei_{AFLP}=0.122）（Zhang et al.，2009）及观光木（*Tsoongiodendron odorum*）（Nei_{RAPD}=0.2597）（黄久香和庄雪影，2002）。但在种群水平，厚朴遗传多样性相对较低

（PPB=49.76%，Nei=0.194，*I*=0.496），明显低于 Nybom（2004）所统计的植物种群水平遗传多样性平均值（Nei_{RAPD}=0.22，Nei_{AFLP}= 0.23，Nei_{ISSR}= 0.22），仅高于一年生（Nei=0.13）或自交物种（Nei=0.12）RAPD 检测的群体遗传多样性的平均值（Nybom and Bartish，2000），揭示出厚朴种群内部遗传多样性不足。本研究对不同地点的厚朴父本和母本进行遗传多样性的 SSR 分析，得出其在 13 个引物位点遗传多样性水平也较高（Nei=0.6899），但若把来自 4 个地点的父本和母本分别看作 4 个群体，其遗传多样性水平有所下降（Nei=0.5597），与于华会研究结果类似。

关于通过杂交提高子代遗传多样性的报道已出现在一些动植物的研究上。范凯等（2010）分析了茶树（*Camellia sinensis*）自然杂交后代的遗传多样性，充分表明茶树通过自然杂交后代的遗传变异十分丰富。黄雪贞等（2012）采用 RAPD 技术对中华鳖（*Trionyx sinensis*）的 F_1 子代的遗传多样性分析表明，杂交活动会加剧遗传多样性的产生，中华鳖杂交子代遗传多样性高于亲本非杂交子代；厚朴杂交子代遗传参数为（Nei=0.5773），高于杂交亲本（Nei=0.5597），而自由授粉子代却低于杂交亲本（Nei=0.4808）。虽然杂交子代遗传多样性高于亲本，但其差异并不显著，自由授粉子代群体与亲本群体相比，遗传多样性略有下降，但差异也未达到显著水平，但需指出的是，杂交子代群体的遗传多样性水平显著高于自由授粉子代群体，野生状态下，当地厚朴群体遗传多样性会越来越低，濒危处境愈发严峻，需及时采取有效保护措施。种群间杂交能提高子代遗传多样性水平，杂交子代较自由授粉子代具有一定优势，说明在种群间进行控制授粉，人为加速种群间基因流的保护方案具有可行性，为厚朴保护生物学研究和衰退种群恢复重建提供了理论基础。

另外，自由授粉子代 *F* 统计值只有两个引物位点为负数，F_{is} 值越大，说明纯合子过剩，即杂合子严重缺失，群体内出现近亲繁殖情况。自由授粉子代遗传多样性显著低于杂交子代，同时存在近交现象，其原因可能有两点。其一，地理位置。自由授粉子代的母树位于浙江遂昌神龙谷自然保护区内，母树植株位于山坳地带，周围有高大山体阻隔，外源花粉易受阻隔；其二，繁育系统类型。厚朴繁育系统为异交且需要传粉者的方式（杨旭等，2012）。木兰科植物的传粉主要依赖于花金龟科（Cetoniidae）与丽金龟科的甲虫（罗峰和雷朝亮，2003），虽然这两种昆虫的传粉效率较高，但由于野外距离限制，且处于成熟期开花结果的厚朴树体高大，因此，甲虫在传粉时自花传粉或同株异花传粉较多（王洁等，2013）。百合科（Liliaceae）濒危物种木根麦冬（*Ophiopogon xylorrhizusu*）的结实率和家系的远交率及母本的杂合度显著相关，而且子代群体在生长发育至成年群体时，居群中个体的基因杂合度明显提高，在子代发育成熟过程中，大量纯合个体在自然选择中淘汰，杂合度高的个体得以存活，表明高度杂合的个体具有更大的竞争优势（He et al.，2001）。Ge 等（1998）对裸子植物的许多研究发现，自交或近交会导致群体内杂合子比率严重下降，子代个体质量较低，从而导致这类异交植物产生明显的近交衰退。因此，近交造成杂合子严重不足，降低了子代遗传多样性，自然状态下厚朴子代个体品质较低，野生厚朴生存状况不容乐观，保护和恢复厚朴遗传多样性刻不容缓。

2）亲本间遗传距离与杂交子代遗传多样性的相关性

对杂交亲本遗传距离和子代遗传多样性的相关性分析中，二者呈正相关，但相关系数未达到显著水平（r=0.3924，P＞0.05），说明亲本遗传距离并非影响厚朴子代遗传多样性的主要因素，因为形态标记、生化标记和分子标记估算的亲本间遗传距离，都只能反映亲本间的平均遗传差异状况，而不能准确了解这一基因位点的同质或异质性（李周岐和王章荣，2002）。亲本遗传距离与子代遗传多样性不仅表现在分子水平，也可更直观地通过表型性状表现，如张一等（2010）、朱其卫和李火根（2010）、Jose 等（2005）在研究中表明，亲本间遗传距离与子代表现呈显著正相关；也有学者认为，亲本间遗传距离与子代性状有一定关联，但相关程度较低（Yu et al.，2005；李梅和甘四明，2001；Kopp et al.，2002）。本研究由于获得的杂交种子数量较少，且播种出苗率较低，再加上后期天气原因，造成最后获得的子代幼苗数量极少，无法统计其表型性状数据。因此，厚朴亲本遗传差异和子代遗传多样性的相关性对以后亲本选配有一定参考价值，但还需要后期进一步研究和完善。

3） 厚朴亲本与子代聚类

厚朴亲本与子代群体的 UPGMA 聚类图表明，7 个杂交组合中有 6 个组合与父本亲缘关系较母本更近，可能是因为本次杂交为种内多父本混合授粉类型，父本遗传变异极为丰富，在亲本遗传信息融合和基因重组过程中，父本的遗传信息能够较多地传递给后代。韩国辉等（2010）对沙田柚（*Citrus grandis*）种间和种内杂交后代的遗传分析也表明，种内杂交较种间杂交基因交流更加充分，从而使其多数杂种表现出偏父遗传；黄雪贞等（2012）对中华鳖（*Trionyx Sinensis*）的杂交群体子代与亲本群体子代的聚类分析中，杂交子代与父本子代的遗传距离最小。作者在查阅文献过程中，同样发现一些物种的杂交后代与母本亲缘关系更近，华杏仁（*Armeniaca cathayana*）（刘梦培，2011）、牡丹（*Paeonia suffruticosa*）（索志立等，2004）、莲（*Nelumbo nucifera*）（王硕，2013）、坛紫菜（*Porphyra haitanensis*）（纪德华等，2008）等杂交后代与父母本的遗传差异不均等，子代的传性状方面更偏向母本，说明细胞质基因在遗传性状的表达中发挥了作用。基于厚朴杂交子代遗传变异更偏向于父本的试验结果，在对厚朴等濒危植物进行人为控制授粉的繁育保护工作时，可考虑增加组成父本花粉的个体数量，使父本遗传信息更加丰富多样。

4）对研究过程遇到问题的探讨

对于二倍体生物的 SSR 标记分析而言，聚丙烯酰胺凝胶电泳后银染，纯合子会出现一条带，杂合子两条带。但在试验过程中，有时会出现多条带，干扰判读，影响试验准确性。由于微卫星位点重复单元的串联重复数目不同，PCR 扩增产物长度有差异。因此，在试验时，应根据不同的引物和物种进行 PCR 体系优化。退火温度是影响条带杂带多少和背景干净度的重要因素，在引用近缘种引物时，退火温度不一定适用于自己的试验材料，应进行适当优化。本试验引用星花木兰的引物退火温度为 60℃，而在厚朴中最适为 59℃。如是由于电泳过程造成的杂带，可根据不同引物的产物大小范围确定条带，一般而言，同一引物在不同个体上产物大小相差不会太大，再结合凝胶背景清晰度确定主带进行统计。

在试验过程中，由于点样孔数量有限，同一引物对应的所有样品不一定会在同一块胶上，这样由于每次制胶、电泳的条件并不完全相同，造成条带出现在凝胶上的位置有出入，影响等位基因的判定。为降低这种误差，除了尽量控制每次试验条件保持不变外，本试验采取的是，在同一块凝胶板上每隔 10 个点样孔加入一次 DNA Marker，同时在 DNA Marker 点样孔内加入一个待测样品，其他样品也可以此为标准来确定等位基因的位置。

度量遗传多样性的参数，如等位基因数（N_a，N_e）、杂合度（H_o，H_e）、多样性指数（I，H）、固定指数（F）、分化系数（F_{st}，G_{st}）以及基因流（N_m）等，主要是基于物种或种群水平上的分析。而用于组合（家系）间的度量参数还未有专门报道，因而没有可供借鉴的组合遗传多样性度量参数。本研究所用材料是林木杂交的亲本和子代个体，杂交亲本的父本为在各地采集的 20 株野生厚朴个体，可作为一个群体；杂交组合个体及获得的自由授粉子代个体可分别作为有特定亲缘关系的群体。因此本研究借鉴种群遗传参数来评价杂交组合和亲本间遗传多样性，同时由于控制授粉子代组合间基因流属于非自然状态下的基因流，本章未进行分析，用于评价种群遗传多样性的指标是否完全适用于杂交子代群体中，还需进一步论证。

参考文献

陈俊秋, 慈秀芹, 李巧明, 等. 2006. 樟科濒危植物思茅木姜子遗传多样性的 ISSR 分析. 生物多样性, 14(5): 410-420

陈小勇. 2000. 生境片断化对植物种群遗传结构的影响及植物遗传多样性保护. 生态学报, 20(5): 884-892

陈珣, 肖军, 龚娜, 等. 2011. 玉米自交系 SSR 技术反应体系的优化. 江苏农业科学, (2): 75-77

池田浩治. 2002. 厚朴酚抑制肿瘤细胞增殖. 国外医学中医(中药分册), 4(24): 248-250

范凯, 洪永聪, 丁兆堂, 等. 2010. 茶树“黄山种”自然杂交后代遗传多样性分析. 园艺学报, 37(8): 1357-1362

傅强, 马占强, 杨文, 等. 2013. 厚朴酚对慢性温和刺激所致抑郁小鼠的抗抑郁作用研究. 中药药理与临床, 29(2): 47-51

高德强, 王乃江, 刘建军. 2013. 厚朴人工林优树选择研究. 北方园艺, (17): 161-165

盖钧镒. 2000. 试验统计方法. 北京: 中国农业出版社: 286-287

韩国辉, 向素琼, 汪卫星, 等. 2010. 沙田柚杂交后代群体的 SSR 鉴定与遗传多样性分析. 中国农业科学, 43(22): 4678-4686

韩永增, 王赞, 高洪文. 2011. 小叶锦鸡儿 SSR-PCR 体系优化及应用. 草业科学, 28(3): 399-403

何正文, 刘运生, 陈立华, 等. 1998. 正交设计直观分析法优化 PCR 条件. 湖南医科大学学报, 23(4): 403-404

胡凤莲. 2012. 厚朴的栽培管理技术及应用. 山西农业科学, (4): 157-259

黄久香, 庄雪影. 2002. 观光木种群遗传多样性研究. 植物生态学报, 26(4): 413-419

黄雪贞, 钱国英, 王忠华, 等. 2012. 杂交对中华鳖遗传多样性的影响. 江苏农业科学, 40(3): 190-193

纪德华, 谢潮添, 徐燕, 等. 2008. 坛紫菜品系间杂交子代杂种优势的 ISSR 分析. 海洋学报: 中文版, 30(6): 147-153

贾波, 徐海滨, 徐阳, 等. 2013. 鹅掌楸 Genomic-SSR 反应体系优化. 林业科学研究, 26(4): 506-510

蒋燕峰, 潘心禾, 朱波, 等. 2010. 厚朴酚类物质含量层次变异规律研究. 中国中药杂志, 35(22): 963-2966

冷欣, 王中生, 安树青, 等. 2005. 岛屿特有种全缘冬青遗传多样性的 ISSR 分析. 生物多样性, 13(6): 546-554

李梅, 甘四明. 2001. 杉木杂交亲本分子遗传变异与子代生长相关的研究. 林业科学研究, 14(1): 35-40

李美琼. 2011. 濒危植物长柄双花木的遗传多样性. 南昌大学硕士学位论文

李银霞, 李天红. 2005. 桃 SSR 反应体系的优化. 中国农业大学学报, 10(6): 57-61

李周岐, 王章荣. 2002. 用 RAPD 标记进行鹅掌楸杂种识别和亲本选配. 林业科学, 38(5): 169-174

梁宏伟, 王长忠, 李忠, 等. 2008. 聚丙烯酰胺凝胶快速高效银染方法的建立. 遗传, 30(10): 1379-1382

廖文芳, 夏念和, 邓云飞. 2004. 华木莲的遗传多样性研究. 云南植物研究, 26(1): 58-64

林燕芳. 2012. 利用微卫星分子标记检测单性木兰的种群遗传结构与基因流. 广西师范大学硕士学位论文

刘均利, 马明东. 2007. 木兰科濒危种的种质资源保存及繁殖技术研究进. 四川林业科技, 28(1): 29-33

刘梦培. 2011. 华仁杏遗传多样性的 SSR 和 ISSR 分析. 中国林业科学研究院硕士学位论文

刘仲健, 刘可为, 陈利君, 等. 2006. 濒危物种杏黄兜兰的保育生态学. 生态学报, 26(9): 2791-2800

罗峰, 雷朝亮. 2003. 传粉甲虫的研究进展. 昆虫知识, 40(4): 313-317

申仕康, 刘丽娜, 王跃华, 等. 2012. 濒危植物猪血木人工繁殖幼苗的遗传多样性及对种群复壮

的启示. 广西植物, 32(5): 644-649
舒枭, 杨志玲, 段红平, 等. 2009. 厚朴种源苗期生长差异及优良种源选择研究. 生态科学, 28(4): 311-317
舒枭, 杨志玲, 段红平, 等. 2010a. 濒危植物厚朴种子萌发特性研究. 中国中药杂志, 35(4): 419-422
舒枭, 杨志玲, 杨旭, 等. 2010b. 不同产地厚朴种子性状的变异分析. 林业科学研究, 23(3): 457-461
索志立, 周世良, 张会金, 等. 2004. 杨山牡丹和牡丹种间杂交后代的DNA分子证据. 林业科学研究, 17(6): 700-705
谈探. 2008. 濒危植物夏蜡梅种群遗传多样性与分子系统地理学研究. 北京林业大学硕士学位论文
田昆, 张国学, 程小放, 等. 2003. 木兰科濒危植物华盖木的生境脆弱性. 云南植物研究, 25(5): 551-556
王崇云, 党承林. 1999. 植物的交配系统及其进化机制与种群适应. 植物科学学报, 17(2): 163-172
王洁. 2012. 凹叶厚朴繁育系统研究及其濒危的生殖生物学原因分析. 中国林业科学研究院硕士学位论文
王洁, 杨志玲, 杨旭, 等. 2013. 野生厚朴花粉萌发及花粉管生长过程观察. 生态与农村环境学报, 29(1): 53-57
王立龙, 王广林, 刘登义, 等. 2005. 珍稀濒危植物小花木兰传粉生物学研究. 生态学杂志, 24(8): 853-857
王硕. 2013. 莲的杂交育种及杂交F1代的遗传分析. 东北林业大学硕士学位论文
王晓明. 2012. 凹叶厚朴树体厚朴酚和厚朴酚含量变化模型的研究. 中南林业科技大学学报, 32(2): 1-5
王亚玲. 2006. 香港木兰的保护生物学研究. 西北农林科技大学博士学位论文
王阳才. 1995. 南珍稀濒危植物的濒危原因探讨. 云南教育学院学报, (2): 60-64
王云生, 黄宏文, 王瑛. 2007. 植物分子群体遗传学研究动态. 遗传, 29(10): 1191-1198
王子华, 徐兴友, 龙茹, 等. 2009. 天女木兰的传粉习性及其在不同海拔下的结实情况. 经济林研究, 27(3): 70-74
吴根松, 孙丽丹, 张启翔, 等. 2011. 基于近缘物种SSR引物和EST-SSR序列的梅花SSR引物开发. 北京林业大学学报, 33(5): 103-108
吴小巧. 2004. 江苏省木本珍稀濒危植物保护及其保障机制研究. 南京林业大学博士学位论文
吴翼, 武耀廷, 马子龙. 2008. 椰子基因组DNA的提取及SSR反应体系的优化. 中国农学通报, 24(3): 417-422
谢晖, 钱子刚, 杨耀文. 2003. 南金铁锁的生物学特性及其保护的初步研究. 云南中医学院学报, 26(1): 8-10
杨红兵, 石磊, 李明明, 等. 2012. 湖北恩施产厚朴叶中厚朴酚与和厚朴酚定量分析. 湖北中医药大学学报, 14(1): 43-44
杨慧, 陈媛媛, 徐永星, 等. 2011. 两种濒危水韭植物迁地保护居群的基因流动态及回归重建保

育遗传管理策略. 植物科学学报, 29(3): 319-330

杨伟, 叶其刚, 李作洲, 等. 2008. 中华水韭残存居群的数量性状分化和地方适应性及其对保育遗传复壮策略的提示. 植物生态学报, 32(1): 143-151

杨旭, 杨志玲, 王洁, 等. 2012. 濒危植物凹叶厚朴的花部综合特征和繁育系统. 生态学杂志, 31(3): 551-556

杨月红. 2003. 天目木兰的保护生物学及遗传多样性研究. 安徽师范大学硕士学位论文

姚小洪. 2006. 秤锤树属与长果安息香属植物的保育遗传学研究. 中国科学院武汉植物园博士学位论文

于华会. 2010. 厚朴遗传多样性和遗传关系研究及ITS序列分析. 中国林业科学研究院硕士学位论文

张凤军, 张永成. 2011. 马铃薯SSR-PCR反应体系的建立和优化. 种子, 30(1): 8-10

张红莲, 李火根, 胥猛, 等. 2010. 鹅掌楸属种及杂种的SSR分子鉴定. 林业科学, 46(1): 36-39

张美玲, 李巧明. 2011. 濒危植物望天树SSR-PCR反应体系的优化. 云南大学学报: 自然科学版, 33(S2): 425-432

张一, 储德裕, 金国庆, 等. 2010. 马尾松亲本遗传距离与子代生长性状相关性分析. 林业科学研究, (2): 215-220

张颖娟, 杨持, 2000. 濒危物种四合木与其近缘种霸王遗传多样性的比较研究. 植物生态学报, 24(4): 425-429

张玉平, 潘青华, 金万梅, 等. 2012. 树莓 SSR 反应体系的优化及应用. 中国农业大学学报, 16(6): 58-63

张志祥, 刘鹏, 康华靖, 等. 2008. 基于主成分分析和聚类分析的 FTIR 不同地理居群香果树多样性分化研究. 光谱学与光谱分析, 28(9): 2081-2086

赵宏波, 周莉花, 郝日明, 等. 2011. 中国特有濒危植物夏蜡梅的交配系统. 生态学报, 31(3): 602-610

郑志雷. 2010. 厚朴遗传多样性研究及指纹图谱的构建. 福建农林大学博士学位论文

周世良, 叶文国. 2002. 夏腊梅的遗传多样性及其保护. 生物多样性, 10(1): 1-6

朱其卫, 李火根. 2010. 鹅掌楸不同交配组合子代遗传多样性分析. 遗传, 32(2): 183-188

松田久司. 2002. 日本厚朴中抑制NO生成的活性成分. 国外医学中医(中药分册), 5(24): 317-318

Booy G, Hendriks RJJ, Smulders MJM, et al. 2000. Genetic diversity and the survival of populations. Plant Biology, 2: 379-395

Brown ADH, Briggs JD. 1991. Sampling strategies for genetic variation in ex situ collections of endangered plant species// Falk DA, Holsinger KE. Genetics and Conservation of Rare Plants. New York : Oxford University Press: 99-119

Burgess T, Wingfield MJ, Wingfield BW. 2001. Simple sequence repeat markers distinguish among morphotypes of *Sphaeropsis sapinea*. Applied and Environmental Microbiology, 67(1): 354-362

Davis MB. 1981. Outbreaks of forest pathogens in Quaternary history. Proc 4th Int palynolog Conf, 3: 216-227

Fahrig. 2003. Effects of habitat fragmentation on biodiversity. Annual review of ecology, evolution, and systematics, 34: 487-515

Figlar RB, Nooteboom HP. 2004. Notes on Magnoliaceae IV. Blumenau-Biodiversity, Evolution and Biogeography of Plants, 49(1): 87-100

Frankel OH, Soule ME. 1981. Conservation and evolution. New York: Cambridge University Press

Ge XJ, Yu Y, Yuan YM, et al. 2005. Genetic diversity and geographic differentiation in endangered *Ammopiptanthus*(Leguminosae)populations in desert regions of Northwest China as revealed by ISSR analysis. Annals of Botany, 95: 843-851

Guerrant EO. 1992. Designing populations: demographic, genetic, and horticultural dimensions//Falk DA, Millar CI, Olwell M. Restoring Diversity. Washington DC: Island Press: 171-208

He T, Rao G, You R, et al. 2001. Genetic structure and heterozygosity variation between generations of *Ophiopogon xylorrhizus*(Liliaceae s. l.), an endemic species in Yunnan, southwest China. Biochemical Genetics, 39: 93-98

Heywood VH. 1991. Plant conservation and botanic gardens//Kato M, Kawakami S, Shimizu H. Proceedings of the first Conference of the International Association of Botanical Gardens, Asia Division. Tokyo: Japan Association of Botanical Gardens: 7-13

Isagi Y, Kanazashi T, Suzuki W, et al. 1999. Polymorphic DNA markers for *Magnolia obovata* Thunb and their utility in related species. Molecular Ecology, 8: 698-700

Jia XP, Shi YS, Song YC, et al. 2007. Development of EST-SSR in foxtail millet(*Setariai talica*). Genetic Resources and Crop Evolution, 54(2): 233-236

Jose MA, Iban E, Silvia A, et al. 2005. Inheritance mode of fruit traits in melon: heterosis for fruit shape and its correlation with genetic distance. Euphytica, 144(1): 31-38

Kim SJ, Kim YS, Kim YC. 2010. Peroxide radical scavenging capacity of extracts and isolated components from selected medicinal plants. Archives of Pharmacia research, 33(6): 867-873

Kopp RF, Smart LB, Maynard CA, et al. 2002. Predicting within family variability in juvenile height growth of *Salix* based upon similarity among parental AFLP fingerprints. Theor Appl Genet, 105(10): 106-112

Lemes MR, Gribel R, Proctor J, et al. 2003. Population genetic structure of mahogany(*Swietenia macrophylla* King, Melaceae)across the Brazilian Amazon, based on variation at microsatellite loci: implications for conservation. Mol Ecol, 12: 2875

Lian C, Miwa M, Hogetsu T. 2000. Isolation and characterization of microsatellite loci from the Japanese red pine, *Pinus densiflora*. Molecular Ecology, 9(8): 1186-1188

Lian C, Zhou ZH, Hogetsu T. 2001. A simple method for developing microsatellite markers using amplified fragments of inter-simple sequence repeat(ISSR). Journal of Plant Research, 114(1115): 381-385

Louarn S, Torp AM, Holme IB, et al. 2007. Database derived microsatellite markers(SSRs)for cultivar differentiation in *Brassica oleracea*. Genetic Resources and Crop Evolution, 54(8): 1717-1725

Nagase H, Ikeda K, Sakaiy Y. 2001. Inhibitory Effect of magnolol and honokiol from *Magnolia obovata* on human fibrosarcoma HT-1080 invasiveness in vitro. Planta Medica, 67(8): 705-708

Neel MC, Ellstrand NC. 2003. Conservation of genetic diversity in the endangered plant *Eriogonum oval folium* var. *vinous*(Polygonaceae). Conservation Genetics, 4(30): 337-352

Nybom H, Bartish I. 2000. Effects of life history traits and sampling strategies on genetic diversity estimates obtained with RAPD markers in plants. Perspectives in Plant Ecology, Evolution and Systematics, 3: 93-114

Nybom H. 2004. Comparison of different nuclear DNA markers for estimating intraspecific genetic diversity in plants. Molecular Ecology, 13(5): 1143-1155

Park EJ, Zhao YZ, Na MK, et al. 2003. Protective effects of honokiol and magnolol on tertiary butyl hydroperoxide or D-galactosamine induced toxicity in rat primary hepatocyte. Plantae medica, 69(1): 33-37

Ramsay MM, Dixon KW. 2003. Propagation science recovery and translocation of terrestrial orchids//Dixon KW, Kell SP, Barrett RL, et al. Orchid Conservation. Natural History Publications, Kota Kinabalu, Sabah: 259-288

Reed DH, Frankham R. 2003. Correlation between fitness and genetic diversity. Conservation Biology, 17, 230-237

Seddon PJ, Armstrong DP, Maloney RF. 2007. Developing the science of reintroduction biology. Conservation Biology, 21: 303-312

Setsuko S, Ishida K, Ueno S, et al. 2007. Population differentiation and gene flow within a metapopulation of a threatened tree, *Magnolia stellata*(Magnoliaceae). American journal of botany, 94(1): 128-136

Sheeja G, Jyotsna S, Vern LY. 2009. Genetic diversity of the endangered and narrow endemic *Piperia yadonii*(Orchidaceae)assessed with ISSR polymorphisms. American Journal of Botany, 96(11): 2022-2030

Smith ZF, James EA, McLean CB. 2007. Experimental reintroduction of the threatened terrestrial orchid *Diuris fragrantissima*. Lankesteriana, 7: 377-380

Song G, Hong DY, Wang HQ, et al. 1998. Population Genetic Structure and Conservation of an Endangered Conifer, *Cathaya argyrophylla* (Pinaceae). International Journal of Plantences, 159(2): 351-357

Swarts ND, Batty AL, Hopper S, et al. 2007. Does integrated conservation of terrestrial orchids work. Presentation to International Orchid Conservation Congress, 7, 219-222

Tamura K, Nishioka M, Hayashi M, et al. 2005. Development of microsatellite markers by ISSR-suppression-PCR method in *Brassica rapa*. Breeding Science, 55(2): 247-252

Templeton AR, Shaw K, Routman E, et al. 1990. The genetic consequence of habitat augmentation. Annals of the Missouri Botanical Garden, 77: 13-27

Xiao M, Li Q, Wang L, et al. 2006. ISSR Analysis of the genetic diversity of the endangered species *Sinopodophyllum hexandrum*(Royle)Ying from Western Sichuan Province, China. Journal of integrative plant biology, 48(10): 1140-1146

Yu CY, Hu SW, Zhao HX, et al. 2005. Genetic distances revealed by morphological characters, isozymes, proteins and RAPD markers and their relationships with hybrid performance in oilseed rape(*Brassica napus* L.). Theor Appl Genet, 110(3): 511-518

Zhang X, Wen J, Dao Z, et al. 2010. Genetic variation and conservation assessment of Chinese populations of *Magnolia cathcartii*(Magnoliaceae), a rare evergreen tree from the South-Central China hotspot in the Eastern Himalayas. Journal of Plant Research, 123(3): 321-331

Zhao C, Liu ZQ. 2011. Comparison of antioxidant abilities of magnolol and honokiol to scavenge and to protect DNA. Biochimie, 93: 1755-1760